U0479782

"十四五"国家重点出版物出版规划项目

军事高科技知识丛书·黎 湘 傅爱国 主编

国家出版基金项目

军事通信系统

张 炜 ★ 主编

Military Communication System

国防科技大学出版社
·长沙·

图书在版编目（CIP）数据

军事通信系统 / 张炜主编． -- 长沙：国防科技大学出版社，2025.1． --（军事高科技知识丛书 / 黎湘，傅爱国主编）． -- ISBN 978 - 7 - 5673 - 0682 - 0

Ⅰ.E96

中国国家版本馆 CIP 数据核字第 2025ME3209 号

军事高科技知识丛书

丛书主编：黎　湘　傅爱国

军事通信系统
JUNSHI TONGXIN XITONG

主　　编：张　炜

出版发行：国防科技大学出版社	
责任编辑：熊立桃	责任美编：张亚婷
责任校对：何咏梅	责任印制：丁四元
印　　制：长沙市精宏印务有限公司	开　　本：710×1000　1/16
印　　张：20.5	字　　数：303 千字
版　　次：2025 年 1 月第 1 版	印　　次：2025 年 1 月第 1 次
书　　号：ISBN 978 - 7 - 5673 - 0682 - 0	
定　　价：128.00 元	

社　　址：长沙市开福区德雅路 109 号
邮　　编：410073
电　　话：0731 - 87028022
网　　址：https://www.nudt.edu.cn/press/
邮　　箱：nudtpress@ nudt.edu.cn

版权所有　侵权必究
告读者：如发现本书有印装质量问题，请与所购图书销售部门联系调换。

军事高科技知识丛书

主　　　编　黎　湘　傅爱国
副　主　编　吴建军　陈金宝　张　战

编委会

主任委员　　黎　湘　傅爱国
副主任委员　吴建军　陈金宝　张　战　雍成纲
委　　　员　曾　光　屈龙江　毛晓光　刘永祥
　　　　　　孟　兵　赵冬明　江小平　孙明波
　　　　　　王　波　冯海涛　王　雷　张　云
　　　　　　李俭川　何　一　张　鹏　欧阳红军
　　　　　　仲　辉　于慧颖　潘佳磊

总 序

孙子曰："凡战者，以正合，以奇胜。故善出奇者，无穷如天地，不竭如江河。"纵观古今战场，大胆尝试新战法、运用新力量，历来是兵家崇尚的制胜法则。放眼当前世界，全球科技创新空前活跃，以智能化为代表的高新技术快速发展，新军事革命突飞猛进，推动战争形态和作战方式深刻变革。科技已经成为核心战斗力，日益成为未来战场制胜的关键因素。

科技强则国防强，科技兴则军队兴。在人民军队走过壮阔历程、取得伟大成就之时，我们也要清醒地看到，增加新域新质作战力量比重、加快无人智能作战力量发展、统筹网络信息体系建设运用等，日渐成为建设世界一流军队、打赢未来战争的关键所在。唯有依靠科技，才能点燃战斗力跃升的引擎，才能缩小同世界强国在军事实力上的差距，牢牢掌握军事竞争战略主动权。

党的二十大报告明确强调"加快实现高水平科技自立自强""加速科技向战斗力转化",为推动国防和军队现代化指明了方向。国防科技大学坚持以国家和军队重大战略需求为牵引,在超级计算机、卫星导航定位、信息通信、空天科学、气象海洋等领域取得了一系列重大科研成果,有效提高了科技创新对战斗力的贡献率。

站在建校70周年的新起点上,学校恪守"厚德博学、强军兴国"校训,紧盯战争之变、科技之变、对手之变,组织动员百余名专家教授,编纂推出"军事高科技知识丛书",力求以深入浅出、通俗易懂的叙述,系统展示国防科技发展成就和未来前景,以飨心系国防、热爱科技的广大读者。希望作者们的努力能够助力经常性群众性科普教育、全民军事素养科技素养提升,为实现强国梦强军梦贡献力量。

主编 黎湘 徐爱国

院士推荐

杨学军

强军之道,要在得人。当前,新型科技领域创新正引领世界军事潮流,改变战争制胜机理,倒逼人才建设发展。国防和军队现代化建设越来越快,人才先行的战略性紧迫性艰巨性日益显著。

国防科技大学是高素质新型军事人才培养和国防科技自主创新高地。长期以来,大学秉承"厚德博学、强军兴国"校训,坚持立德树人、为战育人,为我军培养造就了以"中国巨型计算机之父"慈云桂、国家最高科学技术奖获得者钱七虎、"中国歼–10之父"宋文骢、中国载人航天工程总设计师周建平、北斗卫星导航系统工程副总设计师谢军等为代表的一茬又一茬科技帅才和领军人物,切实肩负起科技强军、人才强军使命。

今年,正值大学建校70周年,在我军建设世界一流军队、大学奋进建设世界一流高等教育院校的征程中,丛书的出版发行将涵养人才成长沃土,点燃科技报国梦想，帮助更多人打开更加宏阔的前沿科技视野，勾画出更加美好的军队建设前景，源源不断吸引人才投身国防和军队建设，确保强军事业薪火相传、继往开来。

中国科学院院士 杨学军

院士推荐

包为民

近年来，我国国防和军队建设取得了长足进步，国产航母、新型导弹等新式装备广为人知，但国防科技对很多人而言是一个熟悉又陌生的领域。军事工作的神秘色彩、前沿科技的探索性质，让许多人对国防科技望而却步，也把潜在的人才拦在了门外。

作为一名长期奋斗在航天领域的科技工作者，从小我就喜欢从书籍报刊中汲取航空航天等国防科技知识，好奇"在浩瀚的宇宙中，到底存在哪些人类未知的秘密"，驱动着我发奋学习科学文化知识；参加工作后，我又常问自己"我能为国家的国防事业作出哪些贡献"，支撑着我在航天科研道路上奋斗至今。在几十年的科研工作中，我也常常深入大学校园为国防科研事业奔走呼吁，解答国防科技方面的困惑。但个人精力是有限的，迫切需要一个更为高效的方式，吸引更多人加入科技创新时代潮流、投身国防科研事业。

所幸，国防科技大学的同仁们编纂出版了本套丛书，做了我想做却未能做好的事。丛书注重夯实基础、探索未知、谋求引领，为大家理解和探索国防科技提供了一个新的认知视角，将更多人的梦想连接国防科技创新，吸引更多智慧力量向国防科技未知领域进发！

中国科学院院士

院士推荐

费爱国

站在世界百年未有之大变局的当口，我国重大关键核心技术受制于人的问题越来越受到关注。如何打破国际垄断和技术壁垒，破解网信技术、信息系统、重大装备等"卡脖子"难题牵动国运民心。

在创新不断被强调、技术不断被超越的今天，我国科技发展既面临千载难逢的历史机遇，又面临差距可能被拉大的严峻挑战。实现科技创新高质量发展，不仅要追求"硬科技"的突破，更要关注"软实力"的塑造。事实证明，科技创新从不是一蹴而就，而有赖于基础研究、原始创新等大量积累，更有赖于科普教育的强化、生态环境的构建。唯有坚持软硬兼施，才能推动科技创新可持续发展。

千秋基业，以人为本。作为科技工作者和院校教育者，他们胸怀"国之大者"，研发"兵之重器"，在探索前沿、引领未来的同时，仍能用心编写此套丛书，实属难能可贵。丛书的出版发行，能够帮助广大读者站在巨人的肩膀上汲取智慧和力量，引导更多有志之士一起踏上科学探索之旅，必将激发科技创新的精武豪情，汇聚强军兴国的磅礴力量，为实现我国高水平科技自立自强增添强韧后劲。

中国工程院院士 费爱国

院士推荐

陆建华

当今世界，新一轮技术革命和产业变革突飞猛进，不断向科技创新的广度、深度进军，速度显著加快。科技创新已经成为国际战略博弈的主要战场，围绕科技制高点的竞争空前激烈。近年来，以人工智能、集成电路、量子信息等为代表的尖端和前沿领域迅速发展，引发各领域深刻变革，直接影响未来科技发展走向。

国防科技是国家总体科技水平、综合实力的集中体现，是增强我国国防实力、全面建成世界一流军队、实现中华民族伟大复兴的重要支撑。在国际军事竞争日趋激烈的背景下，深耕国防科技教育的沃土、加快国防科技人才培养、吸引更多人才投身国防科技创新，对于全面推进科技强军战略落地生根、大力提高国防科技自主创新能力、始终将军事发展的主动权牢牢掌握在自己手中意义重大。

丛书的编写团队来自国防科技大学，长期工作在国防科技研究的第一线、最前沿，取得了诸多高、精、尖国防高科技成果，并成功实现了军事应用，为国防和军队现代化作出了卓越业绩和突出贡献。他们拥有丰富的知识积累和实践经验，在阐述国防高科技知识上既系统，又深入，有卓识，也有远见，是普及国防科技知识的重要力量。

相信丛书的出版，将点燃全民学习国防高科技知识的热情，助力全民国防科技素养提升，为科技强军和科技强国目标的实现贡献坚实力量。

中国科学院院士

院士推荐

王怀民

《"十四五"国家科学技术普及发展规划》中指出，要对标新时代国防科普需要，持续提升国防科普能力，更好为国防和军队现代化建设服务，鼓励国防科普作品创作出版，支持建设国防科普传播平台。

国防科技大学是中央军委直属的综合性研究型高等教育院校，是我军高素质新型军事人才培养高地、国防科技自主创新高地。建校 70 年来，国防科技大学着眼服务备战打仗和战略能力建设需求，聚焦国防和军队现代化建设战略问题，坚持贡献主导、自主创新和集智攻关，以应用引导基础研究，以基础研究支撑技术创新，重点开展提升武器装备效能的核心技术、提升体系对抗能力的关键技术、提升战争博弈能力的前沿技术、催生军事变革的重大理论研究，取得了一系列原创性、引领性科技创新成果和战争研究成果，成为国防科技"三化"融合发展的领军者。

值此建校 70 周年之际，国防科技大学发挥办学优势，组织撰写本套丛书，作者全部是相关科研领域的高水平专家学者。他们结合多年教学科研积累，围绕国防教育和军事科普这一主题，运用浅显易懂的文字、丰富多样的图表，全面阐述各专业领域军事高科技的基本科学原理及其军事运用。丛书出版必将激发广大读者对国防科技的兴趣，振奋人人为强国兴军贡献力量的热情。

中国科学院院士

院士推荐

宋君强

习主席强调,科技创新、科学普及是实现创新发展的两翼,要把科学普及放在与科技创新同等重要的位置。《"十四五"国家科学技术普及发展规划》指出,要强化科普价值引领,推动科学普及与科技创新协同发展,持续提升公民科学素质,为实现高水平科技自立自强厚植土壤、夯实根基。

《中华人民共和国科学技术普及法》颁布实施至今已整整21年,科普保障能力持续增强,全民科学素质大幅提升。但随着时代发展和新技术的广泛应用,科普本身的理念、内涵、机制、形式等都发生了重大变化。繁荣科普作品种类、创新科普传播形式、提升科普服务效能,是时代发展的必然趋势,也是科技强军、科技强国的内在需求。

作为军队首个"科普中国"共建基地单位,国防科技大学大力贯彻落实习主席提出的"科技创新、科学普及是实现创新发展的两翼,要把科学普及放在与科技创新同等重要的位置"指示精神,大力加强科学普及工作,汇集学校航空航天、电子科技、计算机科学、控制科学、军事学等优势学科领域的知名专家学者,编写本套丛书,对国防科技重点领域的最新前沿发展和武器装备进行系统全面、通俗易懂的介绍。相信这套丛书的出版,能助力全民军事科普和国防教育,厚植科技强军土壤,夯实人才强军根基。

中国工程院院士

军事通信系统

主　　编：张　炜
编写人员：王世练　张　琛　王　昊
　　　　　胡　礼　赖鹏辉　王　剑
　　　　　李瑞林　丁　宏　马东堂
　　　　　周　力

前 言

军事通信是为军事目的而运用通信工具或其他方法进行的信息传递活动。在漫长的人类战争史上,军事通信是伴随着军队和武装冲突的出现而产生的,并始终是决定战争形态、影响战争胜负的一个重要因素。《孙子兵法》曰:"夫金鼓旌旗者,所以一人之耳目也。人既专一,则勇者不得独进,怯者不得独退,此用众之法也。"这形象地说明了通信在作战指挥中发挥的重要作用。随着战争形态的不断演变,保障战场信息的畅通已经成为作战制胜的前提,通信领域的攻防对抗也日趋激烈。当人类战争的历史车轮进入信息化时代以后,作为战场上的"千里眼""顺风耳"的军事通信系统,日益展示出它作为"军队的神经""战斗诸因素的黏合剂"的显著地位,在战争中得到了前所未有的应用,并对战争胜负产生了直接的影响。

"胜由信息通"。在现代信息化作战中,军事通信系统已经从过去独立于武器装备之外的保障单元,发展成为一体化武器装备的重要组成部分;从过去从属于作战指挥的独立保障体系,发展成为直接融入指挥控制系统的重要元素。除了传统的支撑保障作用,军事通信系统已经成为体系对抗战斗力的重要组成部分，通过可靠、快速地传递和交换信息，将战场各种作战要素有机地融为一个整体，使各种武器装备、各分系统释放出十倍甚至百倍的能量。未来信息化作战在时间上将进一步缩短，在空间上将进一步扩大，要求军事通信系统能在复杂战场电磁环境下，在强对抗的环境中，有效支撑全球、多维、实时的信息传递，对军事通信技术、装备以及组织运用提出了更高的要求。作为信息化战争的驾驭者，各级指战员都很有必要全面、系统地了解军事通信相关的技术基础、装备现状以及发展趋势，为打赢信息化战争夯实军事通信基石。

本书是军事通信科普读物，力求用简单易懂的语言描述复杂难懂的通信技术原理，并将通信技术原理、军事通信系统组成以及未来军事通信发展进行融会贯通，为军事通信相关技术的普及学习提供参考。全书共14章，涵盖了现代军事通信的主要内容。全书分为三篇，第一篇"军事通信基础"包括第1~7章，对军事通信系统与网络的概念、特点以及典型的装备和系统进行了介绍，包括军事通信概述、短波通信、光纤通信、卫星通信、军用移动通信、数据链以及最低限度应急通信，涵盖了目前部队装备的主要军事通信系统。第二篇"通信抗干扰与保密安全"包括第8~10章，针对当前军事通信系统面临的突出问题，重点介绍了抗干扰通信与保密通信，包括通信抗干扰技术、互联网安全协议以及保密通信，内容围绕着可靠、安全通信展开论述。第三篇"军事通信新技术"包括第11~14章，主要对当前以及未来军事通信领域发展的一些新技术进行介绍，包括软件无线电技术、通信组网技术、量子通信以及军事智能通信，并对未来军事通信的发展进行展望。

本书第1、2、7章执笔人张炜，第3章执笔人丁宏，第4章执笔人胡礼，第5章执笔人赖鹏辉，第6章执笔人张炜、王世练，第8章执笔人王世练，第9章执笔人张琛，第10章执笔人李瑞林，第11章执笔人马东堂，第12章执笔人王昊，第13章执笔人王剑，第14章执笔人周力。全书经过校内外多名同行专家进行了评审，并提出了很多宝贵的修改建议，在此深表谢意。

在现代信息化社会中，通信是最为活跃的技术领域，军事通信的发展日新月异，本书的内容未能涵盖现代军事通信技术的所有领域，加之编者学识有限，书中肯定还有遗漏和不妥之处，恳请广大读者提出宝贵意见，以便修订完善。

作　者
2024 年 5 月

目录

第一篇　军事通信基础

第1章　军事通信概述　3

1.1　绪论　3
1.1.1　发展历程　3
1.1.2　在现代信息化作战中的重要作用　6

1.2　特点及要求　7
1.2.1　特点　7
1.2.2　要求　8

1.3　传输手段及分类　9
1.3.1　传输手段　9
1.3.2　系统类型　11

第 2 章　短波通信　13

2.1　短波通信基础　13
2.1.1　基本原理　13
2.1.2　短波天波传播特性　15

2.2　关键技术　22
2.2.1　短波自适应选频技术　22
2.2.2　短波差分跳频技术　26

2.3　短波通信系统　29
2.3.1　收发信主机　29
2.3.2　自动天线耦合器　31

第 3 章　光纤通信　33

3.1　系统概述　33
3.1.1　发展概况　33
3.1.2　特点及组成　36

3.2　传输线路　38
3.2.1　基本结构与传光原理　38
3.2.2　基本性质　40
3.2.3　光缆　43

3.3　传输设备　45
3.3.1　光发射机　45
3.3.2　光接收机　49
3.3.3　光中继器　51
3.3.4　无源光器件　52

3.4	新技术	54
	3.4.1 复用光通信	54
	3.4.2 相干光通信	55
	3.4.3 光孤子通信	56

第4章　卫星通信　58

4.1	概述	58
	4.1.1 基本原理和特点	58
	4.1.2 系统组成	60
	4.1.3 通信卫星组成和运行轨道	60
	4.1.4 地球站组成和分类	63
	4.1.5 卫星通信业务频率分配	64
4.2	关键技术	65
	4.2.1 链路传输设计	65
	4.2.2 卫星通信体制设计	68
	4.2.3 卫星通信抗干扰技术	73
4.3	典型系统	76
	4.3.1 VSAT 系统	76
	4.3.2 卫星移动通信系统	77
	4.3.3 宽带卫星通信系统	79
	4.3.4 跟踪与数据中继卫星系统	80
	4.3.5 抗干扰卫星通信系统	82

第5章　军用移动通信　84

5.1	军用移动通信基础	84
	5.1.1 特点	84

5.1.2	概述	85

5.2　军用双工移动通信系统　　86

5.2.1	组成	86
5.2.2	功能	88

5.3　军用集群通信系统　　89

5.3.1	组成与功能	89
5.3.2	组网方式	91
5.3.3	TD-LTE 宽带集群通信	93

5.4　军用蜂窝移动通信系统　　95

5.4.1	民用 LTE 蜂窝移动通信	95
5.4.2	LTE 蜂窝移动通信军用化的问题	97
5.4.3	军用 LTE 蜂窝移动通信网络架构	98

5.5　5G 的军事应用　　99

5.5.1	5G 的应用场景	99
5.5.2	5G 的关键技术	100
5.5.3	5G 的战场优势	102
5.5.4	5G 的战场形态	103
5.5.5	美国促进 5G 军事应用的行动	104

第 6 章　数据链　　107

6.1　概述　　108

6.1.1	基本概念	108
6.1.2	基本特征	109
6.1.3	基本组成	110
6.1.4	标准体系	112
6.1.5	分类	113

6.1.6 作用	115
6.2 典型体制	**118**
6.2.1 Link-16 数据链	118
6.2.2 Link-22 数据链	120
6.2.3 可变消息格式标准	121
6.3 设备	**124**
6.3.1 装备组成	124
6.3.2 终端设备	124
6.3.3 转换设备	126

第7章 最低限度应急通信　　128

7.1 概述	**128**
7.1.1 定义	128
7.1.2 具备的主要能力	129
7.1.3 应付核爆炸损伤的方法	130
7.2 低频地波应急通信	**130**
7.2.1 基本原理	131
7.2.2 典型系统	131
7.3 机载指挥所通信	**132**
7.3.1 NEACP 通信系统	133
7.3.2 PACCS/WWABNCP 通信系统	135
7.4 流星余迹通信	**136**
7.4.1 通信原理	136
7.4.2 特点及用途	137

7.5 地下通信　　138
　　7.5.1 在军事中的作用　　139
　　7.5.2 模式　　139

第二篇　通信抗干扰与保密安全

第8章　通信抗干扰技术　　143

8.1 通信对抗概述　　143
　　8.1.1 基本概念　　143
　　8.1.2 基本内容　　145

8.2 扩频通信抗干扰　　151
　　8.2.1 基本概念　　151
　　8.2.2 直接序列扩频抗干扰　　153
　　8.2.3 跳频扩频抗干扰　　157

8.3 自适应天线阵抗干扰　　159
　　8.3.1 基本原理　　159
　　8.3.2 特点及应用　　160

8.4 抗干扰效能评估　　161
　　8.4.1 效能定义　　162
　　8.4.2 评估方法　　163

第9章　互联网安全协议　　166

9.1 IP安全概述　　166
　　9.1.1 IP数据包　　167

  9.1.2　IP 安全协议原理　168
  9.1.3　IPSec 的应用　169
  9.1.4　IPSec 的优点　169
  9.1.5　IPSec 提供的安全服务　170
 9.2　IPSec 协议族　170
  9.2.1　协议族架构　171
  9.2.2　通信保护协议　172
  9.2.3　工作模式　172
  9.2.4　密钥交换管理协议　174
 9.3　IPSec 安全策略　176
  9.3.1　数据库　177
  9.3.2　通信过程　177
 9.4　IPSec VPN　179
  9.4.1　VPN 概述　180
  9.4.2　工作原理　181
  9.4.3　应用场景　183

第 10 章　保密通信　184

 10.1　概述　184
  10.1.1　通信面临的安全威胁　184
  10.1.2　通信安全目标　186
 10.2　关键技术　187
  10.2.1　密码技术　187
  10.2.2　加密方式　190
 10.3　典型应用　192
  10.3.1　GSM 结构　193

10.3.2	GSM 安全机制	194
10.3.3	GSM 安全漏洞	197
10.3.4	移动通信系统安全机制改进	199

第三篇　军事通信新技术

第11章　软件无线电技术　207

11.1　概述　207

11.1.1	基本概念	207
11.1.2	关键技术	209

11.2　架构　211

11.2.1	硬件架构	211
11.2.2	软件架构	213

11.3　典型应用　216

11.3.1	通信、导航、识别综合航空电子系统	216
11.3.2	易通话计划	216
11.3.3	联合战术无线电系统	217
11.3.4	其他软件无线电项目	218

第12章　通信组网技术　219

12.1　移动自组织网络技术　219

12.1.1	基本概念	219
12.1.2	基本特点	220

12.2　水声传感器自组网技术　222

12.2.1	基本组成	223

12.2.2	典型网络	226

12.3　天基无线自组网技术　　229

12.3.1	概述	229
12.3.2	卫星自组织网络	231
12.3.3	弹载自组织网络	233
12.3.4	无人机自组织网络	239

12.4　空天地一体化信息网络　　244

12.4.1	组成	244
12.4.2	展望	247

第 13 章　量子通信　　249

13.1　基本原理　　250

13.1.1	量子的基本概念	250
13.1.2	量子态叠加原理	250
13.1.3	测不准原理	251
13.1.4	量子纠缠	251
13.1.5	量子不可克隆定理	252
13.1.6	测量塌缩原理	252

13.2　量子保密通信　　253

13.2.1	通信协议	253
13.2.2	通信系统	256
13.2.3	通信网络	258

13.3　关键技术　　261

13.3.1	单光子源和纠缠源	261
13.3.2	单光子探测器	262
13.3.3	量子中继技术	264

13.3.4　量子路由交换技术　　266

　　　13.3.5　安全性　　266

　13.4　应用　　268

　　　13.4.1　研究进展　　268

　　　13.4.2　军事应用前景　　269

第14章　军事智能通信　　271

　14.1　研究背景及概念内涵　　271

　　　14.1.1　研究背景　　271

　　　14.1.2　内涵及研究思路　　274

　14.2　军事需求分析　　277

　　　14.2.1　可靠机动通信　　277

　　　14.2.2　抗干扰通信　　278

　　　14.2.3　无人作战自主通信　　279

　　　14.2.4　新型应用模式　　280

　14.3　研究现状及挑战　　281

　　　14.3.1　研究现状　　281

　　　14.3.2　研究挑战　　285

参考文献　　287

第一篇 军事通信基础

军事通信基础

21世纪是现代通信技术空前发展的世纪，随着数字通信、卫星通信、移动通信、光通信等通信技术在军事通信领域的广泛应用，军事通信技术在信息化作战中的地位与日俱增，逐步从战争的"后台"走向"前台"，从默默无闻的"无名英雄"成为冲锋陷阵的"信息斗士"。

信息化战争的战场将涵盖陆、海、空、天、电等多维空间，要求军事通信系统能够实现多维战场海量信息的实时、高效、准确、安全传输。军事通信独立性、对抗性等特殊的应用要求，使得军事通信系统无论是从传输手段还是从网络架构上，相比民用通信系统都更为复杂。由于技术特点不同、应用领域不同，光纤、短波、超短波、微波、卫星等各类传输手段在军事通信系统中都发挥着不可替代的作用，战场通信网络也综合运用了固定、机动、自组织等各种网络架构来实现所需的战场通信保障，军事通信系统日益形成了一个多手段、立体化、宽频带的综合通信网络。

本篇首先对军事通信的概念、特点和基本组成进行了介绍，然后重点介绍了目前广泛装备部队的各类通信系统的技术原理和应用领域，从而使读者对军事通信装备体系构成有一个系统全面的认识，并为军事通信装备的学习和应用奠定技术基础。

第1章
军事通信概述

在现代信息化作战中,军事通信系统已经从过去独立于武器装备之外的保障单元,发展成为一体化武器装备的重要组成部分;从过去从属于作战指挥的独立保障体系,发展成为直接融入指挥控制系统的重要元素。

1.1 绪论

军事通信是指为军事目的而运用通信工具或其他方法进行的信息传递活动。在战争这个历史舞台上,军事通信经历了漫长的发展过程,日益展示出它的"军队的神经""战斗诸因素的黏合剂"的突出地位。

1.1.1 发展历程

在人类战争史上,军事通信是伴随军队和武装冲突的产生而产生的,并随战争的发展而发展。在漫长的军事发展历史中,由于战争形态的演变,战场指挥对军事通信的要求越来越高,不断推动着军事通信技术的发展变革。纵观军事通信的发展历史,可概括为三个主要发展阶段。

1. 古代军事通信阶段

以运动通信和简易信号通信为基本手段是古代军事通信最基本的特征。古代军事通信,最初由指挥员直接用语言、姿势或通过传令兵下达命令开始,随后出现旗、鼓、角、金等目视和音响简易通信工具运用于战场指挥,以及为提高传递速度、拓展通信距离,相继创造出烽火、驿传等接力传递方法。公元前3世纪,秦末楚汉战争时期,我国又首先发明和运用军鸽通信。公元10世纪始,由于我国火药技术的发明及传播,火枪、火炮的出现与运用使军事通信增加了新的方式方法,如用火箭筒、信号弹进行通信,甚至可以将信息装在炮弹里发射出去。1608年,望远镜的出现,提升了目视通信的距离。另外,有些国家的军队还试验用气球通信,传递军事信息。

古代军事通信,经历了4 000多年的漫长发展过程,通信手段在缓慢增加,组织方式方法也在不断变化,但基本的手段是运动通信和简易信号通信。由于专司通信职能的通信人员很少,在军队编成内还没有形成单独的兵种,战场上大多数承担通信任务的人员同时又是基本的战斗人员。

虽然古代军事通信手段较为单一,传递信息的能力也有限,但其对战争胜负的重要作用已初露端倪。例如,三国时期吴蜀荆州之战,吕蒙白衣渡江、偷袭荆州沿江报警的烽火台后,长驱直进,为兵不血刃地占领荆州创造了重要条件。

2. 近代军事通信阶段

近代军事通信,开始于19世纪电气革命时代。运用电信号实现通信,标志着军事通信迈入了近代发展阶段。通信距离远、速度快、使用方便、保密性好的有线电通信发明不久后便应用于军事目的,并逐步取代原始的接力通信和部分运动通信。此后,无线电通信运用于军事领域,实现了与空中飞行的飞机、江海航行的舰船、运动中的坦克的通信。这种"神奇通信"的出现,给作战指挥带来了极大方便,使军事通信产生了新的飞跃。第一次世界大战期间,主要资本主义国家的军队都相继使用中、长波电台,并逐步用于陆、海、空军的作战指挥，为军事通信增添了新的手段。无线电通信的使用，以及随之出现的敌对双方的无线电通信对抗，逐步显示出通信兵不仅是一种重要的保障力量，还是一支特殊的作战力量。随着通信、电子技术的发展，在第二次世界大战中，短波电台、超短波电台、无线电接力机、传真机、多路载波机、通信飞机等电信设备大量运用于战场，通信装备技术性能日益提高，并趋于小型化、机动化，可适应不同军兵种的作战需要，在战争中发挥着重要的支撑作用。

第一次世界大战期间，在各主要资本主义国家军队团以上部队都编有相应的通信部（分）队及组织指挥通信的业务部门。而通信力量合理和科学的组织运用则集中体现在第二次世界大战时期，为适应战争对通信保障的要求，通信兵进入了一个大发展时期，通信兵力约占各国军队总额的10%。

此阶段，军事通信以其日益重要的作用活跃在战争舞台，逐渐成为影响战场胜负的重要因素。1914年，德俄同时进行两场决定性战役，在坦能堡战役中，德军由于截获了俄军没有加密的无线电通信而取得胜利；在马恩河战役中，德军缺乏有线电通信，无线电通信又受到干扰而不畅，是导致其失败的重要原因之一。

3. 现代军事通信阶段

第二次世界大战后，世界进入冷战时期，最新的科学技术首先应用于军事领域，加速了军队武器装备现代化进程，同时也推动了通信装备的发展。微电子技术、电子计算机技术的迅速发展，以及包括激光、传感器、人工智能等在内的信息技术进展，又将军事通信推进到了一个崭新的境地。世界各国军队的通信装备在原有基础上不断改进和发展，接力通信、微波通信、散射通信、地（海）缆通信、卫星通信、光纤通信、移动通信、数据通信等相继投入使用，通信组织方法和保障样式发生了重大变化，通信保障能力得到了明显提高。

近几十年来，世界各地爆发的诸多高技术局部战争，越来越显示出不同于过去战争的现代战争特点。在现代信息化战争中，军事通信系统是一体化联合作战的重要支撑，是体系对抗战斗力的重要组成部分，成为改变战争游戏规则、决定战争胜负的重要因素。

1.1.2 在现代信息化作战中的重要作用

信息化作战是以信息为基础，并以信息化武器装备为主要战争工具和作战手段、以系统集成和信息控制为主导，在全维空间范围内通过精确打击、实时控制、信息攻防等方式进行的作战行动。在信息化战场上，军事通信系统是所有战场信息传送分发的枢纽，是战场的神经系统，它为军事指挥系统提供强有力的支撑，将所有作战部队和武器装备凝聚成一个强有力的整体，使各种武器装备、各分系统释放出十倍甚至百倍的能量，在一体化联合战争中发挥巨大的威力。

1. 军事通信是军队作战指挥的基础和纽带

在人类历史上，只要有战争就要有军队，就有指挥活动。战争史上，军队作战指挥已经经历了由统帅自己指挥、统帅和谋士共同指挥、统帅依靠司令部指挥这样三个时期，正在进入人—机方式与机—机方式相结合的自动化指挥时期。军事指挥系统由指挥员、指挥机关、指挥对象和指挥手段四个要素构成，通信则是把这四个要素连接起来的纽带和桥梁，是指挥系统的命脉。随着信息时代的到来，信息战登上了历史舞台，出现了很多新的作战样式，如电子战、情报战、网络战等。作战样式变化频繁，作战空间十分广阔，战场态势瞬息万变，只有通过现代化的军事通信手段，才能及时了解敌我状况，掌握战争全局，实时准确地指挥部队作战。

2. 军事通信是军队战斗力的构成要素

在漫长的战争史上，军队战斗力的构成要素都打上了各个时代技术发展的烙印，有着自己形成与发展的规律。随着科学技术的发展、武器装备的更新，通信日益扩大的重要作用越来越成为军事家们的共识。美军20世纪70年代就在相关条令中明确指出，通信是每个部队战斗力非常重要的一部分。

在信息化作战中，随着武器装备信息化程度的提高，包括军事通信系统在内的军事信息系统已融入各类武器系统中，成为影响武器系统效能发挥的重要因素。

3. 军事通信是提高武器装备整体作战效能的"倍增器"

信息化战争将是体系与体系的对抗，是武器装备整体作战能力的较量。武器系统之间、武器系统内各子系统之间以及单个装备之间，必须相互紧密配合，组成一个有机的整体才能发挥作用。现代军事通信系统是形成这种整体合力的"聚合剂"和提高武器装备整体作战效能的"倍增器"。美军先进的全球通信系统，使预警探测、信息处理、指挥控制、武器平台有机地连为一体，提供实时、稳定的信息传输，从而使其作战体系发挥出优良的作战效能。

1.2 特点及要求

1.2.1 特点

军事通信与民用通信相比，虽然两者在技术体制、发展方向、运用模式、网络架构等方面具有同一性，但由于建设要求和运用目标不同，无论是从常规通信技术角度，还是从军事应用的不同层面，军事通信网络与系统和民用通信都有较大差别。

军事通信系统的目标是实现最佳军事效益，因此相比民用通信系统其有两个突出的特点：

独立性。这是由军事通信的保密性以及军事通信保障任务的特殊性决定的。军事通信对传递信息的保密安全性具有更高的要求，同时战场军事通信保障的不确定因素较多。世界各国军队在依托民用通信的基础之上，都建有具有保密功能的、相对独立的军事通信网络。

对抗性。通信对抗几乎与军事通信一样古老,特别是在信息化战场上,通信干扰与抗干扰的攻防对抗日趋激烈。近几场局部战争表明,未来信息化作战中的通信系统必将成为敌对双方打击的重点,这就要求军事通信系统具有很强的抗干扰、抗毁能力。

1.2.2 要求

现代信息化作战对军事通信系统的要求可概括为如下八种军事能力:

抗毁顽存能力。军事通信系统必须具备硬杀伤后自组织恢复的抗毁顽存能力以及防止电子高能武器破坏和损伤的能力。

抗电子战能力。通信中的干扰与抗干扰、侦察与反侦察、定位与反定位贯穿于作战过程的始终,军事通信系统只有具备各种抗御电子战的能力,才能对付敌方电子战的软硬杀伤。

安全保密能力。通信系统传输的各种信息,无时不处在敌方的监视、侦听、窃听与威胁之中,如果未有效采取保密措施,通信设施就会成为敌方的情报源。

机动通信能力。军事通信要保障部队及信息平台、武器平台在远距离高度机动中指挥控制不间断,因此对通信设施或装备提出如下要求:一是能随作战部队高度机动;二是能提供不间断的"动中通"能力;三是具有迅速部署、展开、连通、转移的能力。

协同通信能力。信息化作战需要全维空间一体协同配合,以发挥兵力和武器的综合优势,而这种体系作战只能通过协同通信才能实现。

快速反应能力。现代武器系统的高速攻击和兵力的快速机动,加速了战争发展变化的节奏,对通信业务的需求在时、空分布上差异极大,要求军事通信系统具备快速响应,实时调整、补充网络资源的能力,确保在"对方行动—己方决定—做出反应"的过程中信息畅通。

个人通信能力。现代战争的高度机动性和破坏性要求各级指挥人员能随时随地与部队保持通信联络,实施指挥与控制,因此指战员应具有个人通信能力，即不仅能通过其随身携带的通信终端随时连接到通信网，及时、准确地提供所需信息，而且还能在网内任何终端设备上以其个人身份、特殊保密编号，获取或输入与其身份适应的话音、数据、图像、位置报告等信息。

整体保障能力。现代军事通信在保障方向上有多向性、重点方向上有多变性、层次上呈现交叉性，要求军事通信系统必须综合利用各种手段，实施全纵深、全方位的整体保障。所谓整体保障，一是在不同层次上和各军兵种通信网纵横相连、融为一体、互相补充；二是对战区指挥和陆、海、空三军通信以及区域防空、区域情报、三军联勤等信息传输实施综合性的整体保障。

1.3 传输手段及分类

军事通信系统是指运用于军事领域内，为满足军队活动特殊需要，保障军事信息传递所需要的一切军队所属技术设备的总和。它是组织与实施军事通信保障的物质基础，是军队指挥系统的重要组成部分。

1.3.1 传输手段

考虑到军事通信系统的对抗性，作为整个军事通信系统基础的传输网，需要综合采用各种传输手段保障所需的通信传输能力，其传输手段主要包括：

- 有线通信手段：如野战被覆线、光纤等。
- 无线通信手段：如各种体制的无线电台、散射通信、卫星通信、微波通信、大气光通信等设备以及运动通信和简易信号通信设备。

现代军事通信系统主要是依赖各种有线、无线电通信装备来完成所需通信保障。各种有线、无线传输手段的特点与用途如表 1-1 所示。

表 1-1 军事通信系统主要传输手段

传输类型	传输方式	主要特点	用途
有线	被覆线	通信性能稳定、抗电磁干扰和复杂气候影响，但通信距离较近，机动性、抗毁性不足	野战条件铺设近距离电话线使用，主要用来传输电话、电报业务
	光纤	宽带容量大、中继距离长、抗电磁干扰，但机动性、灵活性不足	构建干线传输网的理想手段，也用于实现野战光纤被覆线
无线	短波	通信距离远、机动灵活、抗毁性强，但容量小、传输性能不稳定	广泛应用于战略、战术通信系统，是唯一不受网络枢纽和有源中继体制制约的远程通信手段
	超短波	机动灵活、工作稳定可靠、传输容量较大，但传输距离有限，受传播环境影响大	建立便捷的战场指挥的主要传输手段
	散射	传输容量大、距离远、抗干扰、抗截获、保密性好，但所需发射功率大、接收设备复杂	用于机动区域骨干网无线干线传输
	微波	传输容量大、抗干扰、抗截获、保密性好，但远距离接力传输受地形环境制约较大	用于机动区域骨干网无线干线传输
	卫星	覆盖范围大、宽带容量大、传输质量稳定，但存在易被干扰、抗毁性不足等问题	广泛应用于战略、战术通信系统，是宽带"动中通"的主要实现手段

目前，军事通信系统主要依托有线、无线多种通信手段，构建多种固定、机动传输网络，并在此基础上实现视频会议系统、军事综合信息网、指挥自动化网等多种业务网。

1.3.2 系统类型

军事通信系统构成复杂，通信手段种类众多，涉及内容广泛，通信业务方式多样，从不同的角度有不同的分类。按通信手段，可分为无线电通信、有线电通信、光通信、运动通信和简易信号通信等；按通信业务，可分为电话通信、电报通信、数据通信、图像通信和多媒体通信等；按通信任务，可分为指挥通信、控制通信、协同通信、报知通信和保障通信等；按军种、兵种，可分为陆军通信、海军通信、空军通信、导弹部队通信、航天部队通信、科研试验部队通信和武装警察部队通信等；按保障范围，可分为战略通信、战役通信和战术通信。

网络化是现代军事通信系统的基本形式。按通信保障任务和范围的不同，军事通信网分为战略通信网、战役通信网和战术通信网。这三种通信网之间的共性是，都要求通信的高时效性、安全保密性，网络的互通性、抗毁性。它们之间也有明显的区别：战略通信网覆盖区域广大，对部署的方便性和设备的机动性要求不高，战术通信网更强调快速部署和移动中通信的能力，而战役通信网则是这二者的折中。随着作战样式的改变，战役通信网与战术通信网已逐渐融合。

1. 战略通信网

战略通信网是为保障统帅部及其派出的指挥机关实施战略指挥而建立的通信网，是组织战略通信的物质基础和保障手段，是军队信息化指挥系统的重要组成部分。当今世界，战略通信网已成为国家威慑力量的一部分，其发展水平已成为衡量一个国家军队现代化程度的重要标志之一。

战略通信网是以统帅部指挥所为中心通信枢纽，以固定通信设施为主体，运用大容量光缆、大功率电台、通信卫星、微波接力等传输信道，连通全军军以上指挥所通信枢纽所构成的全军干线通信网。战略通信网战时主要保障战略警报信息和情报信息传递，保障统帅部指导战争全局和直接指挥重大战役、战斗的通信联络，保障实施战略核反击时的通信联络，保障战略后方的通信联络。

战略通信网通常分为基本战略通信网和最低限度应急通信网两大类。基本战略通信网是为正常战略指挥提供支持的通信网，其骨干传输介质主要是光纤、卫星等。最低限度应急通信网是指在严重情况下确保统帅部与战略反击部队联络的应急指挥通信网，确保在任何恶劣电磁环境下仍能满足统帅部、联合作战指挥部和作战集团最低限度的作战指挥需求。最低限度应急通信系统的传输手段主要包括：卫星应急通信系统、流星余迹通信系统、中长波通信系统、超长波对潜通信系统和国家紧急机载指挥所等。

2. 战役/战术通信网

战役通信网又称战区通信网，是为保障实施战役指挥而在作战地区建立的通信网。它是为保障师以上部队遂行战役作战而设置的。战役通信网作为连接战略通信网和战术通信网的枢纽，上连国家干线网，下接区域内各类战术通信网。

战术通信网是为保障实施战斗指挥而在战斗地区内建立的通信网。按战斗规模，可分为师（旅）、团、营战术通信网和相应规模的军兵种部队战术通信网。

现代战役/战术通信网往往采用一种栅格型的网络结构，并有多条路由可供选择，这种结构大大提高了网络的抗毁性和灵活性，增大了系统的通信容量，并能够满足空地一体战的机动性和诸军兵种联合作战的需求。

战役/战术通信网以野战通信装备为主，主要包括战术互联网、战术数据链、机动骨干通信系统和升空平台通信系统等。

第 2 章 短波通信

短波通信是历史最为悠久的无线电通信方式，它具有许多独特的优点，如设备简单、使用方便、机动灵活、成本低廉、抗毁性强等。短波通信是一种不受有源中继体制制约的远程传输手段，在军事通信系统中有着重要的作用。

2.1 短波通信基础

2.1.1 基本原理

马可尼于1895年首次成功进行无线电通信，短波通信就此诞生。短波通信的频率范围为1.5~30兆赫，主要靠电离层反射（天波）来进行远距离传播，也可通过地波（1.5~5兆赫）进行近距离传播，如图2-1所示。

1. 地波传播

沿地面传播的无线电波叫地波。由于地球表面是有电阻的导体，当电波在它上面传播时，有一部分电磁能量被消耗，而且随着频率的增高，地波损耗逐渐增大。因此，地波传播形式主要应用于长波、中波和短波频段低端的

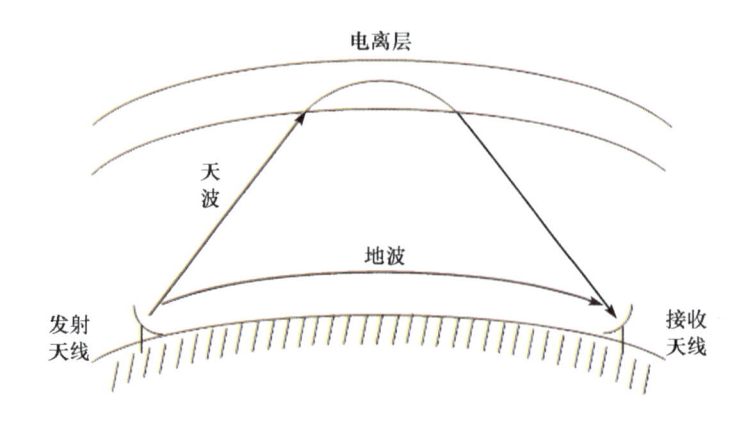

图 2-1 短波的传播形式

1.5~5 兆赫频率范围。地波的传播距离不仅与频率有关，还与传播路径上媒介的电参数密切相关。短波沿陆地传播时衰减很快，只有距离发射天线较近的地方才能收到，即使使用 1 000 瓦的发射机，陆地上传播距离也仅为 100 千米左右。而沿海面传播的距离远远超过陆地的传播距离，在海上通信能够覆盖 1 000 千米以上的范围。因此，短波的地波传播形式一般不宜用作无线电广播和远距离陆地通信，而多用于海上通信、海岸电台与船舶电台之间的通信以及近距离的陆地无线电话通信。

因为地表面导电特性在短时间内变化小，所以地波传播稳定可靠，基本上与昼夜和季节的变化无关。

2. 天波传播

依靠电离层反射来传播的无线电波叫天波。电波到达电离层后，一部分能量被电离层吸收，另一部分能量被反射与折射返回地面，形成天波。电波频率越高，由于惯性关系，电子和离子的振荡幅度就越小，因而被吸收的能量越少。从这一方面看，利用电离层通信宜采用较高频率。但另一方面，随着频率的增高，电波穿入电离层的深度也越深，当频率超过一定值后，电波会穿透电离层，不再返回地面。因此，利用电离层通信可供采用的频率也不能过高，一般只限于 1.5~30 兆赫的短波频段。电离层的密度随昼夜、季节、太阳活动周期和经纬度变化而变化，机理比较复杂。

一般情况下，对于短波通信线路，天波传播具有更重要的意义。天波传播具有以下特点：

通信距离远。利用天波传播，短波单次反射最大地面传输距离可达 4 000 千米，多次反射可达上万千米，甚至作环球传播。在驻外使领馆、极地考察和远洋航天测量船岸船通信中，短波通信得到了广泛的应用。

技术成熟。短波通信工作频率低，元器件要求低，技术成熟，制造简单，设备体积小，价格便宜，在商业、交通、工业、邮政等国民经济各个部门及军事领域中得到了广泛的应用。

顽存性强。短波通信设备目标小，架设容易，机动性强，不易被摧毁，即使遭到破坏也容易更换修复，又由于其造价相对较低，可以大量装备，所以系统顽存性强。

具有时变和色散特性。天波是依靠电离层的一次或多次反射而实现远距离传输的。电离层的特性比较复杂，且具有时变特性，使得经电离层反射后的短波通信信号具有时变和色散特性，影响了短波通信的传输质量，限制了传输的速率。

信道拥挤。短波波段频带窄、信道拥挤。同时，短波信道的时变和色散特性，进一步限制了通信可用的瞬时频带带宽。

天线匹配难。短波频段为 1.5～30 兆赫，覆盖了多个倍频程，研制高效宽带的天线以满足高速全频段，并保证良好的阻抗匹配有较大的困难。

2.1.2 短波天波传播特性

1. 电离层的组成及特性

电离层由处于不同高度的三个导电层组成，它们分别是 D 层、E 层、F 层。这些导电层对短波传播具有重要的影响。

D 层是最低层，出现在地球上空 60～90 千米的高度处，最大电子密度发生在 80 千米处。D 层出现在太阳升起时，消失在太阳降落后，所以在夜间不再对短波通信产生影响。D 层的电子密度不足以反射短波，因而短波以天波传播时将穿过 D 层，但在穿过 D 层时电波将遭受严重的衰减，且频率越低衰减越大。由于电波在 D 层中的衰减量远大于 E 层、F 层，所以也称 D 层为吸收层。在白天，D 层决定了短波传播的距离以及为了获得良好的传输所必需的发射机功率和天线增益。

E 层在地球上空 100～120 千米的高度处，最大电子密度发生在 110 千米处。在通信线路设计和计算时，通常都以 110 千米作为 E 层高度。与 D 层一样，E 层出现在太阳升起时，而且在中午电离达到最大值，而后逐渐减小，在太阳降落后，E 层实际上对短波传播已不起作用。在电离开始后，E 层可以反射高于 1.5 兆赫频率的电波。此外，E 层中还有一个特殊的 Es 层，称为偶发 E 层，是偶尔发生在地球上空 120 千米高度处的电离层。Es 层虽然只是偶尔存在，但是它具有很高的电子密度，甚至能将高于短波波段的频率反射回来，因而目前在短波通信中，许多人都希望能选用它来作反射层。当然，Es 层的采用应十分谨慎，否则有可能使通信中断。

对于短波传播，F 层是最重要的。在一般情况下，远距离短波通信都选用 F 层作反射层。这是因为和其他导电层相比，F 层具有最高的高度，可以允许传播最远的距离，所以习惯上称 F 层为反射层。F 层的第一部分是 F1 层。F1 层只在白天存在，地面高度为 170～220 千米，其高度与季节变化和某时刻的太阳位置有关。F 层的第二部分是 F2 层。F2 层位于地面高度 225～450 千米，该层的高度与一天中的时刻和季节有关。同样在日间，冬季高度最低，夏季高度最高。F2 层主要出现在白天，但日落之后并不完全消失。夜间，残留电离仍允许传播短波段，但能够传输的频率比日间可用频率要低许多。由此，可以粗略看出，如要保持昼夜短波通信，则其工作频率必须昼夜更换，而且一般情况下，夜间工作频率低于白天工作频率。图 2-2 所示为白天和夜间电离层电子密度 N 随高度 h 变化的典型值。从图中可以看出：在白天，电离层包含 D 层、E 层、F1 层和 F2 层；而夜间，D 层和 F1 层消失，仅存在 E

层和 F2 层。

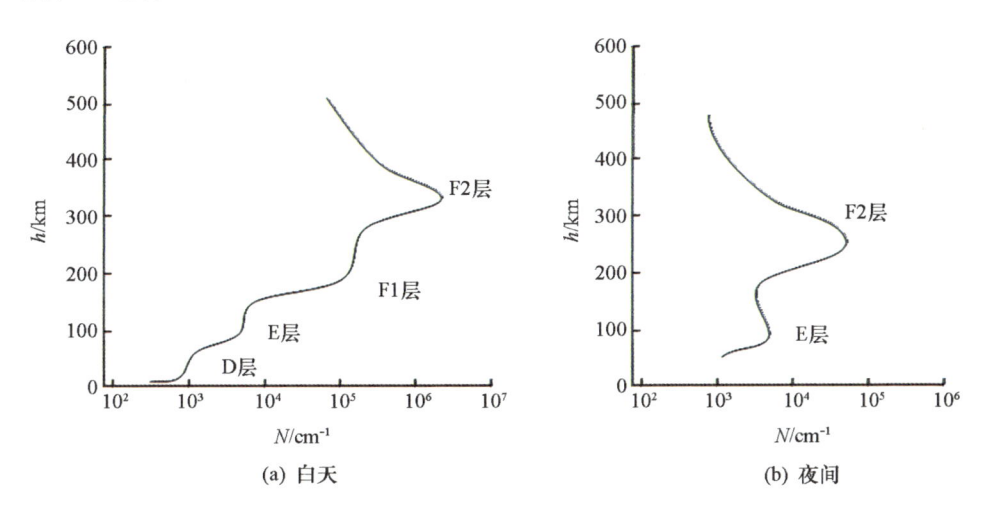

(a) 白天

(b) 夜间

图 2-2 电离层日夜变化

2. 电离层的反射传播特性

电离层是分层、不均匀、时变的媒介，所以短波信道的传输参数也是时变且无规律的，属于随机变参信道。此外，短波信道还存在多径效应、衰落、多普勒频移等特性。

（1）多径效应

多径效应是指来自发射源的电波信号经过不同的途径、以不同的时间延迟到达远方接收端的现象。这些经过不同途径到达接收端的信号，因时延不同而相位互不一致，并且因各自传播途径中的衰减量不同而电场强度也不同。短波的多径分量进一步可以分为粗多径和细多径，如图 2-3 所示。

如图 2-3（a）所示，短波电波传播时，有经过电离层一次反射到达接收端的单跳情况，也有先经过电离层反射到地面后再反射上去，再经过电离层反射到达接收端的双跳情况，甚至还有经过三跳、四跳后才到达接收端的情况，这种现象称为粗多径效应。据统计，短波信道中 2~4 条路径约占 85%，3 条最多，2 条、4 条次之，5 条以上可以忽略。

另外，由于电离层不可能完全像一面反射镜，电离层不均匀性对信号来说呈现多个散射体，电波射入时经过多个散射体反射出现了多个反射波，如图2-3（b）所示。这时在接收端接收到多个来自同一发射源的电波的现象称为细多径效应。

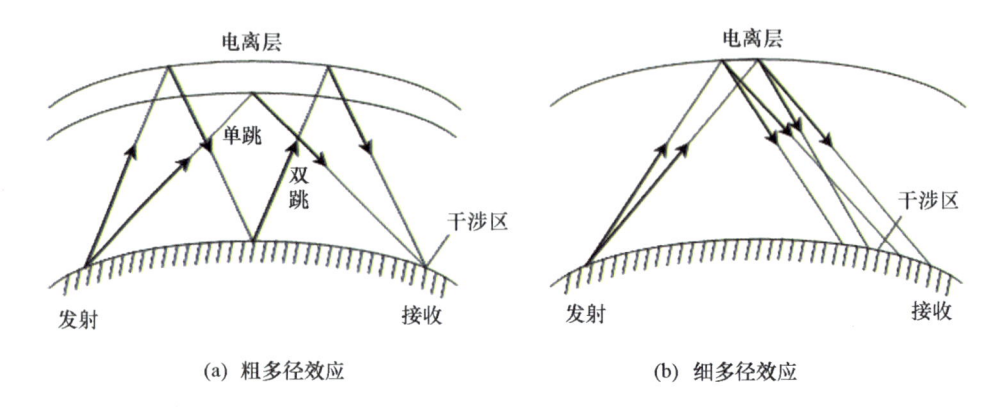

(a) 粗多径效应　　　　(b) 细多径效应

图2-3　短波的多径效应

信号经过不同路径到达接收端的时间是不同的。两条路径间的时间差为多径时延，多径时延与信号传输的距离及信号频率有关。一般来说，多径时延等于或大于0.5毫秒的占99.5%，等于或大于2.4毫秒的占50%，超过5毫秒的仅占0.5%。多径效应会导致接收信号发生衰落和色散现象。

（2）衰落现象

衰落是指接收端信号强度随机变化的一种现象。在短波通信中，即使在电离层的平静时期，也不可能获得稳定的信号。在接收端，信号振幅总是呈现忽大忽小的随机变化，如图2-4所示，这种现象称为衰落。

在短波传播中，衰落又有快衰落和慢衰落之分。快衰落的周期是从十分之几秒到几十秒不等，而慢衰落周期则是从几分钟到几小时，甚至更长时间。

快衰落是一种干涉性衰落，它是由多径传播现象引起的。由于多径传播，到达接收端的电波射线不是一根而是多根，这些电波射线通过不同的路径，故到达接收端的时间是不同的。电离层的电子密度、高度均是随机变化的，故电波射线轨迹也随之变化，这就使得由多径传播到达接收端的同一信号之间不能保持固定的相位差，从而使合成的信号振幅随机起伏。快衰落现象对

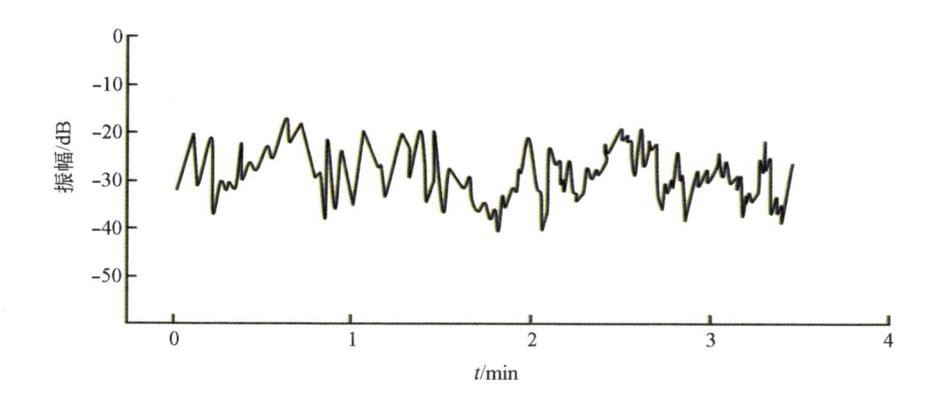

图 2-4　接收端信号振幅的随机起伏

电波传播的可靠度和通信质量有严重的影响，对付快衰落的有效办法是采用分集接收技术。

慢衰落是由 D 层衰减特性的慢变化引起的。它与电离层电子密度及高度的变化有关，接收信号幅度的变化比较缓慢，其周期从几分钟到几小时（包括日变化）。这种衰落对短波整个频段的影响程度是相同的。如果不考虑磁暴和电离层骚扰，衰落深度有可能达到低于中值 10 分贝。它是由电离层吸收的变化所导致的，所以也称吸收衰落。

• 知识延伸

— 电离层骚扰 —

太阳黑子区域常常发生耀斑爆发，此时有极强的 X 射线和紫外线辐射，并以光速向外传播，使白昼时电离层的电离增强，D 层的电子密度可能比正常值大 10 倍以上，不仅把中波吸收，而且甚至把短波大部分吸收，以至通信中断。通常这种骚扰的持续时间从几分钟到 1 小时。

实际上快衰落与慢衰落往往是叠加在一起的，只是在短的观测时间内，慢衰落不易被察觉。克服慢衰落，除了正确地调换发射频率外，还可以通过加大发射功率来补偿电离层吸收的增大。

(3) 多普勒频移

利用短波信道传播信号时，不仅存在由于衰落所造成的信号振幅的起伏，而且传播中还存在多普勒效应所造成的发射信号频率的漂移，这种漂移称为多普勒频移，用 Δf 表示。多普勒频移产生的原因是电离层经常性的快速运动，以及反射层高度的快速变化，使传播路径的长度不断变化，信号的相位也随之产生变化。多普勒频移有可能影响采用小频移的窄带电报的传输。

· 名词解释

— 多普勒效应 —

多普勒效应是指由于用户处于高速移动（如车载通信）中，接收信号频率随之发生的频移现象。移动引起的接收机信号频移称为多普勒频移，它与移动台的运动速度、运动方向及接收无线电波的入射角度有关。

多普勒频移在日出和日落期间呈现较大的数值，当电离层处于平静的夜间，不存在多普勒效应。对于单跳传播模式，多普勒频移在 1~2 赫的范围内，但发生磁暴时，频移最高可达 6 赫。

(4) 环球回波

有时短波传播即使在很大的距离上亦只有较小的衰减。因此，在一定条件下电波会连续地在地面与电离层之间来回反射，甚至有可能环绕地球后再度到达接收端，这种电波称为环球回波，如图 2-5 所示。

环球回波可以环绕地球许多次，环绕地球一次的滞后时间约为 0.3 秒。滞后时间较大的回波信号可以在电报和电话接收中用人耳察觉出来。当环球回波信号的强度与原始信号强度相差不大时，就会在电报接收中出现误点，或在电话通信中出现经久不息的回响。

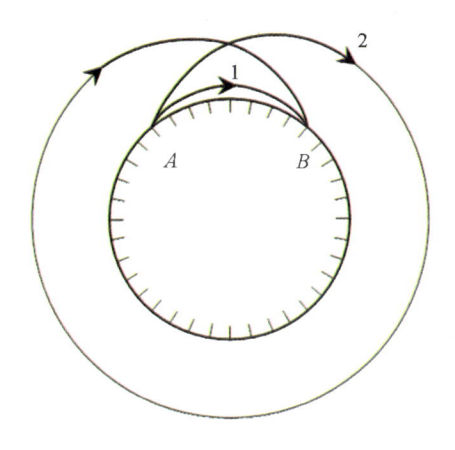

图 2-5 环球回波

(5) 寂静区

短波传播还有一个重要的特点就是存在寂静区。寂静区的形成是由于在短波传播中地波衰减很快,在离开发射机不太远的地点就无法接收到地波,而电离层对一定频率的电波反射只能在一定距离(跳距)以外才能接收到。这样就形成了既接收不到地波又接收不到天波的寂静区,如图 2-6 中的 BC 段。当采用无方向天线时,寂静区是围绕发射点的一个环形地域。

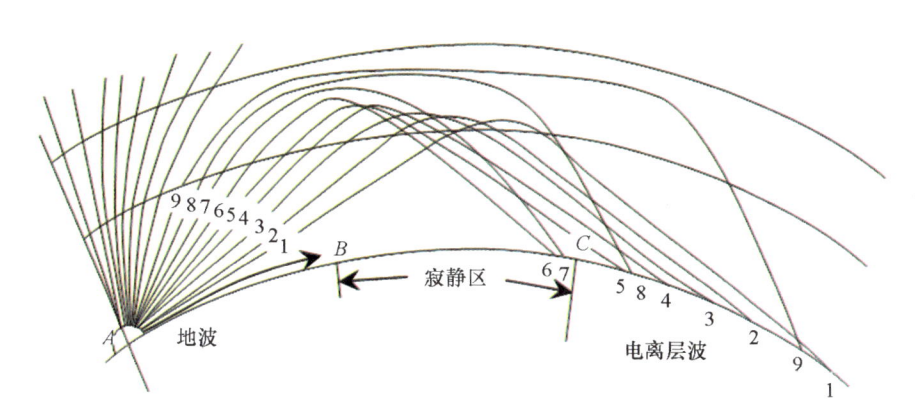

图 2-6 电波在不同入射角下的传播轨道

对于不同的频率,为了保证电波能从电离层反射回来,随着频率的增高,发射的仰角应减小。为了保障 300 千米以内近距离的通信,常使用较低频率及高射天线（能量大部分向高仰角方向辐射的天线），以解决寂静区的问题。

2.2 关键技术

由于电离层是一个时变信道，为了使短波通信质量保持一定的水平，通信系统就必须做相应调整以适应电离层的变化。当短波通信系统建成以后，电台的发射机功率和接收机灵敏度就已确定，天线也不能随意变化，只能通过调整工作频率来适应电离层的变化。所以，在短波通信系统中工作频率的选择是非常重要的，如果不能根据短波传播机理正确地选择频率，通信效果就很难达到最佳，有时甚至不能正常通信。

2.2.1 短波自适应选频技术

传统的短波无线电通信都是人工进行频率选择，即根据以往的工作记录以及长期预报提供的最佳频率信息，双方预先制定好频率－时间呼叫表。通信时，双方根据频率－时间呼叫表，在可能提供传播的一段频率中的一小组信道上，由发送端操作员在不同频率上轮流发送呼叫信号，同时接收端操作员利用一组接收机监视这些信道，一旦收到发送端的呼叫，则人工选择一个最佳的接收频道，发回应答信号。这种利用人工选频建立短波通信线路的方法，需要凭借操作人员的经验，不仅时效低，而且对短波通信使用人员的专业素质要求很高，从而影响了短波通信的质量和应用推广。尤其当出现电离层骚扰和电离层"爆变"时，这种联络方法往往是失败的。必须指出，在遭受原子攻击的数天内，电离层处于强烈变化之中，在高频范围内可以使用的频率范围很窄，甚至只有几百千赫。而且，这一频率范围还在剧烈的变化之中，大约在数分钟内可用频段就要来回移动。在这种情况下，电台之间用人工建立通信线路实际上是不可能的。此时，就要利用信令技术来进行高频电离层通信。

所谓自适应选频就是通过实时测量信道特性的变化，自动选择最佳通信频道，使系统适应环境变化，从而始终保持优良通信效果的技术。自适应选频包括以下两个方面的技术。

1. 实时信道估值技术

实时信道估值（real time channel evaluation，RTCE）技术是发展自适应通信系统的核心技术，其定义为"对一组通信信道的适当参数进行实时测试，并利用测得的参数定量描述这组信道的性能和传输某种通信业务的能力"的过程。短波通信 RTCE 的特点是不考虑电离层的结构和具体变化，而是从特定的通信模型出发，实时地处理到达接收端不同频率的信号，并根据接收信号的能量、信噪比、多径展宽、多普勒展宽等信道参数和不同的通信质量要求（如数字通信误码率等级要求），选择通信使用的频段和频率。因此，广义地说，RTCE 就像一种在短波信道上实时进行的同步扫频通信，只不过所传递的消息和对信息的解释是为了评价信道的质量，及时地给出通信频率而已。

短波 RTCE 中通常是对接收信号的信噪比、多径时延和误码率三个参数进行测量以反映信道的质量，常用的测量方法有电离层脉冲探测、电离层调频连续波探测、信道估值与呼叫（channel evaluation and call，CHEC）探测、导频探测以及误码计算等。

（1）电离层脉冲探测

电离层脉冲探测是早期应用最广泛的 RTCE 形式。它是一种采用时间与频率同步传输和接收的脉冲探测系统。发送端采用高功率的脉冲探测发射机，在给定的时刻和预调的短波频道上发射窄脉冲信号，远方站的探测接收机按预定的传输计划和执行程序进行同步接收。为了获得较大的时延分辨，收和发在时间上应是同步的，因此，收发两端的时间被校准在时标发送台的标准时间上。另外，通过在每个探测频率上发射多个脉冲和按接收响应曲线进行平均的方法，可以减小传输模式中快起伏的影响。

由于脉冲探测信号的形式过于简单且宽度较窄，这就要求脉冲探测接收机具有较宽的带宽，从而使整个探测接收过程易受干扰的影响。为此，需要对这种简单的基本脉冲探测系统进行改进。一项最易实施的改进措施就是对每个频率上的各个探测脉冲进行调制，从而可以改善系统的时间分辨特性，并能够适当地改善系统在强干扰环境中的性能。

(2) 电离层调频连续波探测

调频连续波探测（或称 Chirp 探测）在原理上和脉冲探测完全不同，其探测信号采用了调频连续波，也就是频率扫描信号。典型的 Chirp 探测信号是频率线性扫描信号，也可以采用频率对数扫描形式。Chirp 探测系统正常工作的基础和脉冲探测一样，必须使收发在时间上和频率扫描上精确同步。也就是说，探测发射机和探测接收机必须经过精确校时，以保证同时开始扫描，且频率扫描信号的扫描范围和斜率应一致。只要收发都保证同步线性扫频，接收机输出的基带信号频率偏差就可以用来直接反映信号经信道传输后的时延，这是 Chirp 探测信道电离图的依据。

在 Chirp 探测系统中，信号的衰耗频率特性是用接收信号强度随频率变化的曲线来表示的。为了精确测量传播时延，送入频谱分析仪的接收机输出信号应具有固定的振幅电平。但实际收到的 Chirp 信号的电平是变化的，为此，在接收机内设有调整能力很强的自动增益控制（automatic gain control，AGC）电路，自动地调整高频增益，以供给频谱分析仪振幅固定的多音信号。

(3) CHEC 探测

CHEC 探测系统最初是为空军飞机与海军舰艇和基地传送通信业务而设计的。CHEC 探测系统是移动台通过在探测信道上接收基地台干扰水平编码信息和载波测量信号，计算出各信道的传播衰耗和基地台的信噪比，并以信噪比最高者作为最佳工作频率，在此频率上向基地台发出呼叫。CHEC 探测系统不能在短波全波段或某一个频段内连续探测，只能在预先安排给用户的少数频率上做阶跃式的探测，主要用于一个或多个远方移动台与基地台的通信中。

CHEC 探测系统在信道估值中没有考虑多径传播的因素，因此所选频率对传输数据信号并不一定是最佳的，不过它足以保证移动台和基地台间通话线路的实时选频。

（4）导频探测

导频探测技术是利用低电平连续波音频信号来测量不同探测频率上的信道参数。使用导频探测技术时，低电平的连续波音频信号是插在数据频谱或安排在另一些潜在可用信道中发射出去的。在远方的接收站，通过对连续波信号的参数进行测量，并利用信道参数与误码率之间的理论关系，就可以实现对信道状态的估算。测量的参数包括幅度、信噪比、相位、多普勒频移、多普勒展宽和多径展宽等，它们可以单独在许多 RTCE 中使用，也可以结合起来用于 RTCE。

导频探测技术的主要优点是：概念和实施简单；RTCE 信号和数据信息易于合并，而无须单独发送探测信号；容易实现自动化。不足之处表现在不能确定最高可用频率和不能辨认传播模式。

（5）误码计算

在误码计算技术中，探测信号与传播信号的参数实质上是一样的。探测信号轮流占用每个预选信道，发送探测数码，而接收机只要对接收的数码进行误码检测，就可以弄清每个信道的误比特率，以确定哪个信道最好。此法的优点是直接测量数字数据质量，其缺点是正在传播通信信息的信道不能与其他代替信道进行比较，从而在需要对正在工作的信道做出某种替代时缺乏充分的依据。

2. 自适应控制及频率管理技术

在短波自适应通信系统中，自适应控制器是系统的指挥中心，是系统成败的关键。因为短波信道是一种极不稳定的时变信道，所以短波自适应系统属于随机自适应控制系统。通常，随机自适应控制系统由被测对象、辨识器和控制器三部分组成。辨识器根据系统输入输出数据进行采样后，辨识出被测对象参数，根据系统运行的数据及一定的辨识算法，实时计算被控对象未知参数的估值和位置状态的估值，再根据事先选定的性能指标，综合出相应的控制作用。在短波自适应通信系统中，随着自适应功能不断增强，控制的参数也不断增加，辨识器的功能和形式也逐渐增多，因此自适应控制器也相应复杂起来。一方面，需要发展简单可行而又有效的辨别方法，获得尽可能多的自适应控制能力；另一方面，需要提高短波自适应通信系统中自适应信号处理器的处理能力。

在短波自适应选频通信系统中，自适应信号处理器是系统的核心部件，实时探测的电离层信道参数都在这里进行计算处理。它要求计算速度快、准确，当探测参数多时，计算处理的任务就相当繁重。目前，高速编程自适应信号处理器芯片可使自适应短波通信系统复杂程度降低，体积减小，成本减少，且由于信号处理芯片是可编程的，可以根据不同的自适应功能要求编程，改变信号处理器的软件功能，以适应不同系统的要求。

短波自适应通信系统存在一些缺点，最主要的是：进行信道评估的探测信道有限，因此有可能在信道拥挤的夜间，选不出合适的频率来。目前发展的短波系统全自动频率管理方法，通过连续不断地测量、预测、分配频率和控制，能使网内各条通信线路自适应跟踪传播媒质的变化。

2.2.2 短波差分跳频技术

1. 差分跳频的基本原理

传统的短波跳频电台由于工作频段、天线调谐能力、数据波形等的限制，跳频速率一般为几跳到几十跳，抗干扰、数据传输能力都非常有限。1995年2月，美国Sanders公司研究出相关跳频增强型扩频（correlated hopping enhanced spread spectrum，CHESS）系统，设计实现了一种新的短波差分跳频技术。差分跳频的基本原理是：当前时刻的工作频率由上一跳的工作频率和当前时刻的信息符号决定，其运算关系取决于预先设计的频率转移函数。显见，差分跳频体制与常规跳频系统存在不同：在常规跳频系统中，工作频率与发送的信息符号无关；差分跳频是一种相关跳频体制，通过引入相应的处理过程，相邻或多跳频率之间具有了相关性，其相关性携带了待发送的数据信息，接收端也是根据其相关性还原数据信息，所以也将这种跳频体制称为相关跳频。

差分跳频技术集跳频图案、信息调制与解调等功能于一体，具有很强的抗干扰、抗截获能力，并能做到频谱资源共享，但差分跳频也存在宽带频率选择困难、误码传播以及组网困难等问题。

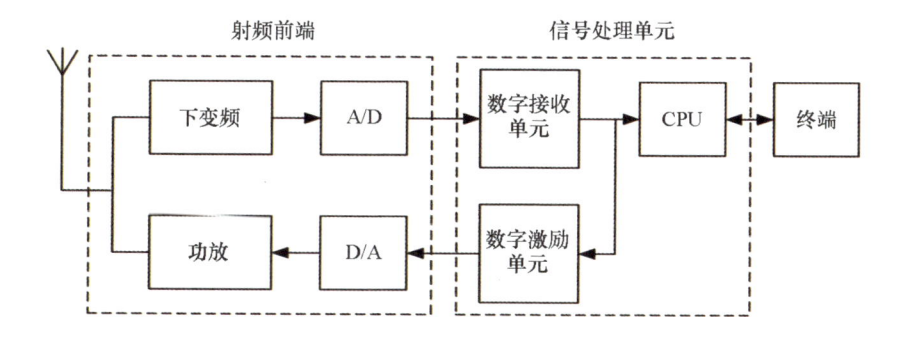

2. CHESS 系统

（1）概述

CHESS 系统是以先进的数字信号处理（digital signal processing，DSP）技术及高速 DSP 芯片为基础设计的短波差分跳频技术。CHESS 系统跳频带宽为 2.56 兆赫（其中包含 512 个 5 000 赫频道）；跳速高达 5 000 跳/秒，其中 200 跳用于信道探测，4 800 跳用于数据传输。若每个频率发送 4 比特数据，则可获得 19.2 千比特/秒传输速率，再采用码率为 1/2 的纠错编码，则实际传输速率为 9.6 千比特/秒。若每个频率发送 2 比特数据，同样采用 1/2 码率的纠错编码，则实际信息数据传输速率为 4 800 比特/秒，此种条件下误码率可低于 1×10^{-5}。

（2）结构

CHESS 系统的结构如图 2-7 所示。整个通信装置包括两个部分：射频前端和信号处理单元。射频前端直接与天线相连，包括发射部分的 D/A 转换、功率放大和接收部分的下变频、A/D 转换；信号处理单元由数字激励单元、数字接收单元以及中央处理单元（central processing unit，CPU）组成。

图 2-7 CHESS 系统结构

信号处理单元中数字激励单元的主要功能是产生差分跳频数字信号，负责发射频率的合成，经射频单元转换为模拟信号放大后，由天线发射出去。数字接收单元对 A/D 转换后的数字信号进行数字信号处理，包括对采样数据进行快速傅里叶变换，使用特定的信号检测算法对各个频点进行检测、帧标志检测等，检测结果交由 CPU 做进一步的处理。信号处理单元通过 RS-232C 接口与终端相接。

（3）通信方式

CHESS 系统采用如表 2-1 所列的通信方式以满足不同通信距离的需要。

表 2-1　CHESS 系统的通信方式

模式	通信距离	使用频段	主要途径
直射波	视距	2～30 MHz	空空通信、空地通信
地波传播	<80 km	2～30 MHz	视距外移动通信
水面传播	<278 km	2～30 MHz	岸舰通信
高角天波	<644 km	2～12 MHz	战区通信
长距离天波传播	全球范围	依据电离层选择	全球战略通信

直射波传播模式下支持视距通信，它通常被机载短波通信系统采用，用于空空通信或空地通信，频率范围从 2 兆赫到 30 兆赫，使用垂直或水平极化天线。

地波传播方式下，利用电磁波的绕射特性实现视距外移动通信。这种通信系统的通信视距一般在 80 千米以内，使用垂直极化天线。

水面传播模式与地波传播模式相近，其最远通信距离可达 278 千米，不过随着海面状况、海水盐度及工作频率的变化，通信距离也不尽相同。这种短波通信系统通常用于海军的岸舰通信。

高角天波模式指入射角近乎垂直的天波传播方式，它的通信距离可达 644 千米。这种短波通信系统通常用于战区通信，由于其传播方式比较独特，可以在复杂的地形上使用。

长距离天波传播方式采用低仰角的天波，通过电离层的一次或多次反射建立链路，是通信距离最远的短波通信方式，通常用于全球战略通信。由于其传播状况受电离层的影响，短波工作频率需要经过精细的分析和选择。

（4）特点

差分跳频技术是新一代短波跳频通信的发展方向之一，差分跳频的特殊体制决定了它具有区别于常规跳频系统的特点：

● CHESS 系统的接收端无法预知每跳的频率，所以必须在工作带宽内进行宽带数字化接收并进行数据解调。在常规跳频系统中，一般通过收发跳频图案的同步预知每跳的频率，先解跳再解调。

● CHESS 系统的频率转移函数本身可以产生跳频图案，所以与常规跳频系统不同，不需要设置专门的跳频码发生器。

● 差分跳频系统频率跳变间的相关性，使得接收端频率检测一旦出现错误，即使后面的频率检测正确，也依然会出现误码的现象，所以差分跳频系统必须结合纠错编码技术以实现可靠的信息传递。

● CHESS 系统的数据传输能力高。数据传输速率随着跳速和每跳携带的比特数的增高而增高。

2.3 短波通信系统

现代短波通信系统一般由带自适应链路建立功能的收发信主机、自动天线耦合器、电源以及一些扩展设备，如高速数据调制解调器、大功率功放（500 瓦以上）等组成，如图 2-8 所示。

2.3.1 收发信主机

现代短波通信系统收发信主机的主要作用与普通短波电台的收发信机相比，信道部分基本相同，区别在于其比普通电台多了一个自适应选件，能借助收发信道完成自动链路建立（automatic link establishment，ALE）。收发信主机一般由收发信道部分、频率合成器部分、逻辑控制部分、电源和一些选件

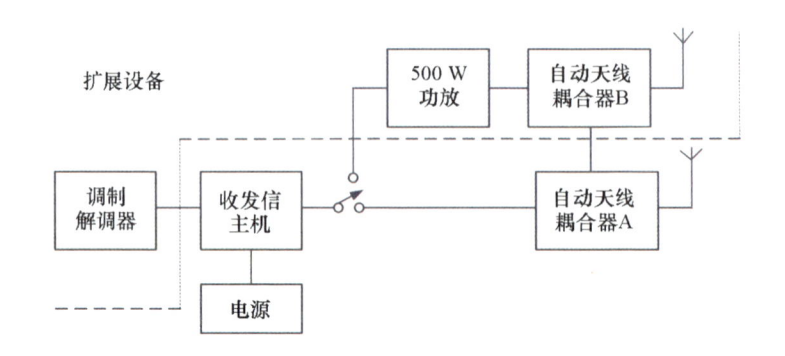

图 2-8　现代短波通信系统组成框图

组成，其组成如图 2-9 所示。

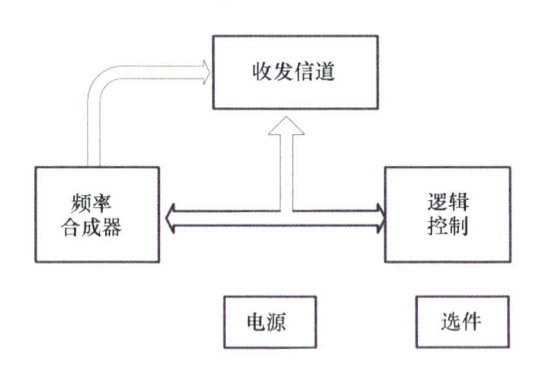

图 2-9　收发信主机组成框图

收发信道部分一般包括选频滤波、频率变换、调制解调、音频功率放大、射频功率放大、自动增益控制（automatic gain control，AGC）电路、自动电平控制（automatic level control，ALC）电路、收/发转换电路等，完成的主要功能是：当处于发射状态时，将音频信号经音频功率放大送至调制器调制，形成单边带调制信号。一般再经两次频率变换（频率搬移），将信号搬移到工作频率上（1.6～30 兆赫），之后对射频信号进行线性放大，功率放大滤波以保证有足够的纯信号功率输出，传递到天线上，向空间传播。当处于接收状态时，将在天线上感应的射频信号加到选频网络，选择其有用信号，经射频放大或直接输入混频器进行频率变换（一般为两次混频），将信号搬移到低中频，对低中频信号进行解调，还原成音频信号，再经音频功率放大推动扬声器发声。为使收信信号的输出稳定，发射时射频功率输出一致，信道部分必须加有 AGC 电路和 ALC 电路。

频率合成器一般由几个锁相环路组成，产生收发信道部分实现频率变换、调制解调所需的本振信号。现代频率合成器一般采用数字式频率合成技术，一部分设备采用直接数字频合（direct digital frequency synthesis，DDS）器件，使频率合成器的体积大大缩小。

现代通信设备中的逻辑控制电路一般采用单片机控制技术或嵌入式系统技术。逻辑控制电路一般包括微处理器系统（包括 CPU、程序存储器、数据存储器等），输入、输出电路，键盘控制电路，数字显示电路以及扩展电路的接口等。逻辑控制电路控制整个设备的工作状态，协调与扩展电路的联系。扩展能力的强弱是体现设备先进性较重要的标志。

电源部分提供收发信主机内各部分的直流电源。根据用户的不同要求，完成某一个或某几个特殊要求，可选择不同的选件，如：RF-3200 电台可选用 RF-3272 自适应控制器，完成 ALE 功能。

2.3.2 自动天线耦合器

随着频率变化，天线将呈现不同的特性阻抗，自动天线耦合器的作用就是将变化的阻抗通过天线耦合器的匹配网络与功放输出阻抗完全匹配，使天线得到最大功率，提高发射效率。目前，自动天线耦合器主要由射频信号检测器部分、匹配网络部分和微处理器系统等组成，其方框图如图 2-10 所示。

射频信号检测器部分一般由 3 个检测器电路组成，分别对射频信号的相位、阻抗及驻波比进行检测，并将检测的数据发送给微处理器系统作为调谐匹配的依据。检测器的精度直接影响调谐的准确性。

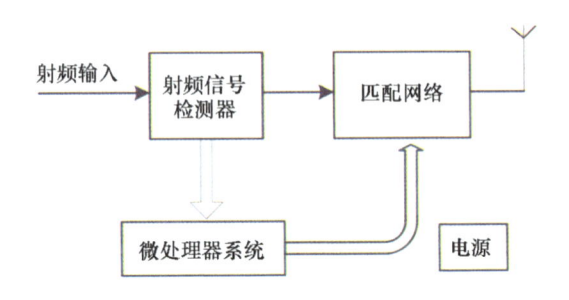

图 2 - 10　自动天线耦合器方框图

• 名词解释

- 驻波比 -

驻波比全称为电压驻波比，指传输线波腹电压与波谷电压幅度之比，又称为驻波系数。驻波比等于 1 时，表示馈线和天线的阻抗完全匹配，此时高频能量全部被天线辐射出去，没有能量的反射损耗；驻波比为无穷大时，表示全反射，能量完全没有辐射出去。

匹配网络部分一般由可变串联电感、可变并联电容等元件组成。在微处理器系统中处理运算，输出驱动继电器的控制信息，使相应的电感、电容接入匹配电路达到天线与功放输出阻抗匹配的目的。

微处理器系统是由单片机组成的电路系统，是自动天线耦合器的核心，其作用是根据射频信号检测器所提供的信息进行判断、处理，输出一组控制匹配网络的数据，并调整其匹配网络参数，判断是否匹配，如未达到匹配目的，微处理器系统将再输出一组控制数据进行判断，直至网络参数满足匹配条件为止。在工作频率变化后，应重复上述调谐步骤，对所工作的频率完成调谐匹配功能。

第3章
光纤通信

电通信是以电信号作为信息载体实现的通信，而光通信则是以光作为信息载体实现的通信。与电通信类似，光通信也可以分为"无线通信"（无线光通信）和"有线通信"（光纤通信），前者以大气作为信息传递的导波介质，后者则以光纤作为信息传递的导波介质。光纤即光导纤维的简称，光纤制造技术的迅猛发展和光纤通信具有的独特优点使光纤通信成为光通信中的"主流"。

以光代电不仅仅是传输手段和形式上的变化，更重要的是催生了通信史上一场深刻的革命。光纤通信作为一门技术，其出现、发展的历史至今不过五六十年，但它已经给世界通信的面貌带来了巨大的变化，未来其影响将更加深刻而长远。

3.1 系统概述

3.1.1 发展概况

从古代起，我们的祖先已经利用光来传递信息。比如建造烽火台，利用烟或者火花来报警，用旗语和灯光信号来传递信息等，都可以看作原始形式的光通信。只是这些传递信息的方法极为简单，信息的内容极为有限。严格来说，上述通信方式都不能称为真正意义上的光通信。

现代意义上所说的光通信是指利用谱线很窄、方向性极好、频率和相位都高度一致的相干光——激光作为光源的通信方式。1966 年，在英国标准电信实验室工作的华裔科学家高锟首先提出用石英玻璃纤维作为光纤通信的媒质（因为在"有关光在纤维中的传输以用于光学通信方面"做出的突破性成就，高锟被授予 2009 年度诺贝尔物理学奖）。1970 年，美国康宁公司用超纯石英为材料，拉制出损耗为 20 分贝/千米的光纤，向光纤作为传输媒质迈出了最重要的一步。同年，美国贝尔实验室成功研制出可以在室温下连续震荡的镓铝砷（GaAlAs）半导体激光器，为光纤通信找到了合适的光源。1973 年，贝尔实验室制造出了衰减下降到 1 分贝/千米的新型光纤。1974 年，日本解决了光缆的现场敷设及接续问题。1975 年，出现了光纤活动连接器。1976 年，美国首先成功地进行了传输速率为 44.736 兆比特/秒、传输距离为 10 千米的光纤通信系统现场试验，使光纤通信向实用化迈出了第一步。1977 年，GaAlAs 激光器的寿命可达 100 万小时，这为光纤通信的商用化奠定了基础。到 1980 年，采用多模光纤的通信系统已经投入商用，单模光纤通信系统也进行了现场试验。我国于 20 世纪 70 年代开始对光纤通信有关的技术进行研究，取得了较大的进展。

• 人物介绍

― 高锟（华裔物理学家、教育家，诺贝尔物理学奖得主）―

高锟（Charles Kuen Kao，1933 年 11 月 4 日—2018 年 9 月 23 日），生于江苏省金山县（今上海市金山区），华裔物理学家、教育家，光纤通信、电机工程专家，被誉为"光纤之父""光纤通信之父"和"宽带教父"。高锟长期从事光导纤维在通信领域运用的研究。

高锟于 1949 年移居香港，1954 年赴英国攻读电机工程专业，并于 1957 年及 1965 年分别获伦敦大学学院学士和博士学位；1970 年加入香港中文大学，筹办电子学系，并担任系主任；1987—1996年任香港中文大学第三任校长；1990年获选美国国家工程院院士；1996年获选中国科学院外籍院士；1997年获选英国皇家学会院士；2009年获得诺贝尔物理学奖；2010年获颁大紫荆勋章；2015年获选香港科学院荣誉院士；2018年9月23日在香港逝世，享年84岁。

从世界各国光通信技术发展的情况来看，光纤通信的发展大致经过了以下几个阶段：

第一代光纤通信系统在20世纪70年代后期投入使用，工作在850纳米波长段的多模光纤系统。光纤衰减系数为2.5~4.0分贝/千米，传输速率为20~100兆比特/秒，中继距离为8~10千米。20世纪80年代初，工作在1310纳米波长段的多模光纤系统投入使用，光纤衰减系数为0.55~1.0分贝/千米，传输速率达140兆比特/秒，中继距离为20~30千米。

第二代光纤通信系统在20世纪80年代中期投入使用，工作在1310纳米波长段的单模光纤通信系统。光纤衰减系数为0.3~0.5分贝/千米，最高传输速率可达1.7吉比特/秒，中继距离约为50千米。

第三代光纤通信系统在20世纪80年代后期投入使用，工作在1550纳米波长段的单模光纤通信系统。光纤衰减系数为0.2分贝/千米，传输速率达2.5~10吉比特/秒，中继距离超过100千米。

第四代光纤通信系统采用光放大器来增加中继距离，同时采用波分复用或频分复用技术来提高传输速率。20世纪90年代初光纤放大器研制成功并投入使用，引起了光纤通信的重大变革。

第五代光纤通信系统是基于光孤子米实现光脉冲信号的保形传输。光孤子利用光纤的非线性效应抵消由于光纤色散产生的脉冲展宽。20世纪90年代后，各国的试验都取得了重大进展，目前已有商用光孤子通信系统面世。

从光纤通信技术发展的趋势和特点来看，光纤通信将会在超大容量超长距离传输、灵活组网、宽带接入和全光通信方面获得进一步发展。

3.1.2 特点及组成

1. 特点

光纤通信是利用光导纤维传输光信号来实现通信的,因此相比其他通信方式有其明显的优势:

传输频带宽、通信容量大。由信息理论知道,载波频率越高,通信容量就越大。由于光波频率高,因此可用带宽很宽,能支持信号的高速率传输,现在已经发展出几十吉比特/秒的光纤通信系统,它可以传输几十万路电话和几千路彩色电视节目。

损耗低。由于技术的发展,现在制造出的光纤介质纯度很高,损耗极低。目前在光波长为1550纳米的窗口,已经制造出损耗为0.18分贝/千米的光纤。由于损耗低,传输的距离可以很远,从而大大减少了传输线路中中继站的数目,既降低了成本,又提高了通信质量。

均衡容易。在工作频带内,光纤对每一频率成分的损耗几乎是相等的。因此,系统中采取的均衡措施比传统的电信系统简单,甚至可以不采用。

信号泄露少。光纤内传播的光能几乎不辐射,因此很难被窃听,也不会造成同一光缆中各光纤之间的串扰。

抗电磁干扰能力强,不受恶劣环境锈蚀。因为光纤是非金属的介质材料,所以它不受电磁干扰,可用于强电磁干扰环境下的通信;也不会发生锈蚀,具有防腐的能力。

线径细、重量轻。光纤直径一般只有几微米到几十微米,相同容量话路的光缆要比电缆轻90%~95%,直径不到电缆的1/5,故运输和敷设均比铜线电缆方便。

资源丰富。光纤的纤芯和包层的主要原料是二氧化硅,资源丰富且价格便宜,取之不尽;而电缆所需的铜、铝矿产则是有限的,采用光纤后可节省大量的铜、铝材。

光纤通信除了上述优点之外，光纤本身也有缺点，如光纤质地脆、机械强度低，要求比较好的切断、连接技术，分路、耦合比较麻烦等。但这些问题随着技术的不断发展，都是可以解决的。

2. 系统组成

与一般通信系统类似，光纤通信系统也有数字与模拟两大类。但在现行光纤通信系统中较多使用前一种形式，因此，下面主要叙述光纤数字通信系统。

光纤通信从原理上讲并不复杂，目前实用的光纤通信系统普遍采用的是数字编码、强度调制/直接检波（intensity modulation/direct detection，IM/DD）通信系统，其基本组成如图 3-1 所示。它由信源、电端机（发、收）、光端机（发、收）、光缆（光纤）、光中继器及信宿组成。

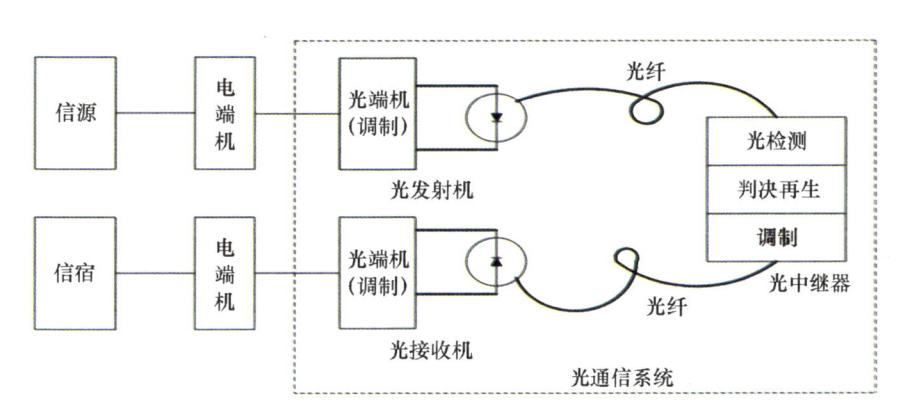

图 3-1 光纤通信系统的基本组成

光纤通信系统的基本工作原理是：首先将待传输的信号变换为适当的码流，再进行脉幅调制（pulse amplitude modulation，PAM）或脉宽调制（pulse width modulation，PWM）成电脉冲信号，然后调制光源（激光二极管或发光二极管）使之变换成相应的光脉冲，将信息载于光波载体上，利用光纤作为通信线路，将携带信息的光波传输到接收端。在接收端，由光电检测器（PIN 管或雪崩光电二极管）作直接检测，将光信号从光载波上分离出来，并转换为电脉冲信号，进一步译码恢复传输的信号，再现于受信者，达到通信的目的。

上述光纤通信系统所特有的关键性步骤是：在发送端，将电脉冲转换为光脉冲，实现这种功能的设备称为光发射端机；在接收端，再将光脉冲转换为电脉冲，完成这种功能的设备称为光接收端机。光发射端机和光接收端机统称为光端机。在现行光纤通信系统中，光发射端机是用信号对光源的光强（单位面积上的光功率）进行调制，即 IM，使之随信号电流呈线性变化而实现电/光转换的。光接收端机是借助光电检测器的平方律对光信号进行 DD 而实现光/电变换的。所谓 DD 是指信号直接在接收机的光频上检测为电信号。显然，这种调制检波方法没有利用光波频率、相位等方面的信息。为了能够直接体现现行光纤通信系统中这种光信号的调制与检波两个关键性的技术步骤，将目前广泛应用的这种光纤通信系统称为 IM/DD 光纤通信系统。在远距离光纤通信系统中，为了延伸通信距离，还必须设置光中继器。

3.2　传输线路

3.2.1　基本结构与传光原理

典型的光纤是由折射率为 n_1 的纤芯和折射率为 n_2 的包层组成的，n_2 略小于 n_1，如图 3-2 所示。图 3-3（a）中还画出了折射率沿芯径的分布轮廓，这种结构的光纤称作突变折射率型光纤，又称阶跃光纤；按照折射率轮廓的形状，还有渐变折射率型光纤，其又称渐变光纤，如图 3-3（b）所示。当光源光线以合适的入射角进入阶跃光纤后，可以在纤芯与包层的分界面上形成全反射而向前传输至光纤的另一端，如图 3-4（a）所示；当光源光线以合适的入射角进入渐变光纤后，光线在光纤中被折射成正弦波形状往前传输至另一端，如图 3-4（b）所示。

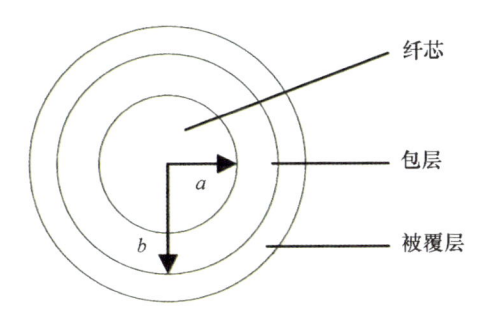

图 3-2 通信光纤结构

(a) 阶跃光纤折射率分布

(b) 渐变光纤折射率分布

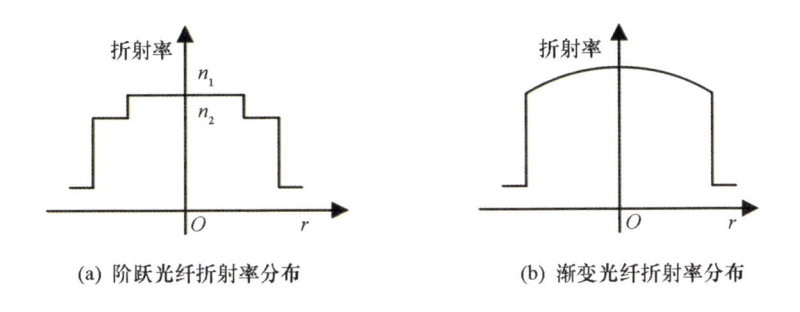

图 3-3 阶跃光纤及渐变光纤折射率分布

(a) 阶跃光纤的导光原理

(b) 渐变光纤的导光原理

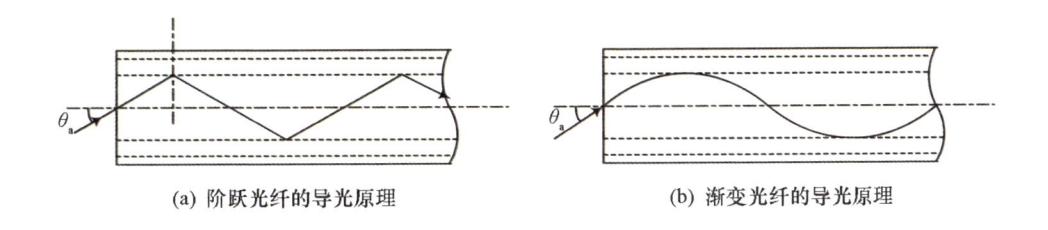

图 3-4 光纤的导光原理

用于制造光纤的材料主要是熔二氧化硅分子组成的石英玻璃。借助不同的掺杂物来实现纤芯和包层的折射率差别。

3.2.2 基本性质

1. 传输损耗

光纤的传输损耗是光纤的基本特性之一。传输损耗与工作波长有关。光纤有三个低损耗的工作波长区,称为光纤的三个工作波长窗口,分别为0.85微米、1.31微米、1.55微米,损耗值分别为2分贝/千米、0.35分贝/千米、0.2分贝/千米。

光波在光纤内传播时,存在两种主要的损耗:吸收损耗和散射损耗。吸收损耗通常以每单位长度上的衰减量表示,单位为分贝/千米。

2. 传输模式

"模"来源于电磁场的概念,光实质上也是电磁波,这里所说的"模"实际上是光场的模式。关于光纤模式的概念,也可以从几何光学的观点比较直观地得到有关基本概念。简单地说,以某一角度射入光纤端面,并能在光纤的纤芯-包层界面上形成全反射的传播光线就可称为一个光的传输模式。当光纤的纤芯较粗时,可允许光波以多个特定的角度射入光纤端面,并在光纤中传播,此时,称光纤中有多个模式,这种能传输多个模式的光纤称为多模光纤;当光纤的芯径很小时,光纤只允许与光纤轴一致的光线通过,即只允许通过一个基模,这种只允许传输一个基模的光纤称为单模光纤。如图3-5所示,以不同入射角入射在光纤端面上的光线,在光纤中形成不同的传输模式。

根据光纤传输理论的分析,可以得到以下几个结论:

● 并不是任何形式的光波都能在光纤中传输,每种光纤都只允许某些特定形式的光波通过,而其他形式的光波在光纤中无法存在。每一种允许在光纤中传输的特定形式的光波称为光纤的一个模式。

● 在同一光纤中传输的不同模式的光,其传播方向、传输速度和传输路径不同,衰减也不同。观察与光纤垂直的横截面就会看到,不同模式的光波

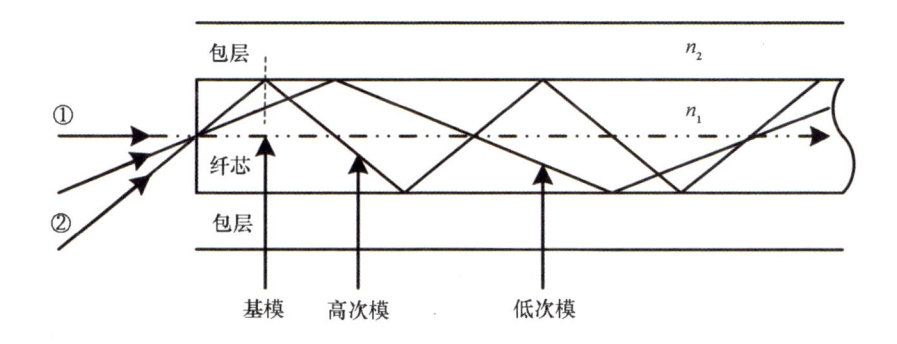

图 3-5 光纤传输模式

在横截面上的场强分布也不同，有的是一个亮斑，有的分裂为几瓣。高次模的衰减大于低次模。

● 进入光纤的光，在光纤的纤芯-包层界面上的入射角大于临界角时，在交界面内发生全反射，而入射角小于临界角的光就有一部分进入包层被很快衰减掉。前者的传输损耗小，能远距离传输，称为传导模。

● 能满足全反射条件的光线也只有某些以特定的角度射入光纤端面的部分才能在光纤中传输。因此，不同模式的光的传输方向不是连续改变的，当通过同样一段光纤时，以不同角度在光纤中传输的光所经过的路径也不同，沿光纤轴前进的光经过的路径最短，而与轴线交角大的光所经过的路径长。

3. 色散

光波通过光纤介质时，介质的折射率随光波的波长发生变化。这种介质折射率对光波波长的依赖关系称为光纤的色散特性，可以根据下面的例子来简单地理解。

一束白光通过一块玻璃三棱镜时，在棱镜的另一侧被散开变成了五颜六色的光带，在光学中称这种现象为色散现象。为什么会产生这种现象呢？原因很简单，那就是白光本来就是由不同颜色的光组成的，这些不同颜色光的波长各不相同，如红光波长约为 600 纳米、绿光波长约为 550 纳米。这些波长不同的光在空气中的传播速度相同，但在玻璃中的传播速度则各不一样。

在一定范围内，波长越长，传播速度越快；传播速度不同，那么折射率也不同。这就是说，石英玻璃对波长不同的光呈现不同的折射率。根据光的折射定律，在两个不同介质的界面上，波长长的红光的折射角比波长稍短的绿光的折射角要大些。这样经过玻璃－空气界面折射，就形成了由红到紫的彩色光带。

当光信号通过光纤传输时，也会产生色散现象。这使得从一端发出的光脉冲中的不同波长（频率）成分或不同的传输模式，在光纤中传播时，因速度的不同而传播时间不同，因此造成光脉冲中的不同频率成分或不同传输模式到达光纤终端的时间有先有后，从而使得光脉冲波形被展宽畸变。

当光脉冲在光纤中传输时，脉冲的宽度逐渐被展宽，这将限制光纤通信系统的传输码速。当系统的码速较高时，相邻传输脉冲间的间隙较小，在传输一定距离之后，脉冲将产生部分重叠而使脉冲的判决发生困难，这就形成了码间串扰。

常用光纤可分为多模光纤和单模光纤。多模光纤一般用带宽表示，单模光纤的带宽比多模光纤宽得多，对信号的畸变或展宽很小，无法沿用测量多模光纤带宽的方法，因而单模光纤一般用色散来表示。在光纤通信中，就某种意义而言，色散和带宽是同一种概念。

多模光纤。一种多个模式的光纤，也就是在多模光纤中存在多个分离的传导模，或者说这种光纤允许多个传导模通过。多模光纤又可分为突变型多模光纤和渐变型多模光纤。

● 突变型多模光纤的结构最为简单，制造工艺易于实现。由于光波在光纤中有不止一条传播路线，不同频率光波的传输时延也不同，这样会造成信号的失真，从而限制了传输带宽。由于这种光纤的模间时延太大，传输带宽只能达到几十兆赫·千米，不能满足高码速传输的要求。

● 渐变型多模光纤具有近似抛物线型折射率分布，这能使模间时延极大地减小，从而可使光纤带宽提高约 2 个数量级，达到 1 000 兆赫·千米以上。这种渐变型多模光纤的带宽虽然比不上单模光纤，但它的芯径大，对接头和活动连接器的要求都不高，使用起来比单模光纤在某些方面要方便些。多模光纤的芯径和外径典型值分别为 50 微米和 125 微米。CCITT（国际电信联盟 ITU 的前身）在各国科技工作者大量理论和实践的基础上，经过反复讨论和研究，对光纤通信的各个方面均提出了若干建议，这是制定光纤通信标准的重要依据之一。CCITT 发布的 G.651 规定了多模光纤的主要参数，因此有时把渐变型多模光纤称为 G.651 光纤。G.651 光纤采用的特殊折射率分布有效降低了多模光纤的模色散，提高了光纤传输的质量。

单模光纤。只能传输一种模式，即只能传输基模（最低阶模），不存在模间时延差，具有比多模光纤大得多的带宽，传输容量大，这对于高码速传输是非常重要的。单模光纤的带宽一般都在几十吉赫以上，比渐变型多模光纤的带宽高 1~2 个数量级。同多模光纤一样，单模光纤的外径也是 125 微米，但它的芯径却小得多，一般为 4~10 微米。单模光纤由于其直径较小，所以在将两段光纤相接时不易对准。G.652 常规单模光纤是目前应用最为广泛的单模光纤，它的零色散点在 1.31 微米附近。为了制造工艺简便，1.31 微米常规单模光纤一般都采用突变型折射率分布。随着光纤技术的发展，现在又出现了零色散点从 1.31 微米移到 1.55 微米的 G.653 色散位移单模光纤、从 1.31 微米到 1.55 微米整个范围色散都很小的 G.656 色散平坦型单模光纤等。

3.2.3 光缆

为了满足工程的需要，通常把若干光纤加工组成光缆。具有代表性的光缆结构形式有层绞式光缆、单位式光缆、骨架式光缆、带状式光缆，如图 3-6 所示。

层绞式光缆。它是将若干根光纤芯线以强度元件为中心绞合在一起的一种结构，如图 3-6（a）所示。这种光缆的制造方法和电缆相似，所以可采用电缆的成缆设备，成本较低。其光纤芯线数一般不超过 10 根。

单位式光缆。它是将几根至几十根光纤芯线集合成一个单位，再由数个单位以强度元件为中心绞合成缆，如图 3-6（b）所示。

骨架式光缆。这种结构是将单根或多根光纤放入骨架的螺旋槽内，骨架的中心是强度元件，骨架上的沟槽可以是 V 形或 U 形或凹形，如图 3-6（c）所示。由于光纤在骨架沟槽内，具有较大空间，因此当光纤受到张力时，可在槽内作一定的位移，从而减少了光纤芯线的应力应变和微变。这种光缆具有耐侧压、抗弯曲、抗拉伸的特点。

带状式光缆。它是将 4~12 根光纤芯线排列成行，构成带状光纤单元，再将多个带状单元按一定方式排列成缆，如图 3-6（d）所示。这种光缆结构紧凑，可做成上千芯的高密度用户光缆。

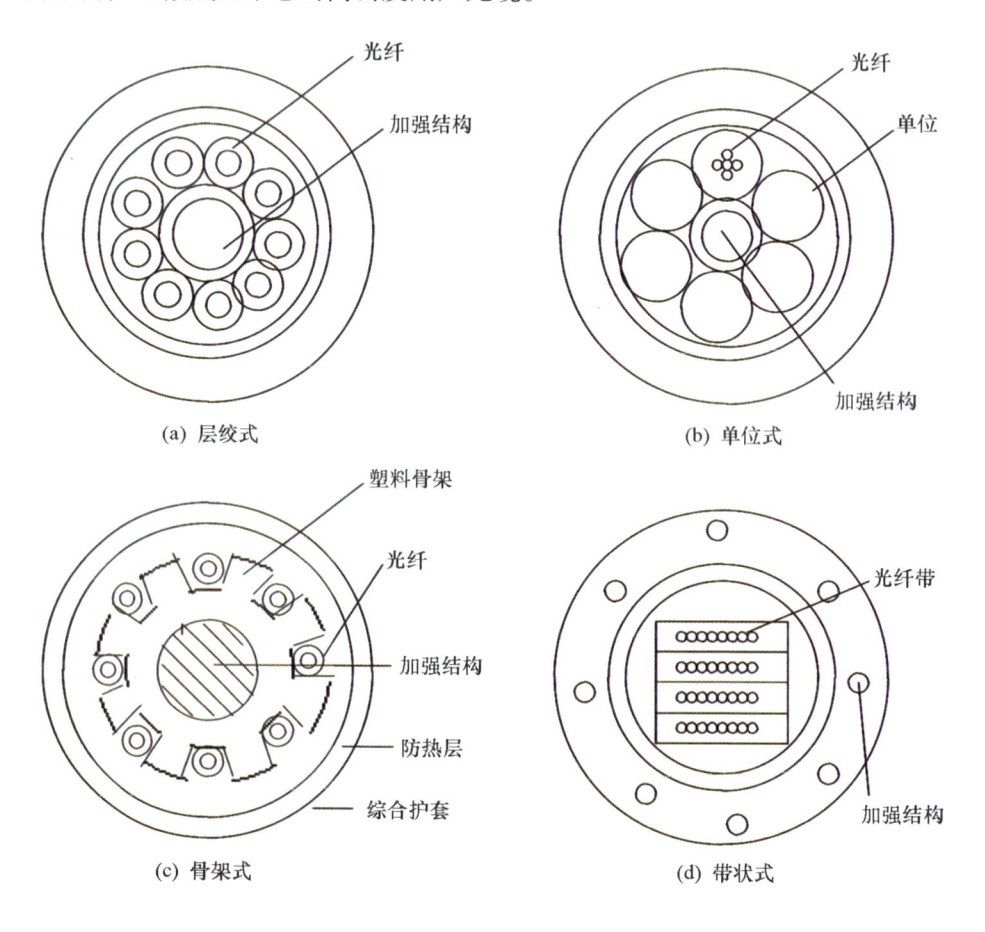

(a) 层绞式

(b) 单位式

(c) 骨架式

(d) 带状式

图 3-6　常用光缆结构示意图

3.3 传输设备

3.3.1 光发射机

光发射机主要由光源、驱动电路和一些辅助电路组成。辅助电路主要有自动功率控制（automatic power control，APC）、自动温度控制（automatic temperature control，ATC）和各种保护电路等。下面分别对这几部分作简要介绍。

1. 光源

实用光纤通信系统中所用的光源主要有两种：半导体发光二极管（light-emitting diode，LED）和半导体激光二极管（laser diode，LD）。半导体光器件是依赖于 PN 结内电光效应发光的，即由电流注入形成大量电子－空穴对，这些电子－空穴对复合时便以辐射的形式将能量释放出来，这也就是复合发光效应。辐射能量的大小由半导体材料的能带结构确定，该能量的大小又决定了辐射波长的长短。LED 和 LD 在发射波长、功率以及调制频率等若干指标上均能与光纤通信系统相匹配，被认为是光纤通信最理想的光源。

• 名词解释

— PN 结 —

采用不同的掺杂工艺，通过扩散作用，将 P 型半导体与 N 型半导体制作在同一块半导体（通常是硅或锗）基片上，在它们的交界面形成的空间电荷区称为 PN 结。PN 结具有单向导电性，是电子技术中许多器件所利用的特性，例如半导体二极管、双极性晶体管的物质基础。

- 电子和空穴 -

半导体中有两种载流子：自由电子和空穴。在热力学温度为零和没有外界能量激发时，价电子受共价键的束缚，晶体中不存在自由运动的电子，半导体是不能导电的。但是，当半导体的温度升高（例如室温300开）或受到光照等外界因素的影响时，某些共价键中的价电子获得了足够的能量，足以挣脱共价键的束缚，跃迁到导带，成为自由电子，同时在共价键中留下相同数量的空穴。空穴是半导体中特有的一种粒子，它带正电，与电子的电荷量相同。把热激发产生的这种跃迁过程称为本征激发。显然，本征激发所产生的自由电子和空穴数目是相同的。

光源是光纤通信系统中的关键器件，它产生光纤通信系统所需要的光载波，同时也具有调制器的功能。其特性的好坏直接影响光纤通信系统的性能，因此用作光纤通信的光源必须满足一定的条件：

合适的发光波长。光源的发光波长必须在石英光纤的三个低损耗窗口内。目前，在新建的光纤通信系统中，第一窗口（0.85微米左右）已基本不用了，第二窗口（1.31微米左右）正在大量应用，并逐渐向第三窗口（1.55微米左右）过渡。

合适的输出功率和效率。在进行光纤通信系统设计时，对光源的输出光功率有一定的要求。在同样接收灵敏度的条件下，输出光功率越大，允许的线路传输损耗亦越大，即光信号可传输的距离越长。但是，这个结论是有条件的。如果光源输出的光功率太大，会激励起光纤的非线性效应，这将导致系统性能恶化。因此，入纤光功率必须适当。当然，目前的问题不是入纤光功率太大，而是不够。现在所用的LD光源的入纤光功率一般不大于0分贝毫瓦，而LED与单模光纤耦合的入纤光功率仅为 -20分贝毫瓦左右。因此，还应该努力提高入纤光功率，使中继距离增大。另外，光源输出光功率时需要消耗电功率，随着LD制造工艺的提高，光源的电光转换效率有可能进一步提高。

可靠性高、寿命长。为了使光纤通信系统的工作稳定可靠，光源的绝对寿命应以 10 万～100 万小时为目标，随着系统中继器的增加，对光源的寿命要求更高。对海底光缆系统来说，对光源寿命的要求更加突出。

谱线宽度窄。光源的谱线宽度与系统的传输带宽成反比关系。光源谱线越宽，光纤色散越大，光纤通信系统的传输码速会显著降低。对于传输带宽只有几兆赫的系统来说，其光源的谱线宽度为几十纳米也能满足要求。但随着传输带宽的增加，要求的光源谱线宽度就越窄。换言之，若光源的谱线宽度限定，则由此引起的光脉冲传输时延就被限定，因此传输带宽也被限定。

与光纤的耦合效率高。光源与光纤的耦合效率高，则入纤功率大，系统中继距离增加。影响耦合效率的重要因素是光源的输出横模。所谓横模就是激光器谐振腔所允许的电磁场在横向的各种稳态分布。为了提高耦合效率，希望光源输出一个稳定的单一基横模，使光能输出集中，中心最强，边缘最小，光束发散角小，容易与低损耗光纤耦合。

调制特性好。将待传送信息（电信号）载于光载波上，这是靠调制来完成的。在光纤通信系统中，要求光源调制效率高，其调制速率也应适合于系统传输码速的要求。同时，还要求不产生自脉动、弛张振荡或其他调制噪声。LD 或 LED 光源均依赖于直接强度调制方式工作，因此 LD 或 LED 对驱动电流的响应速度决定了允许的最高调制速率即调制带宽。

温度特性好。光源在温度变化时，其输出功率、阈值电流和中心波长都将发生变化，将对光纤通信系统的性能产生严重的影响。因此，要求光源有好的温度特性，尽量减小温度变化的影响。在实际的光发射机中，还要用辅助电路来改善光的温度特性。

• **知识延伸**

— 结温对 LD 输出特性的影响 —

以阈值器件 LD 为例，当注入电流小于阈值电流（LD 发出激光时的最小注入电流值）时，LD 发出的是荧光。一个良好的激光器所需的阈值电流较小，一般为 20~60 毫安，最小的可达 4.5 毫安。

注入 LD 的电功率，一小部分转换为光功率。由于 LD 中的 PN 结有一定的电阻，另外一大部分电功率将在结区转换为热能而消耗掉。消耗掉的热能将使结温升高，从而导致阈值电流变化，进而引起输出特性发生变化。这种因结温变化而使输出特性发生变化的温度特性，对 LD 的正常工作极为不利。因此，在光调制器中需要设置温度自动控制电路，使 LD 的结温基本保持恒定。

抗码型效应好。当 LD 工作在脉冲状态时，由于有源区内载流子的残留和积累作用，将出现后一个光脉冲幅度高于前一个光脉冲幅度的码型效应。码型效应的出现，有可能会在"0"码的地方出现"1"码，从而导致差错，增加系统误码率。可见，在高码率调制时，应设法避免码型效应的出现。具体办法可以是在主电流脉冲的后面加一个负的反相脉冲，使残留和积累的多余电荷在这个反相脉冲的作用下泄放掉。

2. 驱动电路

当使用 LD 作光源时，由于 LD 存在阈值电流 I_{th}，LD 的驱动电路要比 LED 的复杂得多，尤其在高速率调制时，必须适当地选择驱动条件，即适当地选择偏置电流 I_o 和调制电流 I_m 的大小。一般应满足：$I_o \leqslant I_{th}$，$I_o + I_m$ 稍大于 I_{th}。

3. 辅助电路

阈值电流 I_{th} 随着 LD 的老化或温度的升高而加大，这样会使得输出光功率发生变化。为了使输出的光功率稳定，必须采取 APC 和 ATC 措施。

除了上述自动控制电路，光发射机中还有一些其他用于保护、监测目的的辅助电路，如光源过流保护电路、无光告警电路、LD 偏流（寿命）告警电路。

3.3.2 光接收机

光接收机是光纤通信系统的重要组成部分，它的性能是整个光纤通信系统性能的综合反映。光接收机的主要作用是将经光纤传输后的幅度被衰减、波形被展宽的微弱光信号转变为电信号，并放大处理，恢复为原来的信号。光接收机主要由光电检测器、前置放大器、均衡器和判决再生电路等几部分组成，如图3-7中光中继器原理框图的光接收机部分所示。

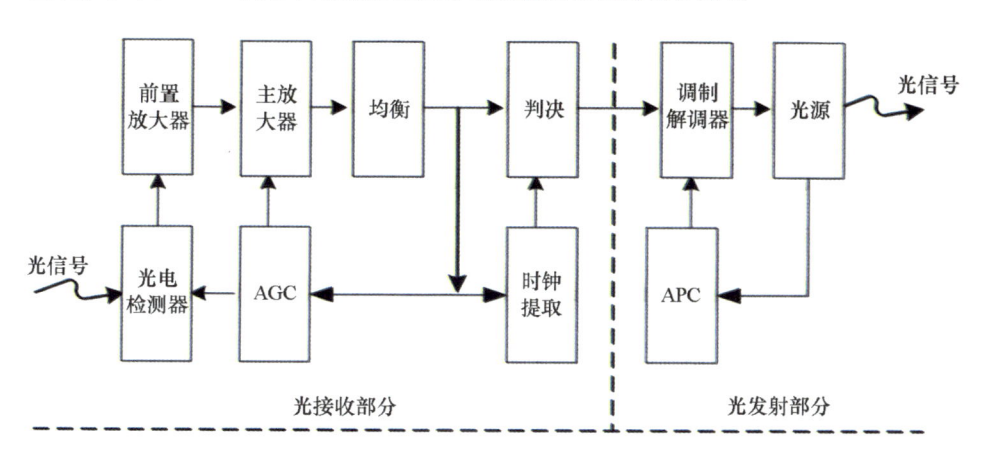

图3-7 光中继器原理框图

1. 光电检测器

光电检测器的作用是将光纤输出的微弱光信号转变为电信号，在功能上恰好与光源相对应。它是影响光接收机性能的重要器件。光电检测器是利用半导体材料的光电效应来实现光电转换的。其基本原理是：光照射到半导体的PN结上，若光子能量足够大，则半导体材料中价带的电子吸收光子的能量，从价带越过禁带到达导带，在导带中出现光电子，在价带中出现光空穴，即产生光电子-空穴对，总起来又称光生载流子。光生载流子在外加负偏压和内建电场的作用下，在外电路中出现光生电流。

• 名词解释

- 价带、禁带与导带 -

处在原子轨道中并呈键合状态的电子称为价电子。由这些价电子所占有的许多能级可加以归并并视为一个单一的连续的能量范围。这种由已充满电子的原子轨道能级所形成的低能量带称为能级的价带（满带）。简而言之，价带即为价电子占满的满带中能量最高的能带。

禁带是指在能带结构中能态密度为零的能量区间。常用来表示价带和导带之间的能态密度为零的能量区间。禁带宽度的大小决定了材料是具有半导体性质还是具有绝缘体性质。半导体的禁带宽度较小，当温度升高时，电子可以被激发跃迁到导带，从而使材料具有导电性。绝缘体的禁带宽度很大，即使在较高的温度下，仍是电的不良导体。

导带是由自由电子形成的能量空间，即固体结构内自由运动的电子所具有的能量范围。对于金属，所有价电子所处的能带就是导带。对于半导体，所有价电子所处的能带是价带，比价带能量更高的能带才是导带。

目前广泛应用的光电检测器有两种：本征型光电二极管，简称 PIN 管；雪崩型光电二极管，简称 APD。这两种光电检测器件在工作波长、响应频率等方面均能与现行光纤通信系统相匹配，被认为是实用光纤通信系统最理想的光电转换器件。

2. 前置放大器

光电检测器输出的光电流是很微弱的，必须采用多级放大器将其放大到一定程度才能满足后续电路的要求。为了提高光接收机的灵敏度，除选择合适的光电检测器以外，设计合适的前置放大器也是关键之一。前置放大器须具有高增益、低噪声，这样才能得到较大的信噪比。前置放大器的输出电压一般为毫伏级。

3. 灵敏度

接收灵敏度是光接收机的主要参数之一，一般用分贝毫瓦来表示，它表示以1毫瓦功率为基础的绝对功率电平。在一定误码率条件下，影响接收机灵敏度的因素有：码间干扰、消光比、暗电流、量子效率、光波波长、信号速率、各种噪声等。此外，光纤通信系统中使用的光波长减小、信号速率提高、检测器量子效率降低、系统噪声增大，都会使接收机在一定误码率条件下的最小接收机光功率增大，即降低接收机灵敏度。

3.3.3 光中继器

光脉冲信号从光发射机输出经光纤传输一定距离后，由于光纤损耗和色散等的影响，其幅度受到衰减、波形出现畸变，这就限制了其在光纤中的传输距离。为此，在远距离光纤通信系统中，为了补偿光信号的衰减、对失真的脉冲波形进行整形，必须间隔一定距离设置光中继器。

光中继器由光电检测器、判决再生电路和光调制器组成，即光—电—光中继方式。最简单的光中继器原理如图3-7所示。

作为一个实用的光中继器，为了便于维护，显然还应具有公务、监控、告警等功能，有些功能更多的中继器（机）还有区间通信的功能。另外，实际上使用的中继器应有两套收、发设备分别用于两个传输方向。

与其他通信系统一样，监控系统是光纤通信系统中必不可少的组成部分。

监测的内容主要有：

- 在光纤数字通信系统中误码率是否满足指标要求；
- 各个光中继器是否有故障；
- 接收光功率是否满足指标要求；
- 光源的寿命；
- 电源是否有故障；
- 环境的温度、湿度是否在要求的范围内等。

控制的主要内容有：

● 当光纤通信系统中的主用系统出现故障时，监控系统发出自动倒换指令，遥控装置就将备用系统接入，将主用系统退出工作。当主用系统恢复正常后，监控系统应再发出指令，将系统从备用系统倒换回主用系统。

● 当市电中断后，监控系统还要发出启动油机发电的指令。

● 当中继站温度过高时，则发出启动风扇或空调的指令。

同样还可根据需要设置其他的控制内容。

控制信号的传输方式有两类：一类是在光缆中加金属线来传输监控信号；另一类是通过复用方式和主信号一起在光纤中传输。

3.3.4　无源光器件

构成一个完整的光纤通信系统，除要有电端机（PCM 终端）和能够完成电—光和光—电转换任务的有源光器件以及光纤传输线外，还需要一些作用不同的无源光器件，如：光纤连接器、光分路耦合器、光衰减器、光隔离器、光调制器和光开关等。

1. 光纤连接器

光纤连接器又称光纤活动连接器，俗称活动接头，用于设备（如光端机、光测试仪等）与光纤之间的连接、光纤与光纤之间的连接、光纤与其他无源器件的连接。它是组成光纤通信系统和测量系统不可缺少的一种无源器件。

光纤连接器的作用是将需要连接起来的单根或多根光纤芯线的端面对准、贴紧并能多次使用。光纤的芯径很细（微米级），因此对其加工工艺和精度都有比较高的要求。各种不同结构的单模光纤连接器的插入损耗为0.5分贝左右。

2. 光分路耦合器

光分路耦合器是分路和耦合光信号的器件，可分为两分支型和多分支型两种。前者用于光通路测量，要求分路比可任意选择；后者用于光数据总线，要求输出信号分配均匀。

光分路耦合器按其结构不同可分为棱镜式和光纤式两类。其中，光纤式定向耦合器体积较小，和光纤连接比较方便，是目前较常使用的一种。

3. 光衰减器

光衰减器是调节输入光功率不可缺少的器件。主要用于光纤通信系统指标测量（如测量光接收机的接收灵敏度和动态范围等）、短距离通信系统的信号衰减以及系统试验等。光衰减器有固定衰减器和可变衰减器两种。常用的光衰减器衰减光功率的方法主要是采用金属镀膜滤光片，衰减量的大小与膜的厚度成正比。

4. 光隔离器

光隔离器是保证光信号只能正向传输的器件，避免线路中由于各种因素而产生的反射光再次进入激光器，从而影响激光器工作的稳定性。

光隔离器的基本原理是法拉第旋转效应。它主要由两个线偏振器和位于其间的一个法拉第旋转器组成。线偏振器中有一透光轴，当光的偏振方向与透光轴完全一致时，则光全部通过。法拉第旋转器由某种旋光性材料制成。按照法拉第效应，当线偏振光经过它以后，它使光的偏振面按顺时针方向旋转一定角度（45度）。正向入射光全部透过第一偏振器，经过旋光器后，偏振方向顺时针旋转45度与第二偏振器的透光轴方向一致，因此，正向光功率全部射出；当反向光入射后，有一部分光经过第二偏振器到达旋光器，偏振方向旋转45度后，正好和第一偏振器的透光轴方向垂直，因此，被全部隔离。

5. 光调制器

为了实现数千兆赫以上的超高速调制，一般应使用光调制器。常用的外调制器有电光调制器、声光调制器、波导调制器等。

6. 光开关

光开关是光纤通信系统和光纤测试技术中不可缺少的无源器件，其主要功能是切换光路。

光开关主要有机械式和非机械式两种：

● 机械式光开关主要由一个驱动机构带动活动光纤，使活动光纤根据要求分别与不同的光纤连接，实现光路的切换。机械式光开关的优点是插入损耗小，串扰小，适合各种光纤；缺点是开关速度比较缓慢。

● 一种典型的非机械式光开关是由光纤、自聚焦透镜、起偏器、极化旋转器和检偏器组成。把偏压加在极化旋转器上，使经过起偏器而来的偏振光产生极化旋转，就可达到通光状态。若极化旋转器不工作，起偏器和检偏器的极化方向彼此垂直，则为断光状态。非机械式光开关的优点是开关速度快，缺点是插入损耗大。

3.4 新技术

为了推进光纤通信的进一步发展、充分挖掘光纤巨大的潜在通信能力，必须开拓新的通信模式。经过多年努力，人们已经提出了众多新的通信模式，其中已步入实用化或已展示出应用前景的有：复用光通信、相干光通信、光孤子通信等。

3.4.1 复用光通信

复用光通信就是利用光波波长、频率、时间、空间（波前）的可分割性等，使之多重承载信息，进而使通信容量成倍、成量级的增大。在光域上用光时分复用（optical time division multiplexing，OTDM）或波分复用（wavelength division multiplexing，WDM）和光频分复用（optical frequency division multiplexing，OFDM）方式来进一步增加传输容量。

光纤的带宽资源是巨大的，目前单个光源的谱线宽度只占用了其中极窄的一部分。若将多个峰值发送波长适当错开的光源的信号同时在一根光纤上传输，则可以大大增加光纤的信息容量。这种将不同波长的光信号复用在一根光纤中传输以提高光纤带宽资源利用率的措施称为 WDM。

显然，这种方式的频谱利用率的高低主要取决于所允许的光源峰值波长的间隔大小，这与所用 WDM 器件的性能及光源线宽和允许间隔有关。通常将允许的光源峰值波长间隔为数十纳米的称为 WDM，而将间隔纳米以下的复用方式称为 OFDM。

由于光电器件速率高于电子电路，当用 TDM 方式达到 10 吉比特/秒时，可以采用 OTDM 进行进一步扩容。OTDM 的原理是：通过光延时线将各路分支光信号在时间上错开排好，再通过光纤耦合器耦合在一起成为高速的光复用信号，然后经单根光纤传输，接收端通过相反的过程恢复为低速分支路光信号。英国 BT 公司推出了 20 吉比特/秒的 OTDM 试验系统。

3.4.2 相干光通信

相干光通信则是充分利用光波的相干性的通信模式。它充分利用光波各参数均具有承载信息的能力，开拓出相干调制/外差检测的新模式。相干光通信系统与 IM/DD 系统相比，主要差别是在光接收机中增加了外差接收所需要的本振光和光混频器。

相干光通信系统中的调制解调方式有多种，例如可以有幅移键控（amplitude shift keying，ASK）、频移键控（frequency shift keying，FSK）和相移键控（phase shift keying，PSK）等；在接收端可以采用外差包络检波、外差同步检波以及零差检测等。

相干光通信固有的高灵敏度、高选择性和可调谐性，再结合光纤放大器、WDM 和其他新技术将使之在系统和网络应用中有广泛潜力和广阔前景：应用于大容量无中继干线网；应用于相干 OFDM CATV 分配。

由于相干光通信固有的出色信道选择性和高灵敏度，相干 OFDM 技术十分适合于多路 CATV 分配网应用，其主要特点是：相干光通信的高灵敏度使得其光功率预算值很大，用户数也很大；相干光通信的出色选择性使得有可能实现高密度频分复用方案，信道数很大；利用调谐本振的频率可以随时任意地选择所需要的信道。

世界上第一个相干光通信的现场试验演示系统是由英国 BT 公司在 1988 年实地安装在英国剑桥和贝德福德之间的 18 芯单模光缆线路上，光纤全长 176 千米，速率为 565 兆比特/秒，采用差分相移键控（differential phase shift keying, DPSK）调制方式。

要实现相干光通信，尚有一些关键技术问题有待解决，虽然近几年各方面都有很大进展，现场实验也获得了很大成功，但尚未实现商品化。从长远来看，相干光通信技术不仅能在长途传输网中应用，而且在本地网、CATV 网中也能广泛应用。

3.4.3 光孤子通信

孤子又称孤立子、孤立波。这一概念是 1834 年斯柯特·鲁塞尔（Scott Russell）在观察流体力学现象中提出来的。他看到在狭小河道中快速行进的小船突然停止时，在船头出现了一股水柱，形状不变、速度不变地继续向前传。这个水柱就是孤立波。

光孤子通信是利用随光强而变化的光纤非线性特性去补偿光纤色散作用，从而使光脉冲波形在传播过程中始终维持不变的一种非线性光纤通信模式。它与光放大器相结合，有望成为一种全光通信的新模式。

美国贝尔实验室的 Hasegawa 于 1973 年首先提出将光孤子用于光纤通信的思想，并率先开辟了这一领域的研究。利用光孤子来进行通信，在原理上几乎没有传输容量的限制。现在理论上已证明，利用光孤子通信，单信道的光纤通信系统的比特率与距离之积可达到 30 太比特/秒·千米，如果进一步考虑引入复用，还要高出一个量级以上。加之光孤子通信系统又具有复用简单、造价低廉等优点，特别是易于与光放大器结合，因此普遍认为，在未来的光通信中光孤子通信模式将占据重要地位。

光孤子通信的诱人前景也吸引了世界上不少有实力的大公司在这一领域

投资进行试验研究，研究成果不断有突破。例如，在 20 世纪 90 年代初：英国 BT 公司演示将 2.5 吉比特/秒信号在光纤上传输 10 000 千米，美国 AT&T 公司演示将 2.5 吉比特/秒信号在光纤上传输 12 000 千米，日本 NTT 公司成功地演示将 10 吉比特/秒信号在光纤上传输 10^6 千米之远。

可想而知，如果这样多的先进的光纤通信模式都能开发利用的话，那么光纤的巨大带宽资源必然得以充分利用，几百甚至上千吉赫都不成问题了。

第4章 卫星通信

卫星通信具有覆盖面宽、容量大、业务多样、机动性强、稳定可靠、不受地理条件限制、成本与通信距离无关等优点,成为当今军事通信的主要手段,对国家安全战略具有重要意义。

4.1 概述

4.1.1 基本原理和特点

卫星通信是地球站之间或航天器与地球站之间利用通信卫星进行转发的无线电通信。卫星通信系统由通信卫星、地球站、测控和管理系统等组成,如图4-1所示。其中,通信卫星起到中继作用,把一个地球站送来的信号经过变频和放大后再传送给另一端的地球站。地球站实际是卫星通信系统与地面通信系统的接口,地面用户通过地球站接入卫星通信系统。为了保证系统的正常运行,卫星通信系统还必须有测控系统和监测管理系统配合。测控系统对通信卫星的轨道位置和姿态进行测量和控制。监测管理系统对所有通信卫星有效载荷(转发器)的通信业务进行监测管理,以保持整个系统的安全、稳定运行。

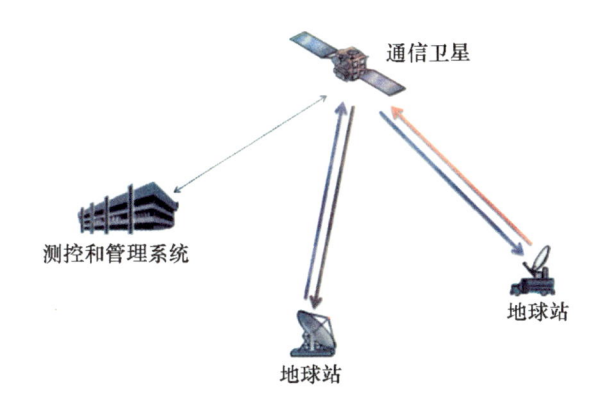

图 4-1 卫星通信系统组成示意图

卫星通信与地面微波接力通信类似，只是将中继站升到空中，即通过通信卫星来转发通信信号。与其他通信方式相比，卫星通信具有独特的优势和特点：

● 覆盖范围广：能覆盖其他地面通信手段难以覆盖到的区域，如广阔的海洋、沙漠，适合偏远地区和全球通信。

● 对通信距离不敏感：通信速率和成本同两个站之间的距离几乎无关。

● 信道条件较好：受环境和自然因素影响较小，可以获得比较稳定的通信质量。

● 通信容量大：卫星通信的可用带宽比较宽，适合语音、数据、视频和图像等各种业务的综合传输。

● 具有广播能力：单颗卫星覆盖范围内的各种终端均可通过该卫星实现通信。

● 支持移动通信：具有对大地域范围内移动用户的支持能力，特别适用于对战场部署、行进中部队，以及执行特种作战任务小分队及单兵行进中的通信。

由于卫星通信具有其他通信方式所不可替代的优点，因此卫星通信始终受到各军事强国的高度重视。军事卫星通信已成为实现信息作战的重要手段，是数字化战场信息传输系统的重要组成部分。在伊拉克战争中，美国动用的各类相关卫星达160多颗，整个战场通信任务的90%以上都是由卫星通信完成的。

在军事应用中，卫星通信也存在自身的弱点：一方面，通信卫星平台暴露在空间轨道上，信号传输过程中容易被敌方干扰；另一方面，卫星本身也可能被摧毁。

4.1.2 系统组成

相对于短波和超短波无线通信系统，卫星通信系统要复杂得多。要实现卫星通信，首先要发射人造地球卫星；其次需要保证卫星正常运行的地面测控设备；最后必须有用于发射与接收信号的各种通信地球站。简言之，一个卫星通信系统由空间段、地面段和控制段组成。

空间段是指通信卫星。通信卫星内的主体是通信装置，其保障部分则是星体上的跟踪、遥测、指令分系统，控制分系统和能源装置等。通信卫星主要起无线电中继站的作用，依靠卫星上通信装置中的转发器和天线来完成。

地面段是指各类地球站。它们是微波无线电收发信机，用户通过它们接入卫星线路进行通信。

控制段包括跟踪、遥测、指令分系统和控制分系统。控制段的任务是对卫星进行跟踪测量，控制其准确进入静止轨道上的指定位置；待卫星正常运行后，要定期对卫星进行轨道修正和位置保持，并对定点的卫星在业务开通前、后进行通信性能的监测和控制。例如，对卫星转发器、卫星天线增益，以及地球站发射的功率、射频频率和带宽等基本通信参数进行监控，以保证正常通信。

4.1.3 通信卫星组成和运行轨道

1. 组成

卫星通信系统中最重要的就是通信卫星。通信卫星本身主要由天线系统、转发器系统、遥测指令系统、位置与姿态控制系统、电源系统五大部分组成。

(1) 天线系统

通信卫星天线的主要功能是定向发射和接收无线电信号，包括遥测、指令和信标天线以及通信天线。遥测、指令和信标天线一般是全向天线，以便在任意卫星姿态可靠地接收指令和向地面发射遥测数据及信标。通信天线主要是接收、转发地球站的通信信号，都采用定向天线，通常按其天线波束覆盖范围区分为全球波束天线、赋形波束天线、点波束天线。其中，赋形波束天线一般用来覆盖地球表面的某一特定区域，如某一国家的领土；点波束天线波束很窄，只覆盖地球表面的某一小的区域。

(2) 转发器系统

通信卫星转发器的主要功能是在通信卫星中直接起中继站作用，完成通信信号的接收、处理和发射。对转发器的基本要求是以最小的附加噪声和失真，以足够的工作频带和输出功率为各地球站有效而可靠地转发无线电信号。转发器通常分为透明转发器和处理转发器两类。

(3) 遥测指令系统

遥测设备是用各种传感器和敏感元件等器件不断测得有关卫星姿态及星内各部分工作状态等数据，通过专用的发射机和天线发给地面的跟踪、遥测指令系统。指令设备则用来接收地面跟踪、遥测指令系统发来的控制指令，处理后向控制分系统发出有关卫星姿态和位置校正、星体内温度调节、转发器增益换挡等控制指令信号。

(4) 位置与姿态控制系统

位置与姿态控制系统由一系列机械的或电子的可控调整装置组成，如各种喷气推进器、驱动装置、加热及散热装置、转换开关等。其主要功能是在跟踪、遥测指令系统的指令控制下完成对卫星的各种控制，包括位置控制、姿态控制、温度控制以及主备用设备切换等。

(5) 电源系统

电源系统主要包括太阳能电池、化学电池及电源控制电路，主要功能是给卫星上的各种电子设备提供电能。对电源系统的要求是体积小、重量轻、效率高，在卫星寿命期间内保持输出足够的电能。

通信卫星的通信能力主要取决于其天线系统及转发器系统，一颗卫星上可配备工作在不同频率的多达数十个转发器以及多个不同类型的天线，从而实现宽频段覆盖以及大容量通信。

2. 运行轨道

通信卫星运行轨道的形状和高度对卫星的覆盖性能和能够提供的通信服务性能有非常大的影响。通信卫星的轨道从空间形状上可以划分为椭圆轨道和圆轨道；从轨道倾角上可以划分为赤道轨道、极轨道和倾斜轨道，如图 4-2 所示；从轨道高度上可以划分为低轨（low earth orbit，LEO）、中轨（medium earth orbit，MEO）、静止/同步轨道（geostationary/geosynchronous orbit，GEO/GSO）和高椭圆轨道（highly elliptical orbit，HEO）等。

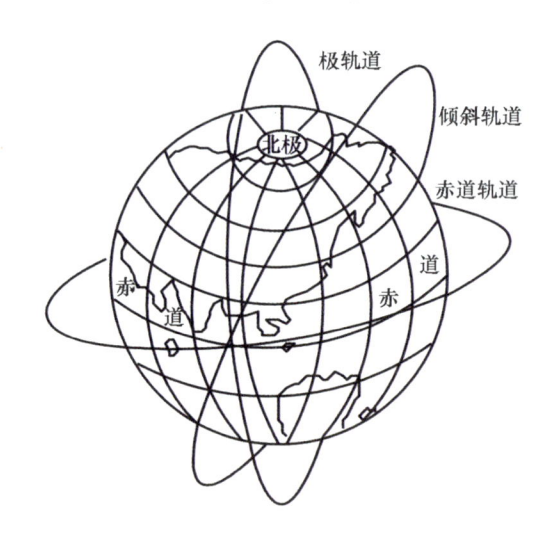

图 4-2　通信卫星轨道示意图

目前，卫星通信系统中最常用的是圆轨道，其中轨道高度是决定卫星通信系统网络结构、通信方式、服务范围以及系统投资等的重要因素。通信卫星运行轨道高度的范围分别为：LEO 卫星通常运行在 200~2 000 千米高度，

MEO 卫星通常运行在 2 000~20 000 千米高度，GEO 轨道高度为 35 786 千米。在 2 000~8 000 千米的空间有一个由范艾伦辐射带形成的恶劣的电辐射环境，卫星不宜运行在这一高度范围的空间内。

•名词解释

－范艾伦辐射带－

范艾伦辐射带，指在地球附近的近层宇宙空间中包围着地球的高能粒子辐射带，主要由地磁场中捕获的高达几兆电子伏的电子以及高达几百兆电子伏的质子组成，由美国物理学家詹姆斯·范艾伦（James Van Allen）于 1958 年发现并以他的名字命名。范艾伦辐射带分为内外两层，内外层之间存在范艾伦带缝，缝中辐射很少。范艾伦辐射带将地球包围在中间，带内的高能粒子对载人空间飞行器、卫星等都有一定危害，其内外带之间的缝隙则是辐射较少的安全地带。

4.1.4 地球站组成和分类

一个典型的地球站由接口设备，信道终端设备，发送接收设备，天线、馈线设备，伺服跟踪设备和电源设备组成。

- 接口设备：处理来自用户的信息，完成电平变换、信令接收、信源编码、信道加密、速率变换、复接、缓冲等功能，并送往卫星信道设备；同时将来自信道终端设备的接收信息进行反变换，并送给用户。
- 信道终端设备：处理来自接口设备的用户信息，完成编码、成帧、扰码、成型滤波、调制等功能，以使其适合在卫星线路上传输；同时将来自卫星线路上的信息进行反变换，使之成为可被接口设备接收的信息。
- 发送接收设备：将已调制好的中频信号变为射频信号，并进行功率放大，必要时进行合路；同时将射频信号转换为中频信号送入解调器，必要时进行分路。

- 天线、馈线设备：将来自功率放大器的射频信号变成定向辐射的电磁波；同时收集卫星发来的电磁波，送至低噪声放大器。
- 伺服跟踪设备：对于方向性较强的天线，必须通过伺服跟踪设备随时校正自己的方位角与俯仰角以对准卫星。
- 电源设备：卫星通信系统的电源要求具有较高的可靠性。特别是大型站，一般有几组电源，除市电之外，还应有柴油发电机和蓄电池。

地球站通常按照天线的口径来分类，但是国际上并没有一个统一的地球站分类方法。在商用领域中，地球站分类的主要依据是国际通信卫星组织（INTELSAT）地球站标准，一切入网的地球站都必须满足这一标准。

与商用地球站不同，军用卫星地球站主要按作战使用方式或装载平台来划分，相同口径的站型可能承担的作战任务明显不同。按使用方式来划分，军用卫星地球站可划分为固定站、机动站、移动站、背负站、便携站和手持站。固定站的特点主要有天线口径大、发送能力强、通信方向多、与地面接口种类多。机动站指车载运输、静止下通信的站型，它既满足作战机动性要求，又不需要成本高的自动跟踪设备，主要用于为地域通信网节点提供超视距的通信链路。移动站与机动站的最大区别在于它可以在运动中通信，为实现这种"动中通"功能，移动站必须使用天线自动跟踪设备或采用宽波束天线，典型的移动站有车载站、舰载站、机载站等。背负站和便携站一般都由单兵携带（最多可由双人携带），其中背负站可实现士兵在行进中的通信，而便携站必须停下后展开并完成对星等一系列操作后才能进行通信。手持站指单人手持完成通信的地球站，它一般采用全向天线，以声码话、短消息业务为主。

4.1.5　卫星通信业务频率分配

由于大气对不同频率电磁波信号的吸收特性不同，最适合卫星通信的频率是 1~10 吉赫频段，即微波频段。由于此频段已分配给地面微波系统使用，卫星通信系统使用时必须注意与地面系统之间的干扰。此外，为了满足越来越多的业务需求,已开始研究应用新的频段,如12吉赫、14吉赫、20吉赫及30吉赫。一般来说,频率越高,潜在的传输容量越大、天线的方向性越强,但受大气、雨水等损耗以及受地面遮挡物的影响越大。

卫星业务的频率分配是一个相当复杂的过程,它要求在国际间进行协调和规划,一般是在国际电信联盟(international telecommunication union,ITU)的管理下进行的。

卫星通信提供的业务总体上可以分为:卫星固定业务、卫星广播业务以及卫星移动业务等。不同业务的使用频段参考表4-1。

表4-1 通信卫星常用频段及用途

频段	用途
Ku(14/12 GHz)	卫星广播业务,卫星固定业务,动中通卫星车
C(6/4 GHz)	卫星固定业务,不允许用于卫星广播
VHF、UHF、L	移动业务和导航业务
Ka(30/20 GHz)	星间/星地宽带高速传输业务
EHF	军用抗干扰通信业务
激光	星间干线传输业务

4.2 关键技术

4.2.1 链路传输设计

卫星通信系统全程链路组成如图4-3所示,包括收发终端、传播链路、天线以及卫星转发器。其中,信号的传播路径主要在星地之间和星际之间。星地之间的电波传播特性由自由空间传播特性和近地大气层的各种影响所确定。星际链路中电波在星际之间传播,可认为只是自由空间传播,不存在大气层的影响。

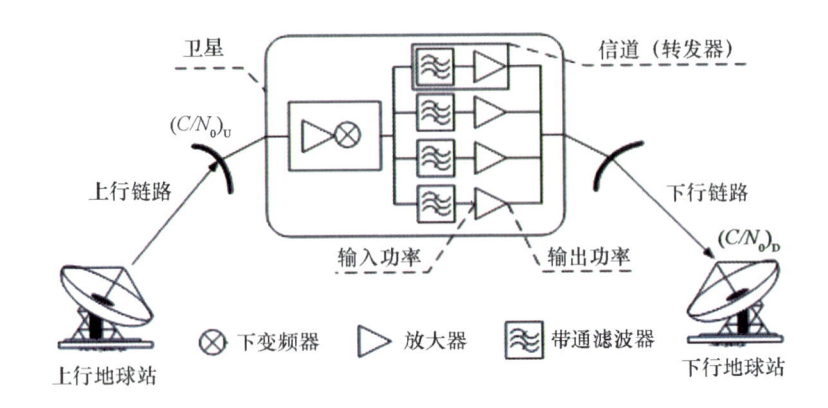

图 4-3 卫星通信系统全程链路组成

由于卫星通信电波传播的距离很远，特别是对于星地链路来说，电波传播要经过对流层（含云层和雨层）、平流层、电离层和外层空间，传播过程会影响到信号质量和系统性能，甚至造成通信信号传播中断，因此电波传播特性是卫星通信进行系统设计和链路设计时必须考虑的基本特性。

除距离造成的自由空间传播损耗以外，卫星通信链路中影响电波传播的因素还包括大气损耗、电离层效应、降雨衰减等，如表 4-2 所示。其中，去极化是指卫星和地球站之间的信号传播路径会穿越电离层，甚至可能会穿过

表 4-2 卫星通信系统的传播问题

传播问题	物理原因	主要影响
衰减和噪声增加	大气气体、云、雨	大约 10 GHz 以上的频率
信号去极化	雨、冰结晶体	C、X 和 Ku 频段的双极化系统（取决于系统结构）
折射和大气多径	大气气体	低仰角跟踪和通信
信号闪烁	对流层和电离层折射扰动	对流层：低仰角和 10 GHz 以上频率 电离层：10 GHz 以下频率
反射多径和阻塞	地球表面及表面上物体	卫星移动业务
传播延迟、变化	对流层和电离层	精确定时、定位系统

大气层和雨层之上的冰晶层，所有这些都会改变发送波形的极化方式，从发射极化中产生一个正交分量，从而对特定的双极化接收系统产生影响。

此外，由于通信卫星转发器的带宽以及功率受限，通信信号还可能受到转发器群延时、功放非线性等各类非线性因素的影响，降低通信质量。考虑到上述传播损耗，卫星通信中要求发射机和发射天线具有强大的发射功率和很高的天线增益，接收机要有极高的灵敏度和极低的噪声。

对于通信链路来说，发送站发出的信号到达接收站时，必须具有足够高的电平，即接收到的链路的载波和噪声功率比（载噪比 C/N_0）必须满足一定的门限要求。链路所需的载噪比随特定的系统和系统的用途不同而异。目前，国际上对各种不同系统均已制定出了各自相应的建议值，而且这些规定有时会有所修订，所以在设计卫星通信系统时要查阅有关的最新文本。

卫星通信链路传输技术的目的就是尽量有效地在地球上两个通信点之间提供可靠而又高质量的连接手段。设计卫星通信线路时，通常先选定通信卫星和工作频段，根据卫星转发器的性能参数和用户需求，选择系统所用的天线口径、调制和编码方式，然后通过链路计算，验证所设计线路的可行性与合理性。合理的链路设计应保证系统略有余量，同时使系统所占用的转发器功率资源与带宽资源相平衡。如果链路预算结果表明在功率与带宽相平衡时所得的系统余量过大或不足，可以改变天线口径，或调制、编码参数，对系统进行优化。

在卫星链路设计中常用的一些参数包括：

天线增益（G）。在卫星通信中一般使用定向天线，把电磁波能量聚集在某个方向上辐射。天线增益描述了天线在辐射方向对信号的放大作用，可分为发射天线增益 G_T 和接收天线增益 G_R。天线增益取决于天线尺寸、工作频率等因素。

等效全向辐射功率（$EIRP$）。通常把卫星和地球站发射天线在波束中心轴向上辐射的功率称为发送设备的等效全向辐射功率。它是天线发射功率 P_T 与发射天线增益 G_T 的乘积。

噪声温度（T）。噪声的大小可直接用噪声功率来度量，对于具有热噪声性质的噪声也可以用等效噪声温度来间接表示。接收机噪声温度为将接收机噪声系数折合成电阻元件在某温度下的热噪声，描述了接收设备自身噪声的大小。

卫星接收机的品质因数（G/T）。品质因数为天线增益与噪声温度的比值。G/T 值的大小直接关系到卫星接收机性能的好坏，故把它称为卫星接收机性能指数。G/T 值越大，接收性能越好。

链路余量。任何一条链路建立后，其参数不可能始终不变，会经常受到气象条件、转发器和地球站设备某些不稳定因素及天线指向误差等方面的影响。为了使在这些因素变化后通信质量仍能满足要求，链路设计时必须留有一定的余量，这个余量叫"门限余量"。为应对气象条件变化，特别是雨雪引起的线路质量下降，在线路设计时必须留有一定的余量，以保证降雨时仍能满足对线路质量的要求，这个余量叫"降雨余量"。

4.2.2 卫星通信体制设计

1. 概述

通信体制指的是通信系统采用的信号传输、交换方式，也就是根据信道条件及通信要求，在系统中采用何种信号形式以及怎样进行传输、用什么方式进行交换等。卫星通信具有广播和大面积覆盖的特点，因此适于多个站之间同时通过共同的卫星进行通信，即多址通信（常称为"多址连接"）。此外，为充分利用卫星转发器的功率和频带资源，另一个重要问题涉及信道的分配方式（称为"多址分配"）。通常按照所采用的网络拓扑、基带信号类型、调制方式、多址连接方式、信道分配制度的不同，划分不同的卫星通信系统体制。

2. 网络结构

由多个地球站构成的卫星通信网，其网络拓扑结构可分为星状网、网状网和混合网（星状+网状）等多种，如图4-4所示。

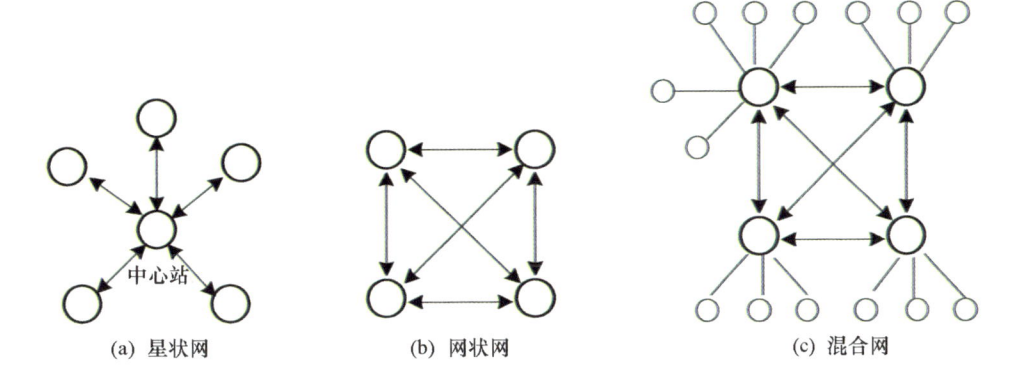

(a) 星状网　　　　(b) 网状网　　　　(c) 混合网

图4-4　卫星通信网的网络结构

星状网通常由一个主站（中心站）和若干个小站（远端站）组成，小站只能与主站通信，小站之间的通信要通过主站转接。采用星状结构的卫星通信网最适合于广播、收集等进行点到多点间通信的应用环境，例如具有众多分支机构的全国性或全球性单位作为专用数据网，以改善其自动化管理、发布或收集信息等。

网状网内的各站均可进行双向通信，它是目前军事卫星通信系统中最常见的组网应用方式。在网状网结构中，通常有一个承担网络控制管理任务的主站，称为中央站，它负责完成全网地球站的监控和管理。网状结构卫星通信网（在进行信道分配、网络监控管理等时一般仍要用星状网结构）较适合于点到点之间进行实时性通信的应用环境，比如建立单位内的卫通专用电话网等。

混合网是星状网和网状网的组合。采用混合结构的卫星通信网最适合于点到点或点到多点之间进行综合业务传输的应用环境。此种结构的卫星通信网在进行点到点间传输或实时性业务传输时采用网状结构，而进行点到多点间传输或数据传输时采用星状结构；在星状和网状结构时可采用不同的多址方式。此种结构的卫星通信网综合了前两种结构的优点，允许两种差别较大的卫通站在同一个网内较好地共存（即小用户用小站，大用户用大站），能进行综合业务传输，能选择最合适的多址方式。

3. **多址技术**

多个地球站通过共同的通信卫星，同时建立各自的信道，从而实现各地球站间相互通信的技术称为多址技术。

（1）频分多址技术

频分多址（frequency division multiple access，FDMA）技术是基于信道按频率分割的原理，把转发器可用射频频带分割成若干个互不重叠的子频带，将这些子频带分配给各个终端站，使各终端站的载波在不同的子频带上发送。接收端利用频率正交性，通过频率选择性接收机进行解调，获得本站所需信息。也就是说，在 FDMA 系统中各站载波的发送时间可以重叠，但各站载波占用的频带是严格分开的。

（2）时分多址技术

时分多址（time division multiple access，TDMA）技术是基于信道按时间分割的原理，把转发器的工作时间分割成周期性互不重叠的时隙（称为分帧），各站在分配的时隙里以高速突发形式发射载波。接收端利用时间正交性，通过时间选择，从混合的信息流中选出自己的信息。也就是说，在 TDMA 系统中各站载波的发送频率是相同的，但各站发射载波的时间是精确错开的。

（3）码分多址技术

码分多址（code division multiple access，CDMA）技术是基于信道按正交地址码的原理，即各终端站采用互不相同且相互准正交的地址码分别调制各自要发送的信号，接收端利用地址码的正交性，采用相关检测方法识别出本站站址，从混合信号中选出本站所需信息。作为地址码的码元宽度远小于信号码元宽度，使得加了地址码的信号频谱宽度远大于原基带信号的频谱宽度，所以码分多址又称为扩展频谱多址。常用的扩频系统有两种基本类型：直接序列码分多址和跳频码分多址。

• 知识延伸

― 直接序列码分多址 ―

　　直接序列码分多址是指用扩频序列直接调制数据序列的码分多址系统。在直接序列码分多址系统中，所有的用户使用同一个频带和时间帧通信，而且每个用户都拥有属于自己的唯一的扩展码。

― 跳频码分多址 ―

　　跳频码分多址是指随着每个时刻的伪随机序列不同，传输频率也不相同的码分多址方式。在跳频码分多址系统中，每个用户根据各自的伪随机序列，动态改变其已调信号的中心频率。

　　卫星通信中采用 CDMA 体制具有频率规划简单、抗多径、抗干扰等优点，但也存在频带利用率低、通信容量小以及扩频码捕获时间较长等问题。

（4）空分多址技术

　　空分多址（space division multiple access，SDMA）技术是将所用空间分割成若干小空间，将其作为若干个通信区域来实现多址连接的，即利用卫星天线产生多个窄波束，分别对准不同区域的终端站，借助波束在空间指向的差异来区分不同地址。各区域的终端站所发出的信号在空间上互不重叠，不同区域的终端站在同一时间可用相同的频率工作。实际应用中 SDMA 要和其他多址方式、星上交换结合使用。

　　SDMA 对星上技术要求很高，既要产生多个稳定的点波束，又要完成各点波束信号的转接，同时还要求卫星具有很高的姿态稳定和控制能力。但 SDMA 体制有很多优点，如卫星功率和频谱可得到更有效的利用、系统通信容量大、对终端站的技术要求低等。

（5）随机时分多址技术

　　随机时分多址技术指网中各站随机地占用卫星信道，若发生"碰撞"则重发的一种多址技术。这对于随机、间断地使用信道，峰值传送率与平均传送率相差很大的数据传输是很有效的。通常用于突发分组数据传输、短消息传输和用作接入控制信令信道。随机时分多址方式有时也叫 ALOHA 方式，它有多种不同类型，例如纯 ALOHA、时隙 ALOHA、预约 ALOHA、选择拒绝 ALOHA 等，它们的信道利用率、平均传输延时以及应用场合各不相同。

4. 多址分配制度

与多址接入紧密相关联的还有一个信道分配问题。对于 FDMA、TDMA、CDMA 和 SDMA 来说，就是以怎样的方式将频分信道、时隙、码型、窄波束分配给各站使用，通常把这种信道分配方式称为多址分配制度。

多址分配制度是卫星通信体制的重要组成部分，关系到整个卫星通信系统的通信容量、转发器和各地球站的信道配置和信道的工作效率，以及对用户服务的质量，当然也关系到设备的复杂程度。在军事卫星通信系统中，常用的信道分配方式有预分配、按需分配和动态按需分配。

（1）预分配

预分配方式是按事先约定，半永久地给每个地球站或指定地球站分配收发信道，即信道是专用的。这种分配方式的优点是地球站间建立连接简单、迅速，基本不需要控制设备。预分配的缺点是使用不灵活，网络调整比较麻烦；信道不能相互调剂，在业务量较少时，信道利用率低。在军事卫星通信系统中，该方式主要应用于节点间的中继链路、战场指挥所之间的互联链路。另外，作为网系内中心站到各远端站管理控制使用的内向信道和外向信道也是典型的预分配信道。

（2）按需分配

对于业务量少且地球站数目较多的卫星通信网，更适合采用按需分配体制：每个站在有业务传送需求时向管理中心站申请信道，由中心站根据当前信道使用情况临时为其分配信道；通信完毕后又被收归公用，可以分配给后续用户的业务请求使用。按需分配体制特别适合于用户数目众多、每个用户业务量较少的战术卫星通信系统。

（3）动态按需分配

无论是预分配还是按需分配，用户一旦获得分配的信道后，工作过程中信道就被该用户独享，对于突发性很强的数据业务必然造成信道资源的浪费。动态按需分配就是解决信道资源浪费的一种信道分配方式，它体现在两个方面：一是初始信道分配时的带宽可以和网管中心协商确定，如可以按预期的平均信息速率分配带宽；二是工作过程中信道带宽可以动态调整，即当用户的业务速率较高时可以增大分配信道的带宽，当用户速率降低时可以减小信道的带宽。在实现上，动态按需分配主要与 TDMA 方式结合使用。

5. 调制编码体制

通信卫星链路传输体制设计的关键是选择合适的信号调制方式和信道纠错码方法，其选择必须综合考虑通信卫星链路中各个环节因素的影响，包括卫星功率、转发器带宽和非线性特性、热噪声、传输信道的特性等，同时还应考虑工程实现的难易程度、设备实现的复杂性、性价比等因素。

对通信卫星调制编码技术的基本要求包括：高的频带利用率和功率利用率、良好的非线性信道适应性、具有一定的抗干扰能力、适应大多普勒频移、尽量采用国际标准以及实现容易等。卫星通信链路中广泛采用各种 PSK 调制解调技术（包括 BPSK、QPSK、8PSK 等），以及最小频移键控（minimum shift keying，MSK）和正交振幅调制（quadrature amplitude modulation，QAM）技术等。卫星通信中采用的信道纠错码可分为传统信道纠错码和现代信道纠错码。传统信道纠错码主要有标准推荐的卷积码、RS 码及二者级联构成的级联码；现代信道纠错码主要有 Turbo 码、LDPC 码以及 TCM 编码调制技术等。

4.2.3 卫星通信抗干扰技术

卫星通信运用于军事通信领域，面临的一个主要问题是抗干扰能力不足。卫星通信中除采用扩/跳频等抗干扰传输体制外，主要通过天线技术、星上处理技术以及拓展工作频段等途径来提升卫星链路的抗干扰能力。

1. 卫星通信系统面临的干扰

对卫星通信系统面临的干扰威胁类型有多种划分方法，如按照干扰平台、干扰攻击目标以及干扰信号样式等进行划分。

按照干扰平台可以将卫星通信系统面临的干扰威胁划分为：地基干扰、空基干扰以及天基干扰。地基干扰可以采用地面固定的车载、舰载的移动干扰机，这类干扰机一般可获得较大的 *EIRP*，对卫星上行链路非常有害；空基干扰一般受功率和天线尺寸的限制，干扰能力有限，但移动性好、容易展开、能够覆盖地面较大的区域；天基干扰是一种新型的干扰手段，即使是非常小的功率对上行链路的干扰也非常有效，其缺点是干扰技术难度大、成本高。

按照干扰攻击目标可以将对卫星通信系统面临的干扰威胁分为针对卫星通信系统的上行链路、下行链路、星间链路以及测控链路的干扰。一般来说，卫星通信的上行链路比下行链路更容易受到干扰，对上行链路最致命的干扰是大功率阻塞式干扰。从技术、经济及效果等方面来看，对卫星的上行信号进行侦察、跟踪及测位等，进而对它释放干扰信号应当是未来军事卫星通信最常用的也是最有效的通信对抗手段。

卫星通信干扰信号样式主要有宽带阻塞式干扰、单音连续波干扰、宽带脉冲干扰、部分频带干扰、多音干扰、跟踪式干扰、转发式干扰等。除此之外，还可能有其他智能的干扰手段，如截获并破译通信方所用的扩频序列并利用它来释放干扰等。另外，除物理链路的攻击外，还可以对卫星通信网进行攻击。

2. 卫星通信抗干扰技术途径

卫星通信系统的各链路都有可能受到干扰，为了对抗难以预先估计的多种类型、不同链路、不同设备的干扰，卫星通信系统的抗干扰设计应从星上、地面以及网络管理等各方面进行全方位考虑，综合采用扩/跳频、Smart AGC、干扰抑制、天线调零等多种抗干扰技术，形成频域、时域、空域、能量域等多域结合的综合抗干扰方案。目前卫星通信抗干扰最常用的传输体制是扩频技术，通过将直接扩频、跳频、跳时相结合，采用增加直接扩频/跳频带宽、提高跳频速率等手段，可以显著提升传输链路的抗干扰能力。除采用跳频/扩频等抗干扰传输体制外，常用的抗干扰手段还包括抗干扰天线、星上处理、星间链路及多星组网技术等。

（1）抗干扰天线技术

抗干扰天线技术是卫星通信中最常用的抗干扰措施，通过实现卫星接收天线最大限度地接收我方信号的同时，"零化"敌方干扰，使其可有效避开人为干扰，从而极大提高卫星通信系统的抗干扰和生存能力。具体包括点波束技术和自适应调零天线技术。此外通过多点波束之间的空间隔离还可以提升卫星信道利用率。

（2）星上处理抗干扰技术

星上采用抗干扰信号处理技术，保护转发器不被干扰、堵塞是提高整个卫星通信应用系统抗干扰能力最直接、最有效的手段。其常用的方法是"再生式"转发技术、干扰限幅技术和干扰消除技术。其中，"再生式"转发技术包括星上调制/解调和星上交织编码/解交织解码等技术；干扰限幅技术可以采用限幅转发器、线性化转发器以及 Smart AGC 等技术；干扰消除技术可以采用时域、频域等干扰消除技术。

（3）星间链路及多星组网

通过星间链路实现多星组网运行，通过设置合理的轨道以及星间链路链接关系，可以采用迂回路由等措施提高单一卫星链路的抗干扰能力。同时，多星组网测控可以降低对地面系统的依赖程度，提升卫星通信系统的战场顽存能力。为避免地面侦察截获或大功率干扰，星间链路常利用毫米波或激光实现。

（4）拓展工作频段

主要是发展毫米波（EHF 频段）以及大气激光通信，通过在更高的频率上工作，一方面可以提高天线的方向性，另一方面可实现更大的扩/跳频带宽。EHF 对应频段为 30~300 吉赫，由于工作频率很高可以提供很宽的跳频带宽和较高的直扩扩频增益，天线的波束也可以做得很窄，达到了很好的抗干扰效果。星间激光通信距离实际应用越来越近，由于自由空间光通信的波束很窄，提供了很强的抗截获、抗干扰能力。

4.3 典型系统

卫星通信系统的业务类型一般分为固定业务、移动业务以及广播业务等，随着卫星通信技术的发展，现在发展的甚小口径终端（very small aperture terminals，VSAT）系统、卫星移动通信系统、宽带卫星通信系统、跟踪与数据中继卫星系统（tracking and data relay satellite system，TDRSS）、抗干扰卫星通信系统等大大拓展了卫星通信的应用领域。

4.3.1 VSAT系统

一般的卫星通信系统用户在利用卫星通信的过程中，必须要通过地面通信网汇接到地面站后才能进行。对于有些用户，如银行、航空公司、汽车运输公司等就显得很不方便，这些用户希望能自己组成一个更为灵活的卫星通信网，并且各自能够直接利用卫星来进行通信，把通信终端直接延伸到办公室和私人家庭，甚至面向个人进行通信。这样就产生了VSAT系统。

VSAT是指直接设在使用地点并可直接连接用户设备的小型卫星通信地球站，小站天线尺寸通常小于2.4米。VSAT系统终端对环境条件要求不高，安装组网方便、灵活，因而发展非常迅速，代表了当今卫星通信发展的一个重要方向，它的产生和发展奠定了卫星通信设备向多功能化、智能化、小型化的方向发展。

VSAT卫星通信网由一个主站和若干个VSAT终端组成，终端数目可达数百甚至数千个，网络结构有星状、网状或者星状/网状混合三种。主站也称为中心站或枢纽站，是一个较大的地球站，具有全网出、入站信息传输、交换和控制功能，由其应用管理软件监测和控制终端地面站。终端主要包括天线单元、室外单元和室内单元，集成化程度高。

VSAT 系统一般工作在 Ku 频段或 C 频段，主要用来进行 2 兆比特/秒以下低速率数据的双向通信，可以进行数据、话音、视频图像、传真、计算机信息等多种信息的传输。

与传统卫星通信网相比，VSAT 卫星通信网具有以下特点：

● 面向用户而不是面向网络，VSAT 与用户设备直接通信，而不是如传统卫星通信网那样中间经过地面电信网络后再与用户设备进行通信。

● 小口径天线，天线口径一般小于 2.4 米，某些环境下可达到 0.5 米。

● 智能化（包括操作智能化、接口智能化、支持业务智能化、信道管理智能化等）功能强，可无人操作。

● 安装方便，只需简单的安装工具和一般的地基（如普通水泥地面、楼顶、墙壁等）。

● 低功率的发射机，一般只有几瓦。

● 组网比较灵活，可以根据需要组合成各种拓扑结构的业务网络，以满足不同需求。

● 一般用作专用网，而不像传统卫星通信网那样主要用作公用通信网。

4.3.2 卫星移动通信系统

卫星移动通信是指利用通信卫星作为转发器建成的移动站之间或移动站与固定站之间的通信。20 世纪 80 年代以来，全球地面蜂窝移动通信系统获得了飞速的发展。与此同时，卫星移动通信技术也逐渐发展和成熟起来。卫星移动通信所利用的卫星，可以是 GEO 卫星，也可以是非静止轨道卫星，如 MEO 卫星和 LEO 卫星。

早期的卫星移动通信系统多采用 GEO 卫星，使用它的好处是只用几颗卫星就可实现廉价的区域性卫星移动通信，典型的系统包括国际海事卫星（Inmarsat）、亚洲蜂窝系统（AceS）以及 Thuraya 等。但是 GEO 卫星链路传播损耗大，移动终端的小型化受到一定的限制，因此早期的系统通常为各种舰载、机载或车载终端提供服务。随着 GEO 卫星功率的增加、天线特性的改善以及终端接收技术的改进，目前 GEO 卫星移动通信系统也能够支持各种手持终端。

基于 MEO、LEO 卫星实现全球覆盖的卫星移动通信系统必须依赖卫星星座组网技术。卫星星座是具有相似类型和功能的多颗卫星，分布在相似的或互补的轨道上，在共享控制下协同完成一定的任务。中、低轨移动卫星通信系统的主要优点有：由于低轨道系统路径比较短，传播损耗和时延也较小，大大减小了地球站的尺寸和发射机的功率，终端易于小型化，可以方便地进行个人通信；比 GEO 系统能更好地进行频率复用，缓解了 GEO 系统频率资源拥挤的问题；系统的生存能力很强，一颗或几颗卫星的故障不会影响整个系统的正常工作。中、低轨卫星移动通信的缺点是：整个系统的控制复杂；卫星相对地面是运动的，有比地面蜂房系统更复杂的越区切换问题；最小仰角较低、受地面障碍物的影响较大；卫星数目多、发射任务量大、技术风险大等。中、低轨移动卫星通信系统的代表有中轨的新 ICO 和低轨的全球星（Globalstar）和铱星系统。

卫星互联网是基于卫星通信的互联网，它是利用人造地球卫星作为中继站向各类陆海空天用户提供宽带互联网接入等通信服务的新型网络。卫星互联网具备全球广域无缝覆盖能力，是未来陆海空天一体化网络的重要组成部分。当前，以星链系统等为代表的 LEO 星座卫星通信系统在卫星互联网领域正发挥越来越重要的作用，具有低时延、低成本、广覆盖、宽带化等优点，代表着卫星通信的重要发展方向。

• 名词解释

– 星链 –

星链（StarLink）是由美国太空探索技术公司 2015 年立项的低轨互联网星座计划。具体内容为在低中高三个轨道上部署接近 42 000 颗卫星，三层轨道分别距离地面 340 千米、550 千米和 1 150 千米，还需要百万个地面站。2019 年 5 月 24 日，SpaceX 公司以一箭 60 星的方式把第一批星链卫星送入轨道以来，至今已完成百余批成功发射，在轨活跃卫星数达到 6 000 余颗。

4.3.3 宽带卫星通信系统

宽带数据卫星通信又称为天基多媒体通信或宽带卫星通信，是利用卫星作为中继站转发高速率宽带业务数据，在两个或多个地球站之间进行的通信。宽带卫星通信不仅是对宽带地面通信有益的补充，而且较之宽带地面通信具有其独特的性能和优势，诸如通信距离远、覆盖范围广、机动灵活、通信线路稳定可靠、传输质量高等特性。

宽带卫星或多媒体卫星是指使用星上处理和交换，并对地球站提供双向业务，且地球站的天线尺寸可以与当前的卫星电视直播接收天线相比拟的新一代通信卫星，其实现的关键技术有高增益点波束天线、星上处理和交换、内部星间链路等。星上交换能力使得这类卫星像数字公用电话网一样运行，并按照用户的需求提供带宽和准实时访问，用户按传输的时间和速率付费。用户之间实时共享多媒体卫星，有可能提供较低价格、便于接入的访问。出于管理、技术和商业等方面的考虑，宽带卫星一般选择 Ka 频段。

宽带卫星可以基于低轨道卫星或同步卫星来实现。低轨道系统有 Teledesic 系统、Sky Bridge 系统等，同步轨道系统以洛克希德·马丁公司的 Astrolink 系统为代表。

美国于 1997 年提出发展"宽带填隙卫星"（wideband gapfiller system，WGS），后改称"宽带全球卫星通信"，可为作战人员提供北纬 75 度至南纬 65 度范围内 24 小时连续不间断的卫星宽带通信业务。WGS 由位于地球同步轨道的 5 颗工作星和 1 颗备份星组成。

WGS 卫星的工作频带为 X 波段和 Ka 波段，瞬时带宽为 4.875 吉赫，能够为作战用户提供 2.4~3.6 吉比特/秒的高数据吞吐量，使数据传输水平实现质的飞跃。WGS 增强了连通性，其数字信道选择器将上行链路带宽划分为约 1 900 个独立路由的 2.6 兆赫子信道，不仅能提供双向 Ka 频段信号，而且还能提供 X→Ka 波段和 Ka→X 波段跨频连通。此外，数字信道选择器还支持多点传输和广播业务，也能为网络控制提供非常有效灵活的上行链路频谱监控功能。

WGS 支持多种网络拓扑结构，包括星状、网状和点对点的连通。在一定情况下，WGS 的天线模式具有识别能力，因而也能提供一些保护措施，避免来自不同距离友军的干扰。

WGS 系统是美军新一代宽带军事通信卫星，它的升空是美军军事通信卫星能力数量级跃升的重要里程碑，提供了迄今世界上其他军事卫星通信系统所不能提供的许多重要作战能力。WGS 能够提供 X 到 Ka 频段跨频传输，即让通信人员可随时使用 X 和 Ka 波段。这在战场上意义重大，意味着拥有 X 波段终端的作战人员可以与 Ka 波段终端的作战人员对话，使战术部队具有更大的灵活性、更强的作战能力与联通性，也使战场网络互操作成为现实。

4.3.4　跟踪与数据中继卫星系统

TDRSS 是一种利用静止轨道或高轨道中继卫星，对中低轨航天器（卫星、载人飞船等）和其他运动平台（无人飞机、导弹、侦察船等）进行跟踪测轨和数据转发的空间综合业务系统，是一个"天基测控与天基通信"兼有的系统。

由于地球表面曲率的影响，利用地面测控站和数据接收站为中低轨航天器服务时，存在轨道覆盖率低和境外数据不能及时回传等问题，大量增设境外地面站或远洋测量船又受到经济、外交等多种因素制约，解决上述问题最有效的途径之一是发展中继卫星系统。

跟踪与数据中继卫星的概念是 1964 年由美国航天测控专家马尔科姆·麦克马林（Malcolm Mcmulien）提出的，很快得到了美国 NASA 的支持。1966 年，美国哥达德航天中心和喷气推进实验室就有关 TDRSS 的方案进行了初步研究，1971 年完成可行性研究，1973 年完成技术设计阶段工作，1974 年进行了跟踪与数据中继试验。1983年4月，美国发射了世界上第一颗TDRSS卫星，这标志着自20世纪50年代后期开始的利用地基跟踪与数据网支持低轨道航天器的测控与数据采集模式发生了根本性改变，从而进入了一个天地一体化的新时代。

TDRSS由中继卫星和地面支持系统组成，如图4-5所示。其中，用户平台的遥测数据和探测信息经中继卫星、地面支持系统实时传回地面用户中心，地面用户中心的遥控指令和注入数据经中继卫星地面支持系统、中继卫星传至用户平台，从而完成用户平台和地面用户中心之间的双向数据通信，最高速率可达每秒几百兆比特。此外，中继卫星系统还可对中低轨航天器进行距离和速度测量，以用于轨道确定和改进。

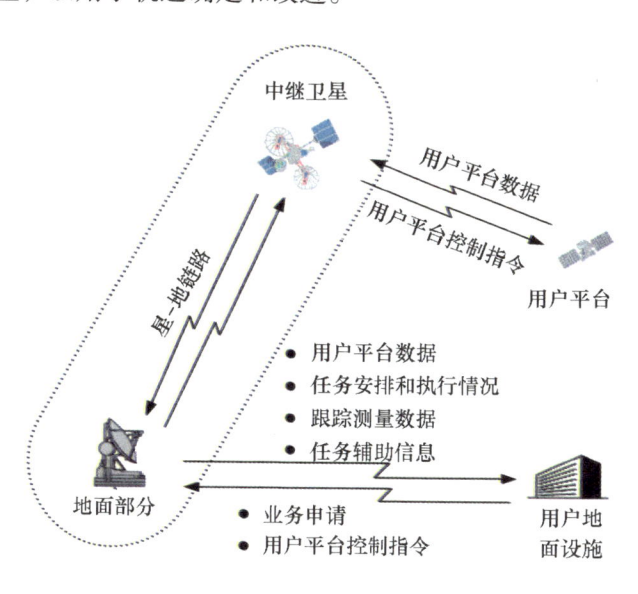

图4-5 TDRSS示意图

中继卫星系统所具备的高轨道覆盖率、高实时性、高速率数据传输、多目标同时测控能力是地基和空基手段无法比拟的，其被视为遥感类卫星的效能倍增器和一种高效的天基测控设施。

4.3.5 抗干扰卫星通信系统

抗干扰能力是军事通信系统的核心需求。由于卫星通信在战场通信中的作用越来越重要，在现代战争中必然成为敌方攻击的首要目标，而电子干扰是目前攻击卫星通信的主要手段。通信卫星暴露于空中，其轨道位置、工作频率、G/T 值、$EIPR$ 甚至是波束覆盖等参数都很易于被敌方获得，从而有利于敌方实施干扰，这对抗干扰卫星通信系统的设计提出了挑战。抗干扰卫星通信系统就是要在战场复杂电磁环境下，保障战略战术核心任务的不间断通信需求。

抗干扰卫星通信系统的使用方式如下：保障对战略导弹部队、核潜艇、战略轰炸机等战略力量的最低限度不间断通信能力；扩大战场地域通信网的应用范围；高级指挥人员间的抗干扰通信；三军协同下的抗干扰通信；特种作战人员的通信；某些特定武器平台的指挥控制。

美国空军于1997年着手发展具有高数据率传输特性的新型受保护先进极高频（advanced extremely high frequency，AEHF）卫星系统，替代"军事星（Milstar）Ⅱ"。AEHF卫星工作在地球同步轨道上，覆盖区在北纬65度与南纬65度之间，提供24小时不间断的低、中、扩展数据率，抗干扰/截获和动中通信。AEHF系统具有更大的容量，能接入更多的用户，具有很强的安全防护能力。

AEHF采用了星上处理技术、星间链路技术以及轻型多功能通信天线的组合阵列和宽带频率合成技术等，系统的总吞吐量达到了1吉比特/秒，每颗卫星能够提供430兆比特/秒的数据吞吐量。这种传输率可使受保护的视频、战场地图目标数据等战术军事数据获得准实时传输。AEHF的上、下行链路工作频率分别为EHF和超高频（super high frequency，SHF）波段；每颗星有50多个信道；在每个波束上，可提供的战术数据率为8兆比特/秒，战略数据率为19.2千比特/秒，星间链路增强了路由功能和抗干扰能力，数据速率达60兆比特/秒；系统可以提供数据、语音、视频会议和图像传感业务，还可以提供实时地图、目标信息和先进的智能监视和侦察。AEHF通过星间链路实现全球服务，减少了对地面支持系统的依赖，即使在地面控制站被破坏以后，整个系统仍能自主工作6个月。

AEHF的突出特点是：作为战略与战术通信卫星，采取了一系列的安全防护措施。如采用星上处理与EHF/SHF交叉链路、高定向天线、限幅及智能自动增益控制等技术，具有很强的抗干扰/截获能力；可通过变轨机动避开敌方反卫武器的攻击。AEHF采用按需定向瞬时通信设计，可在极短的时间内向美国及其盟国的作战人员提供受保护的全球指挥与控制信息通道，同时降低敌方干扰与截获的可能性，从而可以在强干扰环境下进行保密实时通信。

第 5 章
军用移动通信

移动通信指通信双方至少有一方处于移动状态下进行信息交换的无线通信方式。车载、舰载、机载、背负和手持等无线通信都属于移动通信。

5.1 军用移动通信基础

5.1.1 特点

现代战争是信息化的战争，通信、侦察、指挥系统对信息传输速率的要求越来越高，高速、可靠的通信手段成为影响战争胜负的重要条件；同时，未来战争对部队的机动性要求只增不减，军事移动通信系统应能提供高速移动条件下的数据传输。因此，相比民用移动通信，军用移动通信还具备以下特点：

应用环境更复杂、恶劣。 民用移动通信设备一般具备良好的基础设施，仅需要克服非敌意干扰。而军事移动通信设备往往用于山区、海岛等地区，地形复杂多变、电波传输损耗很大、多径效应影响严重；同时，战场的电磁环境也极为恶劣，除了非敌意干扰，敌方施加的有意干扰也将对军事移动通信系统构成巨大威胁。

基站的机动性要求更高。在军队作战中，不仅用户终端是移动式的，而且基站需根据敌我双方态势不断变化而转移，由此军事移动通信系统对基站设备要求更高：基站必须机动、灵活，易于隐蔽、伪装，开设撤收快，还要能抗敌方的测向、截获和干扰；基站的天线不可能架得很高，而且数量要尽量减少；基站的设备不可能采用市电网供电，而需用发电机组，这会牵涉油料供给等问题。

系统的保密性要求更高。军事移动通信由于其特殊性，对安全性及保密性有很高的要求，需要具备抗侦察、抗截获的能力。

总之，军用移动通信系统在各个方面都比民用的要求高，因此技术复杂程度较高，也比较昂贵。

5.1.2 概述

移动通信在军事上已有悠久的应用历史。

自第二次世界大战以来，各国的陆、海、空三军都大量装备无线电台，战术行动几乎都是处于运动状态，这都属于军事移动通信范畴。

20世纪70年代之前主要使用单工模拟电台进行移动通信，称为单工战斗网电台（combat net radio，CNR）通信，一般只实现话音和电报业务。单工电台有航空电台，舰载电台，陆军的步兵、炮兵、坦克电台及三军协同电台等。这些电台的工作方式是在高频至特高频范围内，分配频段进行点对点的通信，即两电台之间不经过任何自动转接和交换网络进行直接对通。

20世纪80年代以后，军事移动通信进入数字化的发展阶段，实现移动数字传输和移动数字交换技术，不仅使CNR具备高保密性和高抗干扰性，而且推出了新的移动通信系统，即军用双工移动通信系统。这个时期，还开发了分组无线网（packet radio network，PRN）来满足日益增长的战场数据传输需求。

20世纪90年代以后，为了适应高技术战争对通信的要求，军用移动通信不仅要能支持多种业务，而且还要有高度的安全性、可靠性、实时性和机动性，这就需要开发综合 CNR、PRN 和军用双工移动通信系统的一体化数字移动通信系统，并能够与其他移动通信系统互联互通，与此同时美军开始实施军事指挥控制通信专网建设。

2019 年，美国已建成先进的军事指挥控制通信专网系统，能满足美国军方各种通信的需求。2020 年，美国主战武器装备已实现完全信息化。美军将从数字化、网络化、情报化、智能化四个方向继续提高其信息化水平，并打造以信息技术为基础的新型作战系统，包括网络攻防、战术－战略网络信息环境、以人工智能和机器学习为主的先进自主系统。

5.2　军用双工移动通信系统

军用双工移动通信系统是一个具有较强组网、抗干扰和数字保密能力的移动通信系统。该系统可使用单个无线电中心站独立组网，供集团军直属队、师（旅）和相应的作战部队及边防、海防、守备部队或空军场站、海军基地使用；也可使用多个无线电中心站联合组网，构成覆盖面积较大的无线双工移动通信网，供多个部队使用；还可通过多路传输信道进入国防通信网、地域通信网等其他通信网，与网内任意用户互通。

5.2.1　组成

双工移动通信系统由无线双工移动中心站和双工移动用户台组成。无线双工移动中心站是无线双工移动通信网的交换与管理中心，能提供多个可供选择的公用信道。双工移动用户台是用户在运动中通过无线电中心站与其他用户达成通信的设备，通常装配于指挥车内或坦克、装甲车、直升机内，供指挥员在运动中对部队实施指挥控制。

双工移动通信网由若干双工移动通信系统组成。双工移动通信网可根据作战意图、作战态势、作战地形统一配置，灵活应用，特别适合机械化部队的作战应用。由于中心站和移动用户台均为车载设备，不仅用户能"动中通"，而且全系统可灵活地移动。

典型无线双工移动通信网络如图 5-1 所示，系统通过通信规约和无线信令接续过程，将移动用户台与车载无线中心站有机地组合在一起；通过无线数字交换机实现组网、接入和交换，通过无线端口完成无线共用信道分配及管理，使无线用户进入系统；通过中继群端口完成系统入网、联网、组网功能；通过模拟用户端口使有线用户进入系统；通过模拟中继端口使有线或无线用户进入军用或民用的固定网络；通过数字用户端口使数字话机或计算机用户进入系统。控制端口向系统控制台提供接口，并对系统进行监控。系统能支持无线用户与无线用户、无线用户与有线用户之间通信，并提供数据、话音、传真、电传等业务。通过多个中继群端口，可实现系统自身组网以及与地域通信网、机动骨干网、卫星网及其他通信网互联互通。移动用户通过

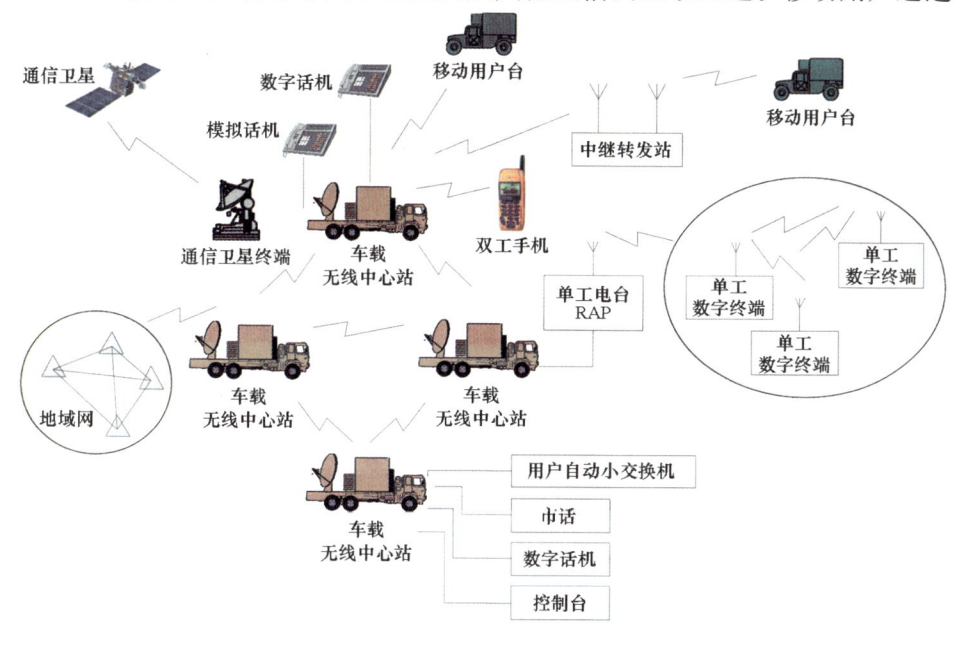

图 5-1　无线双工移动通信网络

系统可入市话网、长话网和国防网，并与这些网内的用户通信。

5.2.2 功能

一般的无线双工移动通信系统的主要功能有：

系统组网功能。无线双工移动通信系统通过无线中继站互联组网，以实现两个无线中心之间互联，扩大了用户量及通信覆盖区，中继接口符合野战地域网标准。这意味着系统既可由单中心台的移动通信系统组成，也可以由若干个中心站为子网的系统所组成，这样就可根据战术要求组成不同的移动通信网络形式，以适应不同作战行动对通信保障的要求。

无线交换功能。无线交换机实现对有线用户和无线用户信息的交换管理，实现电路信息和分组信息的交换，为网络管理中心（network control center, NCC）的管理信息提供交换通道，为系统用户提供各类接口。通过无线交换机，用户可以实现拨号呼叫、优先级、强插、强拆、呼叫转移、呼叫保持、双工会议等功能；无线用户可实现基本接续、群呼、无线会议以及无线用户的跨区漫游等功能。交换机与数据终端互联可以实现数据用户的电路数据交换和分组数据交换，如计算机、传真机、野战传真机等。交换机通过接口与系统控制台互连，提供人机管理界面，在系统控制台上实现设备管理、用户管理、状态监测与设置、故障诊断等。

系统保密功能。无线双工移动通信系统，采用单信道加密、带内冗余信道传输保密信息、一次一密等保密措施，空中的无线电信号均为经过加密的信号，减小了被敌人窃听的可能性。另外，由于系统以跳频方式工作时，其工作频率是按照伪随机码序列随机跳变的，敌方窃听时无法跟踪工作频率的变化，进一步提高了系统的保密性。

网络管理功能。NCC对整个网络实施管理与监控，其可以通过接口接入相互连通的任一无线交换机，通过分组交换网络对所有交换机内的设备控制器（facility controller, FC）进行管理。采用简单网络管理协议（simple network management protocol, SNMP），在NCC上可以实现网络规划、网络管理、网络监测与控制功能。

系统控制台功能。包括时间显示、热线与专线设置、用户优先级定义、监听与插话、通话与显示、主叫追踪、会议与通播、代呼通、中继保持、注册登记、注册取消、人工/自动设置工作频率等。

移动用户台主要功能。包括移动情况下检测信道平均误码率,全频段信道扫描,明话优先,单工电台入移动用户台、脱网直通,数据接口,入市话网、长话网、国防网、地域通信网等。

5.3 军用集群通信系统

集群通信系统是一种共用无线频道的专用调度移动通信系统,它采用多信道共用和动态分配信道技术,主要为团体用户提供指挥调度业务,具有频谱利用率高、接通迅速、能实现群呼组呼等优点,是移动通信的一个重要分支。在采用有效的加密技术后,集群通信系统可以用于军事,而且集群通信系统通常采用大区制组网方式,特别适用于部队在野战条件下一定区域内的机动通信。

5.3.1 组成与功能

1. 组成

集群通信系统可单基站构成单区系统,也可多基站构成多区系统。单区系统容量小、覆盖面小,常用于小容量的专用网;多区系统容量大、覆盖面大,适用于公众网。典型的集群通信系统的网络结构组成如图 5-2 所示,系统的基本设备包括基站(base station,BS)、控制交换中心、用户终端、网络管理终端、调度台等部分。

● 基站:主要由基站收发信机(base transceiver station,BTS)、基站控制器(base station controller,BSC)、天馈系统和电源等设备组成。其中收发信

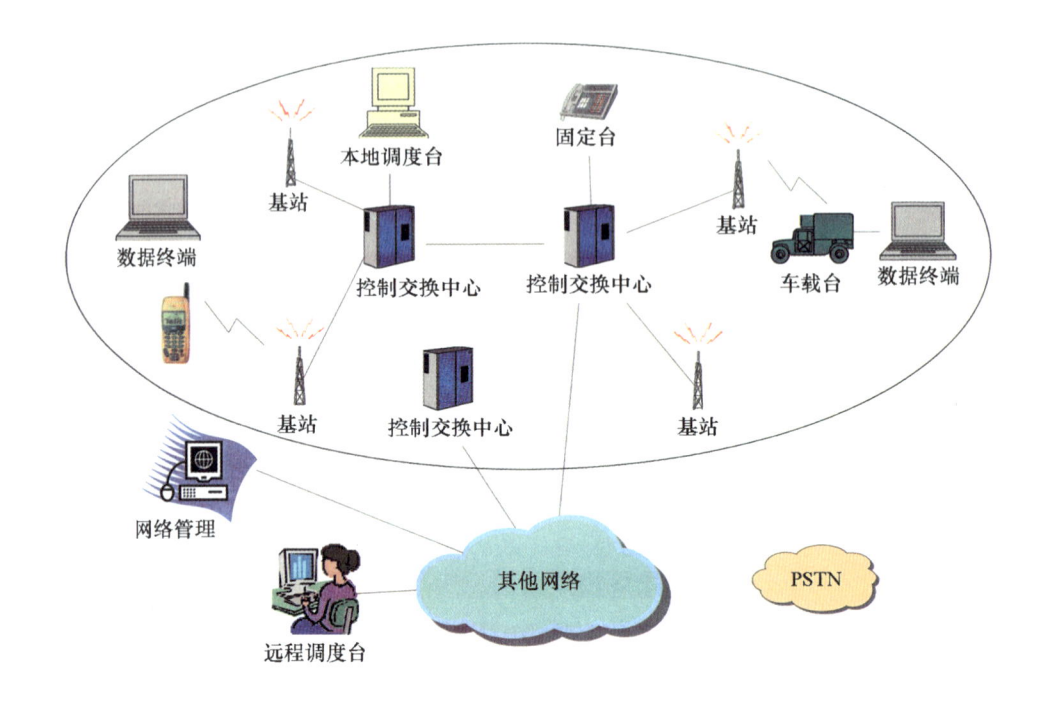

图 5-2　集群通信系统网络结构

机主要提供覆盖区内与移动台之间的无线通信业务，每个基站可以有多个信机。基站控制器包含中心控制设备和用户自动小交换机（private automatic branch exchange，PABX）。基站具有业务区的所有逻辑和控制功能以及控制交换中心之间的维护和配置数据的交换功能。

● 控制交换中心：是监测和控制系统操作的中心，所有的基站都连在一个或多个交换控制中心上，一个交换控制中心可连接多个基站。有些集群系统的基站内部包含简单的交换控制中心功能，因此基站之间可以直接联网。控制交换中心负责所有的系统配置和维护以及网络互联。一般把基站和控制交换中心称为交换和管理基础设施。

● 用户终端：一般分为移动终端和固定终端。其中移动终端由异频单工或异频双工的信道设备及具有执行集群系统进程和功能的逻辑控制设备组成，包括手持机和车载台，能够提供话音和数据通信功能；固定终端又称有线台，通过有线方式连接到基站，主要提供话音通信功能，可通过配置终端设备和终端适配器完成数据传输功能。

● 网络管理终端：用于实现用户终端和基站的配置、故障诊断及业务管理等。

● 调度台：对移动台进行指挥、调度和管理的设备，分有线和无线调度台两种，无线调度台由收发信机、控制单元、天馈线（或含双工器）、电源和操作台组成。

2. 功能

集群通信系统主要提供以下功能：

● 调度功能：包括单呼、组呼、全呼、紧急呼叫、求救呼叫和动态重组等。

● 调度补充功能：包括呼叫转移、通话限时、用户分级、调度权限。

● 繁忙排队/自动回叫功能：当所有信道都被占用时，申请呼叫的用户将自动进入排队状态并有显示及声音指示，当空闲信道或被呼用户示闲时，系统会自动回叫，处理该用户的呼叫。

● 移动台遥毁/复活功能：系统可以通过保密管理终端将某个移动用户设定为遥毁对象，当用户处于开机状态和下次开机时，系统使其密钥销毁，失去密话通信能力，同时移动台内部数据丢失从而失去通信能力。

● 系统前置码设置功能：可设置集群网的工作密码，以防止普通移动台入网使用。

● 开放信道功能：通过维护终端将无线信道工作模式设置为双工转信方式，这时非集群用户的对讲机能利用基站进行转信工作，延长通信距离。

● 自动漫游功能：多基站组网时可以实现自动漫游，移动用户可漫游到新的基站并自动在新基站中使用。

5.3.2 组网方式

集群通信系统根据用户容量、使用要求及集群控制方式的不同，组网方式可分为集中控制方式和分布控制方式，更为细致的区分下还可以分为集中控制方式的单区单基站系统、单区多基站系统、多区系统和分布控制方式下的单区单基站系统、多区多基站系统。

1. 集中控制方式

集中控制方式又称为专用信道控制方式，它采用专用信道作为控制信道（信令信道），并由集群通信系统控制器集中控制和管理系统内的所有信道。集中控制方式的优点是接续快，除能够完成集群的通用功能外，还可以完成紧急呼叫、短数据传输、鉴权和优先级管理、连续广播、更新系统信息、遇忙排队和自动回叫等功能。移动台平时守候在控制信道上，呼叫建立信令在控制信道上完成，而话音或者数据等业务在业务信道上进行。

集中控制单区单基站系统只有一个控制中心和一个基站。基站可与控制中心设在一起，也可分开，二者通过有线或无线链路连接。系统主要由系统控制中心、基站、系统维护管理终端、调度台、移动台组成。集中控制单区多基站系统设有一个控制中心和多个基站，即在单区单基站的基础上为扩大覆盖区域而增加基站。某个基站可与控制中心设在一起，也可所有基站都与控制中心分设，二者通过有线或无线链路连接。系统组成与单区单基站系统基本相同，只是基站数目不同。有的系统可从基站和控制中心多点接入有线电话网。

集中控制多区系统是由多个单区系统通过区域控制中心连接而成的分级管理网络系统。区域控制中心负责处理越区用户的身份登记、不同区域之间的业务管理、控制信道分配管理、区间用户漫游业务等。

2. 分布控制方式

分布控制方式又称为分散控制方式，基站的每个信道机都有一个单独的智能控制器负责信道的控制和信令处理，各智能控制器之间通过一条高速数据总线进行信息交换。移动台平时处在搜索空闲信道状态，呼叫建立可以在任何空闲信道上进行，话音或者数据等业务也是在该信道上完成。由于每个信道既要传输信令又要传输业务，所以又称随路信令接入方式。该方式的最大优点是可以发挥系统的最大效率，省去独立的系统控制器和专门的控制信道，所有信道都可以用来进行业务传输，增加了系统的可靠性。

分布控制单区单基站系统是分布控制的基本系统，与集中控制的单区单基站系统不同的是它的控制部分与基站设备合在一起，基站每个信道收发信机有一个控制器或控制板。其他设备如系统管理终端、调度台、移动台与集中控制系统相同。分布控制多区系统由多个单区单基站系统相连，并由区域网络交换控制中心控制管理各个单区系统间的连接交换和漫游。网络交换控制中心可接系统管理终端、调度台及有线电话网。

为了提高抗摧毁性，军用集群通信系统宜采用分布式控制系统。

5.3.3 TD-LTE 宽带集群通信

随着用户对高速数据业务需求量的增大，窄带集群通信系统所提供的服务已经无法满足用户的需求，使用 4G 核心技术——分时长期演进（time division long term evolution，TD-LTE）的宽带集群通信系统正陆续推广。将 TD-LTE 的宽带集群通信系统用于军用领域，特别适合部队在野战条件下一定区域的机动通信，对于提高部队指挥信息系统的指挥、控制、通信、计算机、情报、监视、侦察（command, control, communication, computer, intelligence, surveillance, reconnaissance, C^4ISR）系统的工作效率，具有很积极的作用，可大大提高部队的信息化装备水平，切实转变战斗力生成模式。

TD-LTE 宽带集群通信系统以集群技术为基础，将 TD-LTE 技术融入其中，采用 OFDM、多入多出（multiple-input multiple-output，MIMO）等先进的无线通信技术，系统的信道容量大，对频谱的利用率高，并且网络可靠性和安全性高，能够满足宽带集群通信在业务、速率、容量以及频谱效率多方面的需求。

TD-LTE 宽带集群通信系统的技术特性可总结如下：

快速呼叫建立。TD-LTE 宽带集群通信系统上行信道采用物理随机接入信道，并且利用 64 个随机接入正交序列，降低了随机接入的碰撞概率，缩短了呼叫建立时间；通过集群寻呼控制信道传送呼叫接入响应，使寻呼消息发送的频率得到提升，缩短了寻呼等待的时间，实现快速呼叫建立。

调度呼叫控制。TD-LTE 宽带集群通信系统在时间、频率和空间三个维度上采用了基于信道化的分组调度技术，并且对用户设置优先级别，保证不同用户间资源分配差异。根据业务优先级、公平性、吞吐量、干扰协调和信道质量等信息实现业务的调度传输，达到调度呼叫控制的目的。

干扰抑制。TD-LTE 宽带集群通信系统上行和下行分别采用了单载波频分多址（single-carrier frequency-division multiple access，SC-FDMA）技术和正交频分多址（orthogonal frequency division multiple access，OFDMA）技术，因此，处于同一小区内用户间的干扰很小，小区内用户所受到的干扰主要来自小区间的干扰。TD-LTE 宽带集群通信系统采用干扰协调和抑制技术，通过部分频率复用、动态资源调度以及功率控制方式来抑制小区间干扰对系统造成的影响。此外，TD-LTE 宽带集群通信系统通过采用先进的编码技术和数据加扰传输等手段，降低了同频组网所产生的小区间干扰，与此同时系统频谱利用率得到了提升。

故障弱化。系统故障对于集群通信系统的影响是严重的，尤其是在军用领域，因此在减小系统故障率的同时采取故障弱化的措施是必要的。故障弱化使系统在出现故障时还能够保证用户最低的使用要求，它是提升系统可靠性的重要环节。TD-LTE 宽带集群通信系统采用了扁平化、全 IP 化的网络结构，基站与核心网直接相连，无须无线网络控制器，基站集成了无线侧的集群控制功能，有利于故障弱化功能的实现。正常情况下，网络侧控制 TD-LTE 宽带集群通信系统基站的运行，当基站监测到网络侧不能正常工作时，系统自动转入故障弱化工作方式。

脱网直通。脱网直通技术是集群通信的重要特性之一，是指在无集群网络或网络覆盖情况较差的条件下，两个或两个以上的用户端无须基站支撑，直接进行通信的特殊通信方式，十分适合军用领域。

5.4 军用蜂窝移动通信系统

蜂窝移动通信系统将一个服务区划分成若干小区，每一个小区设置一个基站，多个小区像蜂窝一样覆盖着整个服务区域。民用移动通信中，蜂窝网络以其覆盖范围广泛、通信安全可靠的优势，成为移动通信的基础。随着民用无线通信技术的迅猛发展，将民用蜂窝移动通信技术应用于军事，使之融合为一体、共同发展，是当今世界各国军用移动通信系统发展的一大共识。

5.4.1 民用 LTE 蜂窝移动通信

1. 网络架构

如图 5-3 所示，民用 LTE 蜂窝移动通信网络架构采用扁平化的全 IP 架构，由演进通用移动通信系统陆地无线接入网（evolved UMTS terrestrial radio access network，E-UTRAN）和演进分组核心网（evolved packet core，EPC）组成。E-UTRAN 完全由多个演进型 Node B（evolved Node B，eNB）的一层结构组成，实现移动用户（user equipment，UE）的无线接入承载控制、无线资源管理和移动性管理等功能。eNB 可以理解为 LTE 的基站，eNB 之间通过 X2 逻辑接口互相连接，组成 Mesh 网络，用于增强网络的可靠性和移动性；eNB 与

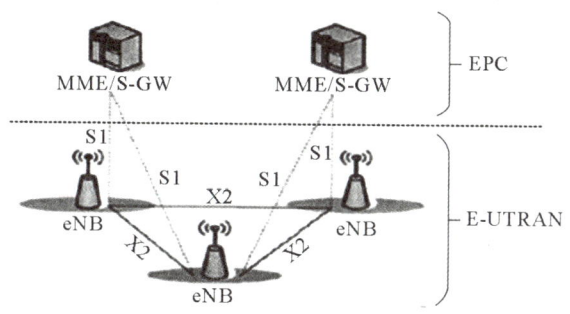

图 5-3 民用 LTE 蜂窝移动通信网络架构

核心网之间通过 S1 逻辑接口互相连接，每个 eNB 同时可以与多个核心网互相连接。EPC 主要由移动管理实体（mobility management entity，MME）、服务网关（serving gateway，S-GW）、分组数据网网关（packet data network gateway，PDN-GW）和归属用户服务器（home subscriber server，HSS）等构成，实现用户及会话管理控制、鉴权、数据转发和路由切换选择等功能。

2. 功能实体

民用 LTE 蜂窝移动通信网络包括 eNB、MME、S-GW、PDN-GW、HSS 和 UE 等几种功能实体。其中，eNB 由基带处理单元和射频拉远单元组成，最大支持 3 600 个连接用户，主要负责：

● 无线资源管理、无线承载控制、无线准入控制、连接移动性控制、上下行对用户动态资源分配（调度）；

● IP 头压缩和用户数据流加密；

● 当无法根据 UE 提供的路由信息到达一个 MME 时，选择 UE 附着的 MME；

● 提供用户平面的数据到服务网关的路由；

● 调度、发送寻呼和广播信息；

● 在上行链路中，进行传送等级包标记等功能。

MME 主要负责用户及会话管理的所有控制平面功能、UE 的位置管理和移动性管理，以及完成与任何 IP 节点之间的信息承载的建立，包括非接入层（non-access stratum，NAS）信令及其安全、接入层（access stratum，AS）安全控制、跟踪区域列表管理、S-GW 和 PDN-GW 选择、空闲模式下 UE 可达性、漫游和鉴权、承载管理（包括专用承载的建立）。

S-GW 是一个终止于 E-UTRAN 接口的网关，是一个用户面功能实体，负责提供承载通道来完成数据的传送、转发以及路由切换等，包括数据包路由和转发、对于基站间处理的本地移动性锚点、对于 3GPP 间移动性的移动性锚点、上下行传输层数据包标记、合法监听。

PDN-GW 作为外部 PDN 网络会话的锚点，是连接外部数据网的网关。UE

可以通过连接到不同的 PDN-GW 访问不同的外部数据网。PDN-GW 主要负责：基于每个用户的数据包过滤、合法监听、UE 的 IP 地址分配、上下行传输层数据包标记。

5.4.2 LTE 蜂窝移动通信军用化的问题

LTE 通信技术并没有脱离以前的通信技术，而是以传统通信技术为基础，并利用了一些新的通信技术提高无线通信的网络效率和功能。与传统的通信技术相比，LTE 技术最明显的优势在于通话质量及数据通信速度，其最大数据传输速率达到 100 兆比特/秒，这将为人们提供一种超高速无线网络。

虽然 LTE 通信技术有众多优点，但是军事应用背景与民用存在差异，无法直接将其用于军事。LTE 蜂窝移动通信技术军用化需要考虑解决的问题主要在于：

eNB 之间不能进行无线通信。如图 5-3 所示，eNB 和核心网等设备都是固定式的，eNB 与 eNB 之间通过 X2 逻辑接口仅传输一些信令或控制信息，eNB 通过核心网传输和交换数据信息。传输线路都是同轴电缆或光纤电缆等有线媒介，连接需要建设大量基础设施和铺设大量有线线路，基站之间不能通过无线信道直接通信连接和服务，机动性和灵活性不高，给军事应用带来很大困难。

民用频段电波衰落大，要频率下移。我国无线电管理委员会分配给 LTE 系统的工作频段为 1.9/2.0 吉赫、2.3/2.5 吉赫，属于特高频频段（300 兆赫～3 吉赫），电波以直线波方式传播，波长较短，基本没有绕射能力。而且，在传播途中易受到障碍物的阻挡（地球表面曲面也是阻挡视线的障碍）影响，电波衰落比较大，使得传播距离一般被限制在视线距离范围之内，传播距离一般在几千米，尤其在山区通信时，这种影响可能更大，电波衰落更明显，通信距离就更近。另外，民用频段用户比较多，频率拥挤，相互干扰比较大，不适合于军事通信。

核心网体积庞大，移动性差，要小型化设计。基于民用电信技术架构的核心网是网络交换控制的核心，所有数据交互和控制的实现都由核心网来完成,以固定模式设计,设备种类多,体积庞大,质量、功耗太大。其中典型设备有:MME 最大功耗 1 700 瓦,质量 95 千克,体积 14U(1U = 44.45 毫米);S-GW/PDN-GW 最大功耗 2 100 瓦,质量 128 千克,体积 20U;HSS 最大功耗 1 700 瓦,质量 95 千克,体积 14U。另外,很多功能(如与 2G、3G 网络的兼容接入接口、计费功能)及过多的冗余设计等,都增加了系统的复杂性,对于军事通信来说并不一定需要,这种体系结构无法满足军事通信移动性和车载系统的要求。

安全防护水平需要提升。LTE 系统相对第一、二、三代移动通信在安全方面有所加强,但由于商业成本原因,还存在一些安全漏洞,而军事通信对安全性的要求更高,必须重新设计专用密码体系,增加安全防护等级,建立一个安全中心,独立地完成双向鉴权、端到端、数据加密等功能。

5.4.3 军用 LTE 蜂窝移动通信网络架构

军用 LTE 蜂窝移动通信网络采用如图 5-4 所示的分层分布式栅格状网络结构,网络分成接入网、骨干网和中继三层。接入网络层由 UE 组成,以无线方式、随机接入所属移动基站,实现点到点通信连接或漫游功能;骨干网络层由小型化移动基站组成,移动基站之间采用 Mesh 网络构建骨干网络,以有线、无线和卫星方式覆盖整个作战区域,实现 UE 的随机接入控制;中继网络层由卫星通信组成,当受地形等因素的影响而使通信受到限制时,利用卫星信道可实现移动基站间的互联,这样可在整个区域内实现横向和纵向传输无缝连接,实现移动基站对整个通信保障区域的全覆盖。通过这三层网络的综合运用,可以构建分层、分布式、一体化的战术通信网络架构。这种网络结构的移动性和抗毁能力好,快速部署能力强,解决了平面分布式网络的用户容量有限问题,网络覆盖范围得到了极大扩展;提供了高速率、高带宽的能力,可以适用于传输话音、数据、图像和视频等多媒体业务信息;移动用户的接入和使用是便捷的、无缝的、持续的、安全的和可靠的,并可提供有等级的传输、计算和信息服务,实现了移动用户的高效实时性要求。这样的网络可靠性高、组织运用灵活、操作简单，同时其自组织特性也可以减少网络规划负担，可以支持在没有操作员情况下的任务重构。

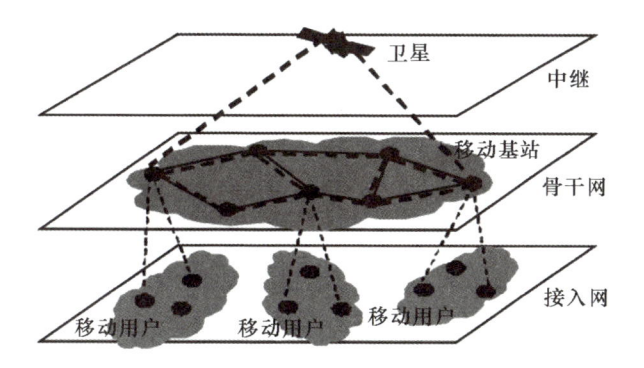

图 5-4　军用 LTE 蜂窝移动通信网络架构

5.5　5G 的军事应用

第五代移动通信技术（5th-generation mobile communication technology，5G）性能指标是高数据速率、低延迟、节省能源、降低成本、提高系统容量和大规模设备连接，可满足未来作战的通信任务需求，当为信息化建设中值得重点关注的技术领域。

5.5.1　5G 的应用场景

5G 技术的发展最早由民用移动通信需求牵引，有三个"关键应用场景"：增强的移动宽带（enhanced mobile broadband，eMBB）、海量的机器间通信（massive machine-type communications，mMTC）以及超高可靠和超低时延通信（ultra reliable & low latency communication，uRLLC）。

1. eMBB

eMBB 场景是 5G 在 4G 移动宽带场景下的增强。4G 系统主流带宽为 20 兆赫，虽然速率较 3G 有质的提升，但在海洋、地铁、沙漠等空间会出现信号中断或网络连接不畅等问题。5G 系统带宽为 100~200 兆赫甚至更高，是 4G 传输速率的 50 余倍，它的覆盖面更广，且满足人们在高速移动下的上网需求。

2. mMTC

mMTC 主要面向以传感和数据采集为目标的应用场景，具有小数据包、低功耗、海量连接等特点。这类终端分布范围广、数量众多，要求网络具备海量连接的支持能力。它最显著的作用是可以促进物联网的提质增速，人类与机器的交流能够畅通无阻，高速率和高带宽可以把人类的语音指令转化成行动。在《我，机器人》《人工智能》等影片中，人工智能的优势发挥得淋漓尽致，机器人可以感知人的思维，按照人的指令去执行任务，人们的日常生活、城市的安全发展全部被智能化环绕。在 5G 的支持下，影片中的场景可能成为现实。

3. uRLLC

uRLLC 主要面向低时延、高可靠通信需求。这类应用对时延和可靠性具有极高的指标要求，需要对巨大的数据拥有超高速处理能力。例如自动驾驶汽车，在 5G 的技术支持下，汽车行走在道路上，可自动探测到路途中的障碍物，如果离前车太近，它会自动改道或降低速度，在遇到红灯亮时，它也能及时感知，当即启动刹车程序，极大地增加了行车的安全性。

总的来说，相比于历代移动通信系统，5G 系统将是一个复合系统，不仅包含传统移动互联的升级，还将解决物联网在多种场景下的应用需求，使物联网触手可及。

5.5.2　5G 的关键技术

为满足上述不同技术场景对 5G 的差异化需求，5G 在无线技术领域和网络技术领域都采用了一大批关键技术。

1. 无线技术领域

（1）大规模天线

大规模天线（massive multiple-input multiple-output，Massive MIMO）通过

增加天线数目（可配置上百根天线）来增加系统的空间自由度，可支持数十个独立的空间数据流，成倍提升系统的频谱效率，有效支撑 5G 系统对大量业务的传输需求。此外，大规模天线还可以应用于高频段，通过自适应波束赋形以增强电波传播的方向性，显著提升系统的广域覆盖能力。

（2）超密集组网

超密集组网（ultra dense networking，UDN）通过增加各种基站的部署密度，实现小区结构的微型化与分布化，最终在局部热点区域实现百倍量级的容量提升。为适应 5G 差异化的接入环境，5G 接入网将可以支持无线网状网、动态自组织网络、统一多无线接入技术等新型接入手段，并适应各种类型的回传链路，实现异构网络的有效融合。

（3）新型多址技术

新型多址技术可实现信号在空、时、频、码域的叠加传输来充分利用系统的多维资源，显著提高 5G 系统的频谱效率和接入能力。同时，新型多址技术还可有力支持系统的免调度传输，以降低系统调度传输的信令开销，缩短业务接入时延。

（4）全频谱接入技术

全频谱接入技术涉及 6 吉赫以下低频段和 6～100 吉赫高频段，通过载波聚合、认知无线电等技术，有效利用各类无线电频谱资源（包含高低频段、对称与非对称频谱、授权与非授权频谱、连续与非连续频谱等）来提高数据传输速率，增大 5G 系统容量。

（5）基于先进滤波的新型多载波技术

基于先进滤波的新型多载波技术可以减少子带或子载波的频谱泄露，降低系统对时频同步的要求，同时增加频域资源粒度划分的灵活度，增强系统对各种业务的支持能力。目前，业界已经提出多种新型多载波技术，如基于滤波的正交频分复用、基于滤波器组的多载波等。

（6）其他

终端直通、新型双工方式（全双工、灵活双工）、多元低密度奇偶检验码、网络编码等也被认为是 5G 重要的潜在无线关键技术。

2. 网络技术领域

（1）网络功能虚拟化技术

网络功能虚拟化（network functions virtualization，NFV）技术通过软件与硬件的解耦及功能抽象，可以使网络设备功能不再依赖于专用的硬件，为 5G 网络提供更具弹性的、更低成本的基础设施平台。

通过采用通用硬件取代专用硬件，并对通用硬件资源进行按需分配和动态伸缩，NFV 可以方便快捷地把网元功能部署在网络中的任意位置，有效解决现有基础设施平台成本高、部署不灵活、资源配置能力弱等问题。

（2）软件定义网络技术

软件定义网络（software defined network，SDN）技术可以实现网络控制功能和转发功能的解耦，支持控制功能的集中化与转发功能的分布化。控制功能的抽离和聚合，有利于网络从全局视角感知网络环境，调度系统资源，实现局部和全局的网络控制，并构建面向业务的网络能力开放接口，从而满足业务的差异化需求。在高效的网络控制下，转发平面的分布式部署与下沉，可以实现海量数据流的低时延、高可靠、均负载传输。

5.5.3　5G 的战场优势

5G 技术的优越性有望对未来战争的实时指挥、态势共享、体系对抗和联合制胜产生颠覆性影响。5G 进入战场，将在以下三个方面展现优势：

高通信带宽提高军事通信网络的稳定性。在移动 5G 通信网络中，系统带宽达 100~500 兆赫，能够大大提升战场各类数据的传输速率，加快观察、定位、决策、行动循环速度，同时创新信息应用模式，提高指挥控制效率。

专有频段保障军事通信网络的安全性。5G 通信技术不仅充分利用了现有的通信资源，还在不断向毫米波通信资源扩展，为军事通信拥有专有频段奠定了基础，从而有效解决当前存在的军用移动通信系统与民用移动通信系统频段重叠共用、互相干扰的问题，显著提升军事通信网络的安全性和可靠性。

超高可靠性和超低时延提高网络信号质量。 随着联合作战中越来越多的平台和作战系统的引入和使用，跨平台互联对军事通信网络的通信效率要求也越来越高。5G 的技术延时可达毫秒级以下，且连接稳定性高，使用的波束成形技术在空间上有效分离不同平台和系统之间的电磁波，提高频带效率，使得高速高效处理成为可能。

5.5.4　5G 的战场形态

5G 移动通信网络与物联网、人工智能、虚拟现实、云计算以及生物特征识别等新兴派生技术的有机结合引入战场，有望展现以下几种形态。

1. 弹性作战系统的构建

所谓弹性作战系统，即根据军事行动类型和任务需求，在战时可接近于实时地重新排列组合数量众多、分散部署的作战要素，构建不同配置和不同表现形式的作战集群，为指挥官提供更有创造性的作战方式和手段，打乱对手的行动计划，实现战略目标。5G 高速率、低时延的特性有助于实现不同作战集群间的互联通和互操作，小基站网络切片技术的应用可加强对集群的指挥控制，边缘计算技术能提供大规模集群节点之间近实时的信息交换能力，提高系统规模化、自主化、网络化和协同化能力。在 5G 技术的支持下，集群协同作战系统的规模进一步提高，可望真正实现海陆空全域一体化弹性作战体系构建。

2. 战场态势的同步感知

海湾战争以来，复杂多变的战场环境以及空、天、网、电等作战维度中不断涌现的全新感知客体，对战场感知活动的维度、质量和时效性均提出了更高要求，这将直接影响战场各作战系统能否科学正确地判断战场态势，为谋取决策优势和行动优势提供支持。5G 技术与人工智能等信息技术的深度融合，可进一步提高战场态势感知网络的韧性。立体跨域态势感知网络不再是只关注单一作战要素的部署位置和所属军兵种,而是将广泛分布于多维战场空间内的各种侦察、感知、监视和情报平台互相链接,通过作战要素的交叉重构,有效避免单一要素被摧毁而导致的整个系统感知失效,从而实现战场态势的一点发现、全网知晓和快速反应、实时攻击。

3. 精确的作战保障

精确化打击对作战保障的精确化程度提出了现实需求。精确化作战保障需要通过信息流、人员流、物资流的有效运作和有机融合,高效而准确地筹划和使用各种保障力量,在准确的时间、地点为部队提供准确的物资和技术保障,使装备保障以适时、适地、适量的原则达到精确化。5G 在战场信息共享、战场态势感知等领域的应用,为实现精确化作战保障奠定了技术基础。5G 的应用有助于加强作战单元和后装保障力量之间的协同调度,即作战单元快速准确提供保障信息,后装保障单元精确掌握保障需求和指挥员要求,以达到保障物资精确配送、战损装备精确抢修的目的。

5.5.5 美国促进 5G 军事应用的行动

2018 年 12 月,美国国际战略研究中心发布题为《5G 技术将重塑创新与安全环境》的报告。报告指出,5G 技术具有重要的军事价值,可用于机器人、人工智能和大量先进的传感设备之中,未来将成为新军事能力的基础技术。报告将 5G 技术的竞争上升为国家层面的战略竞争,认为 5G 技术的竞争是一场对国家安全产生重大影响的经济竞赛,提出"美国必须首先采用第五代移动通信技术"的观点。在促进 5G 的军事应用上,美国已经从多个方面展开行动。

1. 建设空天海地一体化通信网络

据 SpaceNews 网站 2021 年 3 月 23 日消息,Omnispace 公司和洛克希德·马丁公司达成了一项开发"太空 5G 技术"的战略合作协议,协议中提到的"基于 5G 标准的全球非地面网络"将在全球范围内为商业、企业和政府设备提供无处不在的通信服务。建立天基 5G 全球网络是洛克希德·马丁公司与

Omnispace 公司在协议中提到的共同愿景，用户通过该网络能够在卫星和地面网络之间无缝迁移，从而消除因为不同网络、不同设备所带来的通信问题。据 Satnews 网站 2021 年 7 月 8 日报道，卫星 Hellas Sat 3 成功完成了向偏远地区提供 5G 网络的现场演示，展示了其在扩大 5G 技术应用范围上的作用，表明了基于 5G 技术的自动化机械和移动车辆在发生自然灾害时及地面 5G 通信网络未能完整有效覆盖的条件下，依然可以保持网络连接、实现通信。

2. 部署 5G 军用的实验项目

对于 5G 技术在军事领域应用的实现，美国国防部与有关行业的实验室、企业及其他机构与组织进行了深度合作，有超过 100 家非军方单位参与了美国国防部对于 5G 技术军用的试验、评估项目，对包括分布式指挥与控制、智能仓储（转运/车载）、频谱使用、增强现实/虚拟现实能力在内的一系列项目进行探索与验证。例如，2020 年美国海军陆战队和 Verizon 公司在米拉马尔航空站建立了用于实现 5G 技术军用研究项目的实验测试场，其中美国海军陆战队的第一款融合了超宽带 5G 技术与移动边缘计算的快速响应战术指挥中心车——THOR 被部署于此。据 Verizon 5G 实验室主任介绍，THOR 在米拉马尔航空站展示了在复杂环境下实现包括 5G 技术在内的多种无线电通信功能，搭载具备实时反馈航拍图像、执行侦察任务的无人机，可以进行自主机器人与自动驾驶电池运输车之间的通信、野外人员与车辆之间的视频流传、恶劣环境下运行设备上传感器数据的输送，以及通过基于 5G 通信的移动边缘计算为决策者实时提供通用作战图像来辅助决策。再如，据 C4ISRNET 网站 2021 年 4 月 7 日消息，美国国防部与 Perspecta Labs 公司签订了两份关于智能仓库和频谱共享技术开发的 5G 技术合同。根据其中的一份三年期合同，Perspecta Labs 公司将为位于加利福尼亚州圣迭戈的科罗纳多海军基地开发通过提升海军部队与岸上设施之间连接能力以提升物流水平的"5G 智能仓储"；而在另一份合同中，Perspecta Labs 公司将在犹他州希尔空军基地的项目中构建一个用于快速探测与响应雷达活动、识别雷达目标、优化频谱使用的 5G 系统。

3. 扩大使用 5G 服务的基地数量

根据 2021 年 9 月 21 日的一份合同，Verizon 公司将负责向分布于加利福尼亚州、佛罗里达州、马萨诸塞州、纽约州、俄亥俄州、宾夕法尼亚州和得克萨斯州的七个空军预备役司令部（air force reserve command，AFRC）基地提供 5G 超宽带移动服务，为基地人员带来更高速度、更高带宽和更低时延通信。目前，AFRC 基地仍未实现能满足其日常业务通信需求的通信覆盖或容量，有大约三分之二的设施或设备的使用因此受限。与 AFRC 基地相关的项目预计会在 2023 年年底完成，500 多个设施的覆盖范围和通信容量将会因此得到提升。

4. 加强 5G 技术战场应用研究

据 ASDNews 网站 2021 年 9 月 21 日消息，美国国防部授予 Viasat 公司两项合同，对基于 5G 技术的通信网络在战场上的使用和实施情况开展研究，解决跨多个网络域的复杂通信问题，探索通过 5G 技术如何作用和提升作战能力。其中，改进指挥控制应用和服务、在对抗环境中敏捷作战部署（agile combat employment，ACE）行动的 5G 网络部署增强是实现美军联合全域指挥控制作战概念能力的关键，也是 Viasat 公司项目关注的重点。

在改进指挥控制方面，Viasat 公司将提供支持 C^4ISR、组网和网络安全软件的 C2 硬件包，并使用 5G 技术将这些能力集成到战术网络中，以提高整个战场的可见性。此外，Viasat 公司还将探索 5G 连接能力如何支持带宽密集型应用，如何利用 5G 技术来共享实时态势感知信息，以及如何利用它为战场提供更可靠的云访问能力。

在对抗环境中 ACE 行动的 5G 网络部署增强方面，Viasat 公司将着眼于在战术边缘快速配置和部署未知战区行动时所需的 5G 安全节点，侧重于了解企业编排和管理的配置与能力（网络数据如何进行路由）、战术网络规模确定和规划（如何优化网络、射频规划工具）、低截获率/低探测率能力（如何防止对手发现网络）。

第 6 章
数据链

　　未来战争是联合作战下的体系对抗，联合作战的本质是战场资源的有效共享。C^4ISR 系统发展的最终目标是使作战单元之间的信息无缝交换，高度互操作，为战略、战役、战术各个层次的指挥员快速、准确地决策提供保障。信息优势是现代战争制胜的先决条件，战场态势感知、决策和交战的每一个环节对作战信息和数据交换的需求都有了前所未有的增长。作战信息包括敌、我、友等各方的目标信息、部队运动与部署情况、装备状况、补给水平、资源分配和环境信息等，作战信息必须适时地提供给联合作战指挥员及其作战平台，信息流遍及战役和战术各个层次。

　　数据链作为 C^4ISR 系统框架的基本组成部分，在传感器、指挥控制单元和武器平台之间实时传输战术信息，是满足作战信息交换需求的有效手段。数据链是现代信息技术与战术理念相结合应运而生的产物，是为了适应机动条件下作战单元共享战场态势和实时指控的需要，采用标准化的消息格式、高效的组网协议、保密抗干扰的数字信道而构成的一种战术信息系统。

6.1 概述

6.1.1 基本概念

美军参联会主席令（CJCSI6610.01B，2003 年 11 月 30 日）定义：战术数字信息链通过单网或多网结构和通信介质，将 2 个或 2 个以上的指（挥）控（制）系统和（或）武器系统链接在一起，是一种适合于传送标准化数字信息的通信链路，简称为 TADIL。

从这个定义可以看出，战术数字信息链由标准（格式）化的数字信息、组网协议和传输信道等要素组成，其主要服务对象是指控系统和武器系统。典型的战术数字信息链有 4 号链（TADIL-C/Link-4）、11 号链（TADIL-A/Link-11）、16 号链（TADIL-J/Link-16）和 22 号链（TADIL-F/J/Link-22）等。需要指出的是：TADIL 是美军对战术数字信息链的简称，Link 是北约组织和美国海军对战术数字信息链的简称，二者通常是同义的，国内通常称为数据链。

数据链一般由消息格式、链路协议和传输通道构成，完成传感器、指控系统与武器系统之间实时信息的交换，并处理战场态势、指挥控制以及火力控制等战术信息。数据链是传感器、指挥控制系统与主战武器无缝链接的重要纽带，是实现信息系统与武器系统一体化的重要手段和有效途径，已成为提高武器系统信息化水平和整体作战能力的关键。

数据链的工作频段很宽，包括 HF、VHF、UHF、L、S、C、K 等频段。具体的工作频段选择，取决于赋予其的使命任务和技术体制，如：短波（HF）一般传输速率较低，但具有超视距工作能力；超短波（VHF、UHF）用于视距传输且传输速率较高的作战指挥数据链系统；L 波段常用于视距传输、大容量信息分发的战术数据链系统；S、C、K 波段常用于宽带高速率传输的武器协同数据链和大跨距的卫星数据链。

6.1.2 基本特征

数据链系统的突出特点是实时传输能力强、信息传输效率和自动化程度高，是实现信息系统武器化、武器系统信息化、信息系统与武器系统一体化的重要手段和有效途径。数据链与其相关系统的关系如图 6-1 所示。

图 6-1 数据链与其相关系统的关系

综合考虑数据链的链接对象、链接手段和链接关系的突出特点，可将数据链的基本特征归纳为以下几个方面：

信息交换实时化。信息的实时传输是数据链的重要特性，由于战场状态瞬息万变，比如飞机、导弹等武器飞行航迹的坐标方位等信息具有很强的时效性，如果信息传输达不到一定的实时性，时过境迁，信息也就失去了意义。

战术信息格式化。数据链具有一套相对完备的消息标准，标准中规定的参数包括作战指挥、控制、侦察监视、作战管理、武器协调、联合行动等静态和动态信息的描述。

传输组网综合化。数据链使用的传输信道一般是无线信道，采用综合数字化技术进行处理，具备跳频、扩频、猝发等通信方式以及加密手段，具有抗干扰和保密功能。

传输资源按需共享。传输按需共享是指数据链网络的各节点，既能接收和共享网络其他成员节点发出的信息，也能按照轻重缓急程度的需要分配总的信息发送时间、分配总的发送信道带宽。采用合理的发送机制或广播式的发送方式,保证数据链的链接对象能及时了解由数据链构成的信息"池"内的相关信息。

链接对象网络化、智能化。由于完备成熟的数据链是一个网络,非数字化、非智能化的作战平台不能实现与数据链的有效链接,也无法成为数据链的链接对象。所以,链接对象智能化是数据链完成战术链接的前提,也是数据链的重要特征。

6.1.3 基本组成

数据链的系统构成如图6-2所示,通常包括三个基本要素:传输信道设备、通信协议和消息格式标准。

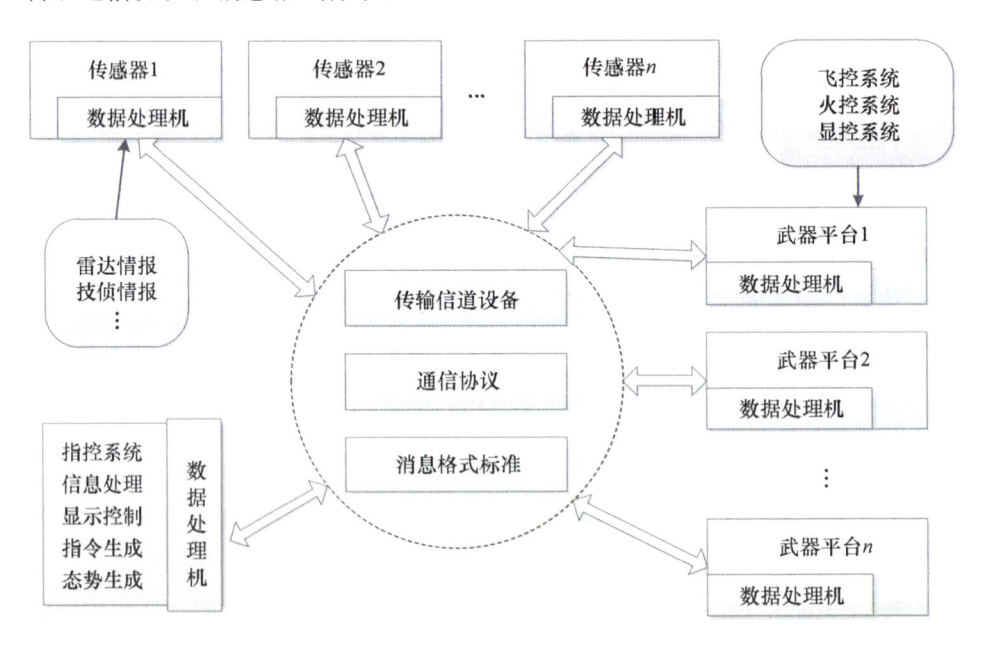

图6-2 数据链系统构成示意图

一套典型的数据链系统通常包括战术数据系统(tactical data system,TDS)、接口控制处理器、数据链终端设备和无线收/发设备等,如图6-3所示。

战术数据系统一般与数据链所在作战单元的主任务计算机相连,完成格

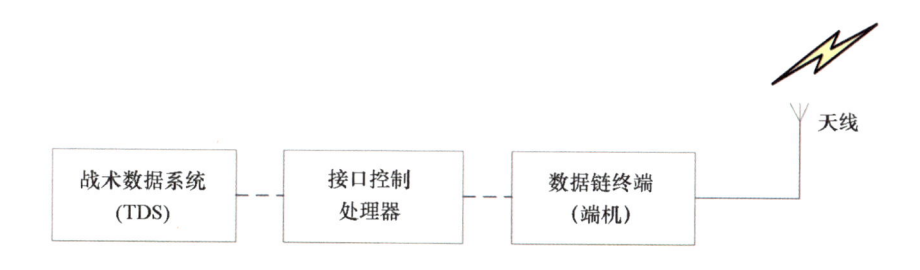

图 6-3 典型数据链系统组成

式化消息处理。战术数据系统硬件通常是一台计算机，它接收各种传感器（如雷达、导航、CCD 成像系统）和操作员发出的各种数据，并将其编排成标准的信息格式；计算机内的输入/输出缓存器用于数据的存储分发，同时接收处理链路中其他战术数据系统发来的各种数据。

接口控制处理器完成不同数据链的接口和协议转换，实现战场态势的共享和指挥控制命令、状态信息的及时传递。为了保证对信息的一致理解以及传输的实时性，数据链交换的消息是按格式化设计的。根据战场实时态势生成和分发以及传达指控命令的需要，按所交换信息内容、顺序、位数及代表的计量单元编排成一系列面向比特的消息代码，便于在指控系统和武器平台中的战术数据系统及主任务计算机中对这些消息进行自动识别、处理、存储，并使格式转换的时延和精度损失减至最小。

传输通道通常是由端机和无线信道构成，端机设备在通信协议的控制下进行数据收发和处理。端机一般由收发信机和链路处理器组成，是数据链网络的核心部分和最基本单元，主要由调制解调器、网络控制器和密码设备等组成。密码设备是数据链系统中的一种重要设备，用来确保网络中数据传输的安全。通信规程、消息协议一般都在端机内实现，控制着整个数据链路的工作并负责与指挥控制或武器平台进行信息交换。一般要求端机具有较高的传输速率、抗干扰能力、保密性、鲁棒性和反截获能力，实现链路协议和"动中通"。数据链各端机之间需要构成网络以便于交换信息，通信协议用于维持网络有序和高效地运行。

6.1.4 标准体系

数据链标准，是指在数据链的设计、研制、生产、试验的全过程中，以及采购和作战应用等各方面，所共同遵循并可重复使用的一种规范性文件。数据链标准化则是针对数据链的现实问题和潜在问题所进行的标准研究制定活动。

为了保证国防信息系统中战术数据链的互操作性，美军专门制定了相关规程，明确规定了战术数据链标准化的目标、政策、职责和程序等内容，用以协调国防部有关部门的业务关系，要求有关信息系统执行联合战术数据链的消息标准，并在任务需求说明和作战需求文件中有明确的体现。

数据链标准经历了单个标准制定到标准体系建立的发展过程。以美国海军为例，从20世纪60年代开始，为解决舰艇之间的数据交换问题，研制了14号链，同时制定了战术数据广播标准；为解决舰艇与舰载飞机之间的数据交换，制定了MIL-STD-6004《战术数字信息链（TADIL）V/R消息标准》，研制了4号链；为解决舰载飞机和舰艇与海军陆战队之间的数据交换问题，制定了MIL-STD-6011《战术数字信息链（TADIL）A/B消息标准》，研制了11号链。

进入20世纪80年代后，美军推进全球联合作战战略计划。在敌我交错、瞬息万变的战场环境中，实现各个作战单元之间、作战群体之间的战术数据实时交换，是实施全球联合作战的必要条件。支持多军种联合作战的战术数据链标准应运而生，美国国防部颁布MIL-STD-6016《战术数字信息链J消息标准》，用以支持美军各军种及其盟国在全球范围内更有效地实施联合军事行动。北约全面接受了美军16号链，在MIL-STD-6016和美国海军OS-516《16号链操作规范》的基础上，合并形成了STANAG 5516《战术数据交换》，并于1990年发布实施。1992年，美军又根据北约标准修订形成了MIL-STD-6016A，现已发展到MIL-STD-6016C。

美军和北约在数据链的发展过程中，先后制定了一系列的标准，包括某一领域专用的数据链标准和通用的数据链标准。

6.1.5 分类

1. 态势感知数据链

态势感知数据链主要用于传输战场态势信息和作战指挥信息，其特点是数据率较低，主要是传输格式化报文信息。美国是最早发展数据链技术的国家，数据链最初主要被用于态势感知，实现舰机协同、提高海陆空一体化的作战效率，降低战损率，减少误伤。态势感知数据链的代表就是Link系列的数据链，也是目前使用最广的数据链，主要针对海军的应用需求发展而来。

美军的现役数据链Link-16等，是20世纪70年代开始研制的产物，其设计架构、通信体制都是为了满足当时的战争需求而设计的。随着武器装备的升级和现代化战争对信息化要求的提高，虽然Link-16也进行了不断的改进，但也暴露出了数据率不高、数据传输实时性差、操作复杂等不足。

为了进一步提高现代化战争的信息化水平，美军在20世纪90年代就开始了下一代战术数据链的论证和研制工作。其中具有代表性的是Rockwell Collins公司提出的TTNT方案。TTNT的特点：基于IP的网络格局，这点完全有别于原有的Link-16系统的TDMA机制；高速、宽带、低时延。TTNT支持的网络容量高达10兆比特/秒，信息延迟为1.7毫秒，可快速自组网。TTNT的网络结构简单，可以自动组网，新用户进入更新协议并注册的时间约为3秒，而Link-16组网则需要手工加入，一般需要1~2天。

• 知识延伸

— **TTNT** —

TTNT全称是Tactical Targeting Network Technology，直译为战术目标指向网络技术，是为解决从"传感器到射手"的数据链接问题而提出的一种传输量大、反应时间短的解决方案。它以互联网络协议（IP）为基础，这种高速、动态的专设网络可使美军迅速瞄准移动及时间敏感目标。TTNT 数据链在 185.2 千米距离的数据传送速率能够达到 2 兆比特/秒，这一技术可使网络中心传感器能够在多种平台间建立信息联系，并对时间敏感目标进行精确定位。试验证明 TTNT 几乎能够使用包括语音、文本对话、视频流以及静止图像在内的各种类型 IP 应用。TTNT 的定向天线的窄波束不仅能够提高系统的低截获性和抗干扰性，更有利于实现高数据传输率。

美军在现有的验证中，证明了 TTNT 能在各种飞机、舰船和地面车辆平台上进行集成应用。但是目前完成验证的武器装备多为陆海空平台，相关研究机构正在论证其应用于导弹武器协同作战的可能性，以期在协同作战、目标指示、毁伤评估等方面发挥重要作用。

2. 情报侦察数据链

情报侦察数据链用于将各种平台获取的目标数据（包括图像情报和信号情报数据）传送到情报接收系统或者情报处理系统。其最突出的特点是传输数据量很大，传输速率高，一般都在 2 兆比特/秒以上，美军通常将这种数据链称为"宽带情报侦察数据链"，并指出情报侦察数据链是"未来陆、海、空、天作战空域交换情报侦察数据的关键设备"。情报侦察数据链的典型代表是通用数据链（common data link，CDL）系列。

3. 武器协同数据链

武器协同数据链主要指武器精确制导数据链，是一种防空系统、反导系统、航空导弹（炸弹）等各类打击武器专用的数据链，其实时性要求很高。精确制导数据链最早从 20 世纪 70 年代开始应用于战场，最初是休斯公司生产的炸弹制导双向数据链，利用导弹传回的电视图像实现对飞弹的人工导引。此后陆续出现了不同种类的制导数据链。从陆、海、空的应用领域出发，主要可以分为空空导弹数据链、炸弹制导数据链、空地导弹数据链、地空导弹数据链、巡航导弹数据链、反舰导弹数据链等。

6.1.6 作用

数据链作为 C^4ISR 系统的一个重要组成部分，利用无线信道在各级指挥所、舰艇、飞机及各种作战平台的指挥控制系统或战术平台之间，构成陆、海、空一体化的数据通信网络，实现情报资源共享，为指挥员迅速、正确的决策提供整个战区统一、及时、准确的作战态势。数据链已经在近年来的历次局部战争中大显身手，获得很好的实战效果。数据链在现代战争中的作用可以归纳为以下几点。

1. 数据链是战斗力的倍增器

未来战争是一体化程度很高的战争，敌我双方的较量实质是彼此作战体系之间的对抗，因此，作战体系将受到全方位、多层次和全时空的威胁。如果要使作战体系的任何一个部分都能尽早感知敌方的威胁，就必须将作战体系中的所有侦察单元连接起来，形成一个触角密布陆、海、空、天、电的全维立体侦察网，让每个侦察单元探测到的敌情信息都为整个战争体系中的各个单元共享，否则作战体系对全方位的威胁将防不胜防。数据链能将分布在全维作战空间中的侦察探测系统联为一体，并使所有侦察系统获得的信息在整个作战指挥网络中实现共享，这种战场全时空的一体化情报侦察使得整个战场空间内的各个作战单元都能共享所有情报信息，大大增强了各级作战指挥系统对整个战场态势的感知能力，整个作战体系的情报侦察效率也得以提高。因此，它是未来信息化、智能化和一体化军队战斗力的倍增器。

2. 数据链可以提升指挥决策水平

数据链信息网络将战场上的各种指挥控制系统组成一个一体化的互联网络，上至最高统帅指挥机构，中至战役战术指挥机构，下至每一个武器平台甚至单个士兵，全部联为一体。它能方便地进行战场情报、目标数据和指挥信息分层式分发或广播式分发，实现战场空间内的信息资源共享，为信息的使用争取时间。因此，数据链将分布于广阔区域内的各种情报侦察系统、指挥控制系统和武器系统等，集成为一个统一高效的信息网络体系，能使指挥员纵观整个战场的敌我态势，掌握敌方作战平台对己方的威胁等级和攻击目标的类型、位置、运动状况等信息，并根据这些信息，及时采取行动。

3. 数据链创新作战协同模式

在机械化战场上，由于战前与战时的预测差距较大，协同计划很难全盘实施，而要采取临时协同方式，又因信息传输的时效性、安全性、保密性和可靠性差等原因无法高效达成。因此，协同问题一直是指挥员亟待解决的一个难题。数据链的诞生为从根本上解决协同难题奠定了坚实的技术基础。

一般来说，数据链可提供两种协同模式：一种是共享战场态势的协同模式，它使各个作战分系统的情报侦察系统相互联网，实现信息自由交互的自适应协同，各个作战分系统中的武器平台可根据自身的特长选择作战目标，采取适当的作战行动方式；另一种是一体化的协同模式，即每个作战单元的侦察预警系统不仅相互联网，共享战场态势信息，而且通过信息网络实现战场指挥决策的协同及作战资源的优化，最大限度地发挥各个作战分系统的作战效能。

4. 数据链提高武器打击效果

过去提高主战装备作战能力的主要途径是通过改善装备的物理性能，如增加弹丸的装药量和增加装甲的厚度等方式，数据链的出现将从根本上改变主战装备战斗力的跃升方式。主战装备通过将信息化、智能化作战平台上众多的作战分系统链接起来，提高了主战平台的态势感知能力、信息传输效率、自动控制水平、快速反应能力以及自我防护能力和火力打击效能。

有资料显示，1架装备了Link-16数据链的英国"旋风"战斗机能同时击败4架只装备了语音通信设备的美国空军F-15C战斗机，而在未装数据链之前，由最好的飞行员驾驶1架"旋风"战斗机也只能与1架F-15C战斗机打个平手。美国的"爱国者"反导系统装备数据链后拦截率大增，由海湾战争中不足10%增至伊拉克战争中的40%。因此，所有信息化作战平台加装数据链后，其作战效能都将大幅度跃升。

这一作用从美军数据链应用发展情况也有清晰展现：

● 1991 年，海湾战争是美军第一场以精确打击为主要作战手段的信息化战争，但使用的数据链装备还比较少，尚未形成由打击武器、航空侦察监视、天基信息系统和指挥控制中心组成的网络体系。战斗行动仅表现在打击平台的单打独斗，部队和武器平台的作战效能未能得到充分发挥。

● 1999 年，科索沃战争中美军正式开始了数据链的应用，并初步形成了战术数字信息链网络结构，作战效果有了明显的提高。E-3、E-8 和 F-15E 等少数飞机改装了 Link-16 数据链，开始使用数据链网络进行信息交换（如图 6-4 所示），从目标探测感知到实施打击的过程由海湾战争的数小时（或数天）缩短为 20 分钟。

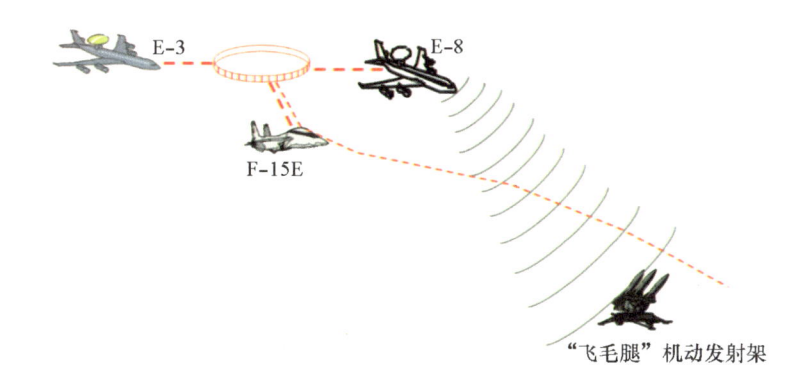

图 6-4　Link-16 在导弹对抗中的作用

● 2001 年，阿富汗战争中美军数据链应用得到了一定程度的推广，战争的信息化特点更加突出。Link-16 数据链的应用范围扩大，除 F-15E、B-2A 等型战机外，F-16、F/A-18E/F、B-52 和 B-1B 等部分战机也改装了 Link-16 数据链，其数据链网络系统有了较大的发展。数据链的使用保证了攻击的实时性，使目标打击周期缩短为 10 分钟之内，同时可有效打击临时出现的目标（这类目标占所攻击目标总数的 80%）。

● 2002 年，伊拉克战争中美军以数据链为基础的网络中心战技术趋于成熟，战争的信息化程度发生了根本性的变化，战场变成了对美军单向透明的战场。美空军的大部分 F-15E 攻击机和 F-16 战斗机都完成了 Link-16 数据链的改装，形成了由空中、空间侦察监视设施和地面指挥中心组成的网络体系。这时，数据链网络系统能够近实时（十秒级）地为各参战单元提供一致的战场态势信息、传输交战指令、连续准确地指示要打击的目标，战机一次攻击任务所攻击目标的数量大大增加了，如 F-15E 攻击机 1 个飞行架次可攻击多达 9 个目标。美国空军自称，战争中，空中力量所打击的目标约有 150 个是临时出现的紧急目标，主要是地空导弹、防空雷达等，美国空中力量均能予以有效打击。

6.2 典型体制

6.2.1 Link-16 数据链

Link-16 被美军称为战术数字信息链 J（TADIL-J），是美国国防部于 1994 年确定的指挥、控制、通信与情报（command, control, communication and intelligence, C^3I）系统的主要数据链，能在战时作为武器系统数据链。Link-16 是为支持现代战争而研制的，是为满足信息化条件下陆、海、空、天的联合作战和精确打击而开发的。与 Link-11（TADIL-A、TADIL-B）和 Link-4 数据链相比，Link-16 具有数据吞吐率高、抗干扰能力强、保密性高、设备体积小等优点。Link-16 数据链集通信、相对导航、网内识别于一身，可以完成 C^3I 系统成员间的战术信息分发、产生实时战场态势、传递指控命令等任务，实现战术信息资源共享和战场参战单元之间协同的目的。Link-16 与 Link-22、CDL 等数据链相互弥补，可以提高超视距战术数据的交换能力，极大地提高参战单元的协同能力。

Link-16 是面向比特的定制网络，需要根据作战任务的不同来定义具体的传输参数、消息格式和操作规程。美军和北约组织目前广泛使用的 Link-16 标准体系，包括了信道传输技术特性、战术数据交换和标准使用规程等。该标准体系有效地支持了战术系统间信息的格式化传送和操作，其突出的特点是：适应现代化战争联合作战的需要；功能领域覆盖了海、陆、空、天多种类型作战任务的需求；利用 J 系列消息和数据元素实现互操作性；能够实现与其他战术数据链的转接等。

Link-16 支持机载作战、防空/飞机作战、防空/地空导弹作战、空中侦察/监视、空域管制、空中打击/封锁、反潜、近空支援、火力支援、陆上作战、搜索与救援、岸舰移动共 12 种现代战争的战术行动。实际上，随着武器系统的发展、军事思想的演变、作战样式的变化，Link-16 还可能支持更多种类的作战需求。

Link-16 在多军种联合作战中，已初步达到使军种的配合接近无缝化，它承担以下两项重要的战术任务：

● 前沿地区数据链：主要担负飞机、军舰、潜艇、地面防空系统等机动武器和指挥控制机构、对空的地面接口终端等之间的战术数字信息数据的互联、互通、互操作，是解决作战前线海陆空军机动武器间在战术行动中无缝链接、配合的手段。

● 战术管理和任务控制：作为解决美国海、陆、空军多种机动指挥系统间和指挥系统与不同隶属关系（盟国）机动武器间的无缝的战术管理与控制的手段。

Link-16 系统采用无节点的同步 TDMA 网络接入方式，网络体系结构的基本单元是由许多用户共享的单一通信回路或时分网。Link-16 使用联合战术信息分发系统（joint tactical information distribution system，JTIDS）作为通信组件（在北约各国 MIDS 是 JTIDS 的同义语），JTIDS 以时隙为单位分配给网内成员，所有成员具有统一的系统时钟，每个成员在规定的时隙内发送本站的战术情报信息，整个通信网络就像一个巨大的环状信息"池"，如图 6-5 所示，所有的网内用户都将自己的信息投放到信息"池"中，也可以从信息

"池"中取得自己需要的信息。通过多网技术的应用,该系统可容纳成百上千个成员。

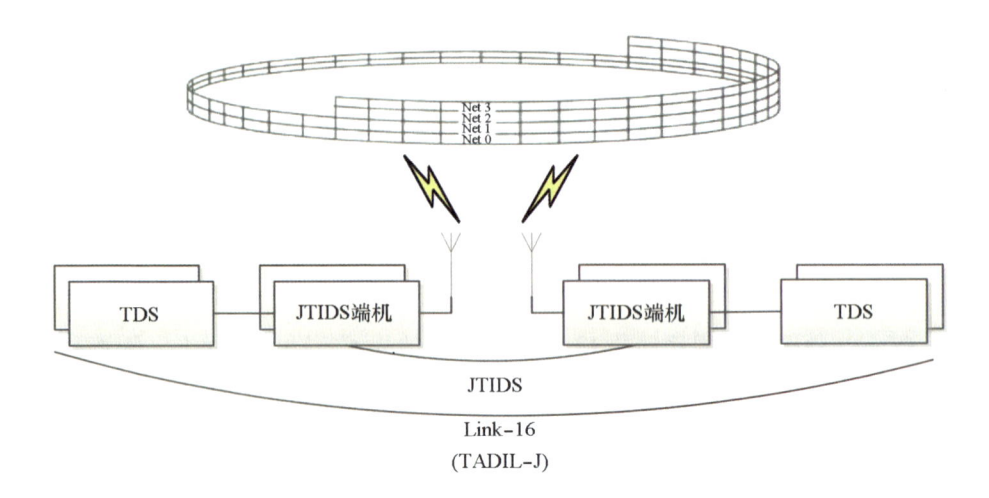

图 6-5　通过使用 JTIDS 端机的 Link-16 可以实现战术数据的共享

由于采用快速跳频和直扩、信道纠错编码、多重加密措施,Link-16 的通信功能具有容量大、抗毁性强、抗干扰和保密的特点。其导航功能是通过接收已定位成员的位置报告和测量信号到达时间来完成的,定位信息和精密的测距信息可用于对惯导做进一步的校正,从而实现精确的导航功能,导航功能也具有与通信功能一样的抗干扰、抗毁能力。

6.2.2　Link-22 数据链

Link-22 是为了满足作战需求,在战术数据系统间(包括作战人员)交换战术数据及必要的网络管理数据的通信链路。它在 HF(3~30 兆赫)或 UHF(225~400 兆赫)频段采用定频或跳频技术。采用 TDMA 或动态时分多址(DTDMA),可提供更高的灵活性并减少网管附加操作。Link-22 可以使四个网同时工作,组成超级网络,从而使任一参与者在任何网络都能与其他参与者通信。

这种数据链的消息标准共分为九个功能域:系统信息交换和网络管理,

参与者定位和识别（position location and identification，PLI）消息，空中监视，水上监视，水下监视，地面监视，电子战（包括电子监视）、情报、使命管理，武器协同管理，消息管理。大部分的任务都需要采用其中七个功能域。

Link-22 共有九类消息：

● 系统信息交换和网络管理消息。

● PLI 消息：包括间接 PLI 消息、空中 PLI 消息、水上 PLI 消息、水下 PLI 消息、地面点 PLI 消息、地面航迹 PLI 消息六种。

● 监视消息：包括参考点/线/面消息、紧急情况点消息、空中航迹消息、水上航迹消息、水下航迹消息、ASW 扩展消息、地面航迹/点消息、空间航迹消息、声学定位/范围消息九种。

● 电子战消息：包括电子战报告消息、电子战控制/协同消息、电子战紧急情况消息三种。

● 情报信息消息。

● 信息管理消息：包括航迹管理消息、数据更新需求消息、相关性消息、指示符消息、航迹标识消息、IFF/SIF 管理消息、过滤管理消息、关联消息、任务相关器消息九种。

● 威胁警告消息。

● 武器协同和管理消息：包括指挥消息、紧急情况状态消息、移交消息、控制单元报告消息、配对消息五种。

● 平台和系统状态消息：包括飞机场状态消息、空中平台和系统状态消息、水面平台和系统状态消息、水下平台和系统状态消息、地面平台和系统状态消息五种。

6.2.3 可变消息格式标准

可变消息格式（variable message format，VMF）标准是美军用于数字化战场的重要标准之一，是美国国防部强制要求执行的战术数据链消息格式。VMF 是美军为了加强其部署在世界各地的部队之间通信的协同性而建立的信息交换标准，它主要用于数字入网设备与战术广播系统之间交换火力支援信息，被美国陆军指定为战场数字化互操作性和带宽问题的解决方案。美军大多数陆军和陆战队系统都将使用 VMF 标准进行系统内部和外部的数据交换。目前，VMF 已经扩展应用到美国陆军各个作战功能领域，包括机动、火力支援、后勤、航空兵、情报和电子战等。

VMF 标准制定了指挥官、作战人员及服务保障人员发送命令所使用的信息格式，它通常采用面向比特的方法进行信息编码（也兼容面向字符信息编码），从而提供简单、准确的信息格式，可以提高信息传输的效率并节省计算机上的存储空间。VMF 标准包括的功能领域有陆战、战斗服务支援、火力支援、情报、海上作战、空中作战和特种作战等。VMF 的消息标准即是 MIL-STD-6017C，相关的标准有数据链路层通信协议 MIL-STD-188-220C 和基于无连接用户数据报协议（user datagram protocol，UDP）的应用层协议 MIL-STD-2045-47001C。VMF 正在逐渐替代美军其他种类的消息交换格式。

VMF 经历了较长的发展过程，已进入了比较成熟的阶段。VMF 起源于 TADIL-J 系列消息。最初 TADIL-J 系列消息由固定消息格式（fixed message formate，FMF）和 VMF 两部分组成，其中 VMF 部分只有陆军使用。后来，VMF 部分从 TADIL-J 系列消息中独立出来，成为 K 系列。VMF 使用越来越广，常称 JVMF。

VMF 标准常用于通信带宽受限的系统（例如无线战斗网）间的信息传送。另外，VMF 采用与传输媒介无关的通信协议。美国陆军最早装备 VMF 是在 1997 年，从 2000 年开始在陆军第一数字化师装备 VMF 数据链。

VMF 消息是按功能域分类的（如图 6-6 所示）。VMF 共有 11 个功能域，分别是网络控制功能域、一般信息交换功能域、火力支援作战功能域、空中作战功能域、情报作战功能域、陆上战斗作战功能域、海上作战功能域、战斗服务支持功能域、特种作战功能域、联合特遣部队作战控制功能域、防空/空域管制功能域。

从理论上讲，VMF 是一种比特型的可变长的消息格式，所以 VMF 是目前

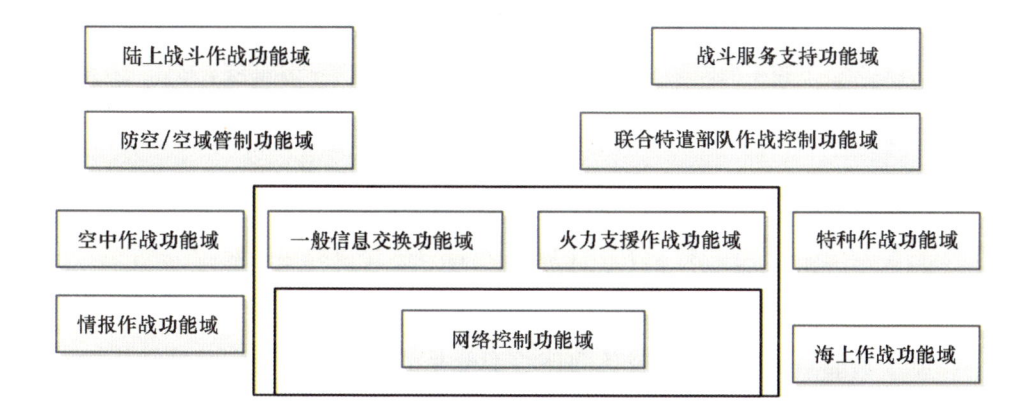

图 6-6　VMF 功能域体系结构

所使用的平均长度最短的一种消息表述格式。不仅如此，这种消息格式表述严谨、规范，且引入了组的概念，组可以重复、多重嵌套，很适合描述复杂的格式化、代码化的消息。VMF 所使用的数据字段中的数据，大多使用数字化、代码化的数据项，非常适合计算机处理。它很适用于速率较低的无线通信平台的移动作战指挥单元间的信息交互，以提供灵活高效的编码机制。

比特型、可变长的特点决定了 VMF 在描述一份消息时所形成的消息的长度是很短的。例如：对同一内容的态势信息，用 VMF 表示的消息长度为 71 字节，对该消息使用 ZIP 压缩后的长度为 10 字节；而使用可扩展标记语言表示的消息长度为 1 500 字节，对该消息使用 ZIP 压缩后的长度为 580 字节。

在战术互联网中，信道上传输最多的消息为位置报告消息，描述一个作战单元的位置等其他属性（如方向、速度、高程、时间等）的消息长度在 10~18 字节，一个位置报告的 VMF 消息最多可同时容纳 64 个作战单元的信息，其最大长度大约为 1 200 字节，而常用的指挥短信消息一般仅有 2~10 字节。总之，VMF 消息长度通常在 10~80 字节。此外，还应考虑 16~26 字节报头的长度。

以火力支援作战功能域为例，其消息的正文长度小至 3~5 字节，大至 286 字节（火力目标数据消息中有一个最大可达 200 字节的注释字段），通常为 20~60 字节。

6.3 设备

6.3.1 装备组成

基于功能划分，数据链装备的核心部分是战术数据系统和数据链终端设备。其中，数据链终端设备是系统中独立的功能部分，而战术数据系统则多是以计算机的身份出现。以战术数据系统和数据链终端设备为基础，数据链系统的主要装备还应该包括信道传输设备、安全保密设备和网络管理与测试设备。在多数据链共同工作于一个网络时，还应该有数据链转换设备，如 Link－16 中的指挥、控制处理器。

按软件、硬件划分，数据链系统装备的软件部分实际上是一套协议规范，它对战术数据链的传输方式、传输的信息格式、各节点间的组网方式、使用的硬件规格等进行了具体规定，而硬件部分是依照数据链协议规范来具体实现信息的交换。因此，不同的制造厂商可以有不同的硬件设计，制造出相容于相同数据链规范协议的不同数据链终端组件。如美海军的舰载 Link－11 终端就有 AN/USQ－74、AN/USQ－83、AN/USQ－120 和 AN/USQ－125 等多种型号，依实际需要选择安装在不同的舰艇上。在工程实现上，数据链系统装备的综合化和一体化特点是非常突出的，或者说在很多场合下装备是以系统来体现的。

6.3.2 终端设备

1. JTIDS/MIDS 终端

1974 年美军成立 JTIDS 联合办公室，正式启动 JTIDS 项目，同年开始了 JTIDS 1 类终端的研制。20 世纪 80 年代初开始研制 JTIDS 的 2 类终端，与

JTIDS 的 1 类终端相比，它采用了新一代电子技术，不仅以减小体积质量为目标，同时还包含了一些 JTIDS 1 类终端机所没有的特性，比如有相对导航功能、更高的数据率，能使用 TADIL-J 和 LJMS 两种消息标准。

然而在 JTIDS 2 类终端机的发展过程中遇到了价格偏高、体积仍偏大，以及兼容等方面的问题，为此，1986 年美国开始研制 JTIDS 2H 和 2M 类终端。2H 类终端主要用于海军，2M 类终端主要用于陆军防空系统。为了使 JTIDS 成为各战术 C^3I 系统主要的数据传输通道，必须在数量与种类众多的小型战术平台上普遍装备 JTIDS 2 类终端，但目前的 2M、2H 类终端对一些现役或即将服役的战术飞机来说仍太大、太重，且对欧洲国家来说价格也太贵。

自 1987 年起，美国、法国、德国、意大利和西班牙五国开始联合研制新一代 JTIDS 终端——MIDS。MIDS 是在 JTIDS 2 类终端的基础上进行研制的，比以前的终端更小、更轻。它能够在空间有限的平台上安装，如 F/A-18 飞机。MIDS 降低了成本，提高了可靠性，并具有新的 Link-16 能力——多国家和多平台互通能力。它与早期的 Link-16 系统、JTIDS 系统完全互通。MIDS 终端包括三类：MIDS LVT（MIDS 小体积终端）、MIDS LVT（2）终端、MIDS FDL 终端（MIDS 战斗机数据链终端）。

2. CDL 终端

CDL 系统装备通常包括的部件有：与飞机传感器和控制系统的接口，机载调制解调器（Modem）和射频（radio frequency，RF）子系统，地/海面平台数据链处理、Modem 和 RF 子系统，与地/海面平台上的数据用户的接口。需要传感器数据的用户（在地/海面平台上）通过上行链路信道和下行链路内信道与飞机连接。上行链路或命令链路是到飞机的链路，而下行链路或返回链路是从飞机到地/海面平台的链路。

CDL 共定义了五种类型的链路，分别适用于视距或经由中继进行超视距的不同平台的数据传输。这五种类型的数据链见表 6-1。

表 6-1　CDL 定义的五种类型的数据链

类别	名称	速度	适用范围
Ⅰ类	通用数据链路（CDL）	10.71 Mbit/s	陆基基地与马赫数 2.3 以下、高度 80 000 英尺以下的空中飞行平台
Ⅱ类	高级通用数据链路（A-CDL）	21.42 Mbit/s	同上，空中飞行平台马赫数 5 以下、高度 150 000 英尺以下
Ⅲ类	多平台通用数据链路（MP-CDL）	44.73 Mbit/s	同上，空中飞行平台马赫数 5 以下、高度 500 000 英尺以下
Ⅳ类	扩展到卫星通信的通用数据链路（SE-CDL）	137.088 Mbit/s	轨道高度 750 海里以下的卫星
Ⅴ类		274.176 Mbit/s	轨道高度更高的中继卫星

注：1 英尺 = 0.304 8 m，1 海里 = 1.852 km。

3. 战术通用数据链终端

Harris/BAE 系统公司研制的战术通用数据链（tactical common data link，TCDL）适合于情报收集任务，执行这种任务时，需要快速传送大量数据。美军"影子 200"无人机、"掠夺者"无人机和"猎人"无人机，以及海军的轻型机载多用途系统均采用它们的产品。

最初设计战术通用数据链路是针对战术无人机的，例如"掠夺者"和"前驱"。后来战术通用数据链路的设计扩展到了其他有人和无人驾驶机载侦察平台，例如 E-8、海军 P-3 飞机、陆军低空机载侦察系统及陆军"影子 200"无人机等。

6.3.3　转换设备

自引入 Link-16 数据链以来，所有的操作都是多链路操作，各个参与单元在 Link-4A、Link-11/11B、Link-16 和 Link-22 等多种数据链的各种组合上进行操作。同时，由于技术原因和作战对象的不同，没有一种数据链能够满足所有作战要求，多种数据链并存是一种必然。多战术数据链操作不仅存在于多军种联合行动中，单一军种也存在多链路操作的情况。利用多链路操作，装备各种链路设备的各个单元就可以彼此交换战场感知数据而获得单一的通用作战态势图，从而实现多军种的协同作战。

多战术数据链接口可以提供有关空间、空中、地面、水下以及水下轨迹信息的连续交换。此外，也可以进行友方信息、武器状态信息、交战信息以及其他战术信息的交换，以取得系统监视下的整个作战区域的战术态势图。

多战术数据链接口由接口单元、数据链路以及话音协调网三部分组成。其中接口单元是一种通过数据链路与一个或多个其他接口单元连接的战术数据系统。根据其实现的通信功能，可将其分为三类：一类是直接在某条数据链上通信的参与单元，如直接在 Link–16 上通信的 JTIDS/MIDS 单元、直接在 Link–11 通信的参与单元、直接在 Link–11B 上通信的报告单元等；一类是在不同链路间转发数据、具有转发功能的转发单元，如在 Link–16 和 Link–11/11B 之间转发数据的 JTIDS/MIDS 转发单元、在 Link–11 和一个或多个报告单元之间转发数据的转发参与单元等；还有一类是并行接口单元，可同时在一条以上战术数据链（如 Link–16 和 Link–11）上发送数据但并不在数据链之间转发数据的接口单元。

多数据链的基本接口由 Link–11、Link–11B 和 Link–16 组成。基本接口利用数据链之间的数据转发能够在参与接口的所有接口单元之间全面、详细地交换战术信息与命令。目前在用的多战术数据链的扩展接口包括 Link–4A、IJMS、ATDL–1、VMF、Link–1、Link–14 和 Link–22。

第7章
最低限度应急通信

通信设施是国家最重要的基础设施之一，军事通信设施更是维系国家安全的保障。因此，一个国家的通信系统不仅要能经受常规战争的考验，还要在核战争条件下，在遭到敌国的高烈度核打击之后，也拥有能生存下来的通信手段，提供最低限度的通信能力，以便指挥和控制国家的战略打击力量并及时给予有力的反击。

7.1 概述

7.1.1 定义

应急通信系统是应付紧急情况用的通信系统。在军事上，"急"指的是"在最险恶的战争环境下，特别是在遭受核袭击之后，指挥所常规的各种通信手段均被敌方摧毁，面临通信中断的紧急时刻"。这时用来保证最低限度通信联络的系统，才算是应急通信系统。最低限度应急通信是指在敌方高烈度（特别是核武器）打击下仍能生存下来的最低限度的战略通信手段。例如，美国的最低限度基本应急通信网（minimum essential emergency communication network，MEECN）就是这种性质的战略通信设施。

7.1.2 具备的主要能力

核爆炸损害、破坏通信系统工作的主要因素可分为硬损伤与软损伤两类。其中硬损伤表现为：核爆炸产生的冲击波、光辐射、核辐射等效应造成的物理损害，它的破坏力极大，会损坏甚至摧毁通信设备及有关设施；核爆炸产生的核电磁脉冲（nuclear electromagnetic pulse，NEMP），特别是30千米高空核爆炸产生的NEMP，其场强高达5万伏/米，波及范围很大，它感应出的大电流（电压）能直接损害或破坏通信设备。软损伤表现为：上述核爆炸效应引起大气异常电离，从而对无线电波传播造成不利乃至破坏性的影响，它会干扰甚至中断无线电通信，使之不能正常工作或完全不能工作。

针对核爆炸损坏、破坏通信系统工作的这些因素，应急通信必须具备以下主要能力：

必须具备很强的抗摧毁能力。为了对付敌人的"硬摧毁"，应急通信系统应比常规通信系统具有更强的抗毁能力（包括NEMP防护能力）；平时可设于地下深处或核爆掩体内等安全处，一旦常规通信手段被摧毁后，能立即应急启用，及时保障最低限度的通信联络。

必须具备很强的抗干扰能力。为了对付敌人的"软杀伤"，应急通信系统应该在敌方施放高空核爆、产生复杂电磁干扰的情况下，采取良好的屏蔽、隔离措施，或采用受核爆影响小的工作频段、传输方式等途径，保持通信联络。

必须具备很强的通信安全能力。应急通信系统是在常规通信手段均被摧毁的紧急时刻才启用的通信手段，担负着为统帅部传送最紧迫信息的重要使命，因此安全可靠是至关重要的。要确保安全可靠，应急通信系统应具有信息抗截获能力强、信息传输可靠性高、呼损率和故障率低等特性。

7.1.3 应付核爆炸损伤的方法

一般应付核爆炸对通信系统硬、软损伤的方法有如下几种：

- 通信系统的抗毁加固、分散或隐蔽，例如将通信台站设在地下深处。
- 采取 NEMP 的防护加固，常用的方法是良好的屏蔽、隔离与接地。
- 采用电波传播受核爆炸影响小的工作频段、传输方式或传播途径，例如使用 EHF 频段、散射方式或地波传播。

能工作于核战环境中的非常规通信手段、方式，称为最低限度应急通信方式，通常有低频地波应急通信、机载指挥所通信、流星余迹通信、地下通信、对流层散射通信、EHF 频段卫星通信、对潜 VLF/SLF 通信等。

7.2 低频地波应急通信

低频无线电波是频率为 30～300 千赫（波长 1 000～10 000 米）的电磁波，它的特点是紧贴地球表面传播，具有传输距离远及信号稳定可靠的突出优点。特别是相比于频率较高的射频信号或经过电离层反射传输的电波，低频地波受高空核爆产生的核电磁脉冲的影响要小得多。利用这一特点，再附加其他一些防范措施，便构成了低频地波应急通信系统。如果采用多点中继的方式，众多的中继节点（站点）就可以组成覆盖全国的地波通信网。该网络由大纵深且数量庞大的无人中继站和单收站组成，极大地提高了物理抗毁性。此外，该网络采用了分组交换技术，传输的数据分组报文能绕过被毁的和不能工作的中继站，重组路由传往目的地，使得系统的抗毁性能得到进一步提升。

低频地波应急通信系统具有在核战条件下顽强生存的能力，以及信号传播基本不受核爆炸影响的特点，是应付高烈度热核战争的一种基本的应急通信手段。但这种系统有设备比较庞大和通信容量较小的缺点，因此只适于传递一些简短的信息。

7.2.1 基本原理

低频电波波长很长，当架设于地面上的天线的高度比波长小很多时，电波的最大辐射方向就沿着地球的表面，形成紧挨着地面传播的地波，即低频地波。当波的波长与障碍物的尺度相比越大，波的绕射能力越强。和波长较短的中波、短波、超短波相比，低频地波的波长较长，它能绕过地球凸起部分传到更远的地方。

根据电磁场理论，电波的传播中电场的水平分量会在地面引起较大的传导电流、增加功率损失，故为了使地波的传播效率高，一般采用垂直极化波（天线用垂直极化天线）。同时电波波长越长，地面的吸收越小，故地波传播适合用长波作远距离通信。

地波传播受到衰减的原因除了能量扩散引起的自然衰减外，还有球形地面引起的绕射衰减和半导体地面引起的吸收衰减。全面考虑所有因素对地波传播的损耗进行计算是相当复杂的，在实际设计与考虑问题时，一般可利用相关部门给出的测量与计算的曲线来完成。

实际上，地波传播经过的地面性质一般是有变化即非均匀的。比如，先在陆地上传播，然后经过海面，而后又在另一陆地上传播等。电波在不同性质的地面上传播的理论分析和实验结果表明：只有邻近发射天线和接收天线的地区，才对地波的吸收起决定性的作用，而线路的中间部分对地波的吸收作用甚微。因此，为了提高电波的传播效率，在选择通信站址时应考虑附近地面的导电情况，必要时可采取改良地面电导率的措施，如埋设地网等。

7.2.2 典型系统

美军 20 世纪 80 年代研制和建设的地波应急通信网（ground wave emergency network，GWEN）就是一个典型的地波应急通信系统。它由大量抗核电磁脉冲加固的分布在全美大陆的低频无人值守中继节点组成，能把国家最高指挥当局与主要军事指挥中心及早期预警机构连接在一起，保障战时军队应急通信。它是美国战略通信中一种不可缺少的基本手段，是美国核战应急通信中最重要的方式之一，也是美国 MEECN 的一个重要组成部分。该系统主要采取了以下三种抗毁措施：采用受核爆炸效应影响极小的低频地波传播方式；网络节点分散配置，敌方难以完全摧毁；使用分组交换技术，实现了短分组的多路由传输。采取以上措施后，预计美国在受到核攻击期间和核攻击之后，该网即使部分被毁，也仍能保证国家最高指挥当局与核部队的远程战略联系。

GWEN 于 20 世纪 90 年代开始交付使用，工作在低频地波传播频段（150～175千赫，波长为 714～2 000 米）。其设计要求是在经受核打击之后仍能为国家最高指挥当局传达执行核反击或停止反击的命令。在美国战略部队指挥部等高层次战略指挥部门内都配置 GWEN 的输入/输出站，通过 UHF 视距通信与 GWEN 中继节点连通。由于 GWEN 对美国本土大面积和强烈的电磁辐射，自使用后一直遭到美国公众的广泛质疑，考虑到 EHF 卫星通信的日益成熟，美计划在今后逐步用 EHF 卫星通信代替 GWEN。但鉴于 GWEN 所采用的技术相对简单和可靠，在相当时间内它的作用仍不可忽视。

7.3　机载指挥所通信

　　设置于地面上的通信设施比较容易受到物理摧毁和电磁破坏，人们自然想到将国家的战略指挥所移载于飞机平台上，成为机载指挥所，以躲避核攻击的损坏。这种机载指挥平台能在接到核弹预警后迅速升空，机上装载着各种频段的收发信设备及天线阵列，并采取抗 NEMP 的防护加固，可以有效抵抗核爆破坏。多架飞机可组成空中通信网络，相互之间可建立交互链路，并可同地面、空中、海面和水下武器单元中继或指挥通信。缺点是完全暴露在空中，抗空中拦截能力较差，对制空权的依赖性较大。早在 20 世纪 60 年代，美国就用 EC-135 型飞机作为国家军事指挥所,现如今已建成以 E-4B 机型为平台的国家紧急空中指挥所(national emergency airborne command post, NEACP)通信系统,以及用 EC-135 机型作为平台,供美战略空军司令部在核战时使用的核攻击后指挥与控制系统(post attack command and control system, PACCS)/全球国家空中指挥所(worldwide airborne national command post, WWABNCP)通信系统。

7.3.1 NEACP 通信系统

NEACP 是美国全球军事指挥控制系统(worldwide military command and control system, WWMCCS)中国家军事指挥系统的三大指挥中心之一,同时又是 WWMCCS 中的 MEECN 的首要组成部分。其主要任务是在美国本土遭受核攻击期间和核攻击后,供国家指挥当局登机,在空中实施对美国战略核部队的指挥控制,组织核反击。

早在 20 世纪 60 年代,美国就用 EC-135 客机作为国家军事指挥所。但由于 EC-135 客舱空间较小、续航时间短、通信能力差,且无抗核电磁脉冲危害能力等,美国国防部为了提高国家军事指挥系统在核战时和常规战争中的抗毁能力,于 1974 年 12 月决定建立 NEACP,利用"波音 747"飞机改装成为现在使用的 E-4B 型 NEACP 飞机。

E-4B 型 NEACP 与设在华盛顿近郊的国防部五角大楼中的"地面"国家军事指挥中心以及设在马里兰州里奇堡的"地下"国家备用军事指挥中心不同,其是升空机动的,能避免直接破坏,并且其通信系统经过了核加固,可防核爆炸所产生的电磁脉冲干扰。

E-4B 型 NEACP 飞机是美国最大型的机载指挥所飞机,机上配备了大量通信电子设备。E-4B 型飞机机舱内共有 13 种通信系统,其工作频率从 VLF 的 17 千赫至 SHF 的 8.4 吉赫(后又扩展到 44 吉赫)。凭借机上完善的通信系统,E-4B 可以与潜艇、飞机、卫星以及地面各种通信系统进行保密、抗干扰的话音、电传和数据通信。同时,它也能进入民用电话网和广播网。机上有 50 多副天线，其中通信天线有 30 多副。

E-4B 型飞机的通信分系统由四个主要部分组成：

SHF 卫星通信分系统。早期的 E-4B 型飞机上安装的卫星通信设备是 AN/ASC-24 型 SHF 卫星通信终端，通信对象是国防卫星通信系统，其发射功率为 11 千瓦，使用 0.9 米直径的抛物面天线，SHF 天线安装在机背的整流罩内。

UHF 卫星通信终端。AN/ASC-21（V）型卫星终端是 E-4B 型飞机上另一个关键的卫星通信设备。通过本系统，国家指挥当局可直接以电传方式与主要指挥官和战略部队通信。该终端发射功率专门加大到超过 1 千瓦，特别符合战时卫星通信上行链路的使用要求。该终端能与多个卫星同时工作，可同时监控 10 个窄带 FSK 接收频道，可在 3 个窄带 FSK 频道上发送电文，还可在 2 个宽带 FSK 频道上发射与接收信号。此外，它也可通过使用标准 FSK 调制的 UHF 无线电频道提供速率为 75 比特/秒或 100 字节/分的双向记录通信（电传）。

UHF/FDM 视距空-空、空-地通信分系统。除依靠卫星外，机上通信系统的真正主干是视距空-空、空-地 UHF/FDM 通信分系统，其设备型号为 AN/ARC-89（V）。它由 6 部 1 千瓦发射机、7 部接收机和有关的天线组成，可提供 75 路独立的话音和数据信道。这些信道可以以任意组合方式同时工作，进行空-空或空-地通信。该系统还与 NEACP 飞机上的机内通信系统相连，实现加密的或不加密的电传、数据和话音交换。AN/ARC-89（V）的工作频段是 225~399.95 兆赫，波道间隔 50 千赫，调制方式为幅度调制（amplitude modulation，AM）或频率调制（frequency modulation，FM），发射功率 FM 1 000 瓦或 AM 250 瓦。

VLF/LF 通信分系统。AN/AR-183 VLF/LF 通信系统工作在 17~60 千赫频段，由 1 部发射机和 4 部接收机组成。其发射功率达 200 千瓦，发射机的输出送给 2 根极长的半波长线天线。天线安装在机身下面尾部，由绞盘机构施放和回收。天线的长短随当时工作波长而变，变化范围为 1~8 千米，4 部接收机共用一副环形接收天线，它们预先调谐到某些规定的频率上，处于值班监听状态。这套大功率 VLF/LF 通信系统与海军 TACAMO 对潜通信中继飞机上所用的 VLF/LF 通信系统相似。这套系统使 E-4B 型 NEACP 能与其他军事指挥部门，包括 TACAMO 中继飞机和战略空军司令部的 EC-135 空中指挥所飞机之间，建立远程的抗核电磁脉冲和抗干扰的通信链路。通过新增加的两副 VLF 天线，NEACP 还可直接向战略核潜艇发送紧急文电。

E-4B 型飞机的各种频段通信设备均比正常条件下的标准系统具有更强的发射功率，并采用了最新的抗干扰手段。为提高通信系统的可靠性和抗毁性，各种设备均进行了核加固，同时主要设备均有热备份。

7.3.2 PACCS/WWABNCP 通信系统

为了确保美国在遭受核攻击期间和核攻击之后能继续指挥控制战略空军司令部所属的核部队，使美国的核力量不致因遭到第一次打击而瘫痪，美战略空军司令部拥有设在多架 EC-135 飞机上的 PACCS 和 WWABNCP 通信系统。PACCS 的任务是在美国本土上空担任核攻击警戒任务；WWABNCP 则是美战略空军为各驻海外联合司令部（大西洋总部、太平洋总部和驻欧洲总部）配备的相应系统。

美国空军共拥有 PACCS/WWABNCP 用 EC-135 飞机数十架。这些飞机按任务不同可分为两大类型：一类作空中指挥所用；另一类作空中发射控制中心/空中转信飞机用。战略空军司令部的 EC-135 飞机上通常有 24~27 名乘员，其中包括通信组 7 名，机上由 1 名上将级军官统一指挥。担任空中转信的 EC-135 飞机，其通信组包括 2 名系统操作员和 2 名航空电子设备维修技师。EC-135 飞机上的参谋人员，可通过机上无线电发射控制系统直接发射布置在地面的"民兵"式导弹。PACCS/WWABNCP 是美国 MEECN 的重要组成部分。

战略空军司令部的 PACCS/WWABNCP EC-135 飞机是一种机载战略指挥、控制与通信网络，它在战略空军司令部的地下指挥中心、备用指挥所或陆基通信系统被破坏时，仍能从空中指挥控制战略空军司令部所属的战略轰炸机和洲际弹道导弹。在平时或战时，EC-135 飞机都要与国家军事指挥中心、战略空军司令部地下指挥中心及备用指挥所、战略空军司令部的战备值班部队、空军卫星通信系统以及其他军事力量取得联系。因此，EC-135 飞机配备了包括 VLF、LF、HF、VHF、UHF、SHF 和 EHF 等频段的通信设备。通信系统主要的组成部分有：机内通话与音频交换系统、HF 通信联络无线电系统、UHF 远程通信系统、UHF 指挥无线电系统、UHF-AM 指挥无线电系统、VHF-FM 无线电话系统、多路传输系统、电子交换系统、广播接收机系统、保密话音系统、保密数据系统、LF 无线电系统、空中发射控制中心、高空辐射探测系统、机载设备性能监控系统、音频放大器、UHF 数字数据卫星通信系统、自动数据处理系统、SHF/EHF 卫星通信系统。

7.4　流星余迹通信

7.4.1　通信原理

流星微粒和空气分子猛烈碰撞导致空气急剧电离，在 80～120 千米的高空中留下一条细而长的电离气体圆柱，称之为流星余迹。它具有一定的电子密度，对于照射到余迹上的某些频段电波具有较强的反射或散射作用，所以可用来进行无线电通信。流星余迹生成后随时间扩散，余迹中的电子密度逐渐下降，直至消失。

• 名词解释

- 流星 -

宇宙空间存在的物质碎片和尘埃数目非常之多，它们与太阳系其他小行星、彗星一样环绕太阳运动。它们一旦进入地球外层空间，受地球强大引力作用，以高达 72 千米/秒的速度向地球运动，即成为流星。

按电子线密度大小，流星余迹被分为过密类余迹和欠密类余迹。过密类余迹持续时间为几秒到十几秒，欠密类余迹持续时间一般小于 1 秒，但欠密类余迹的数量远比过密类多。过密类余迹对无线电信号起反射作用，接收端信号比较强；欠密类余迹大多起散射作用，接收端信号比较弱。适合流星余迹反射和散射的信号频率为 30～60 兆赫。流星余迹电离度很高，足以反射 VHF 无线电波，利用流星电离余迹作为电波传播媒介进行 VHF 散射通信的方式叫作流星余迹通信。由于每个流星电离余迹寿命很短，一个流星的电离余迹消失之后，要等待下一个适用的流星出现，因此这种通信方式是间断的、突发的，又称为流星突发通信。

流星余迹通信的链路控制协议主要解决突发信道上通信链路的连接，控制数据交换过程，并和上层交换信息。1989 年的美国联邦标准 1055 建议描述了流星余迹通信链路控制协议。该建议支持点对点通信、星型网络或一组星型网。标准系统由两种类型站组成，即主站和从站。主站起系统控制及数据中继的作用，网络为星型结构；从站之间的通信通过它们所对应的主站中继，网络同时提供主站之间的链路连接。链路协议支持三种工作方式，即半双工、全双工、广播。从站和主站之间通信方式为半双工方式，主站和主站之间的通信方式为全双工方式。数据以分帧传输，每帧附加 16 比特校验码。当接收端校验数据帧正确时，响应 ACK；否则响应 NCK，发送方自动重发。无论是半双工还是全双工通信都分为探测、链路建立、数据交换三步。

7.4.2 特点及用途

流星余迹通信主要优点是：其不像卫星易受物理攻击，受太阳耀斑的影响较小，在核爆引起电离层扰动时仍能可靠工作；设备体积较小，机动性较强；由于是突发通信，通信的保密性和隐蔽性好，敌方侦察与干扰较困难；由镜面反射原理，其通信距离一跳可达 2 000 千米，通信距离远。此外，流星余迹通信是天然的空分复用通信，每站只用一对频点。不需要自适应选频，且不依赖于动态变化的电离层，从而简化地面的收发设备、射频硬件、天线及网络设计，是一种低成本的远距离通信方式。

主要缺点是：余迹的出现没有规律性，导致信息传输速率较低，通信过程断续，消息传输有延时现象，不适于实时传送信号和通话；对噪声的敏感性高——由于流星的散射，信号衰减比较大，可利用的流星数和接收信噪比直接有关，一般情况下，500千米以上的通信距离要求环境噪声低，而近距离通信一般无问题。

随着微处理机技术、噪声消除、射频滤波及天线等技术的发展，流星余迹通信在性能提升方面还有很大的潜力。根据流星余迹通信的特点，其主要用途如下：

作为远距离、稀路由、低成本的可靠通信方式。流星余迹通信可以覆盖的面积大，作为边远地区和海岛边防的通信手段是很经济的，同时也可作为移动目标如远洋舰船、车辆位置报告和遥测数据收集手段。

应急通信方式。短波通信和卫星通信的可靠性较低，其通信链路容易被敌方破坏，传输质量无法保障。而流星余迹突发通信是一种在受到核爆、强电磁干扰、地震、海啸和极地弧光等电子或物理攻击时的最低限度通信的保障手段，容易建立区域甚至全国性的通信网，也可作为其他通信网的必要补充，因而在军事通信中具有极其重要的特殊地位。

目前，一些发达国家已经建立了用于军事保障的流星余迹通信系统。例如，美国MCC公司已陆续推出了MCC545、MCC520、MCC6560等一系列新型流星余迹通信设备和网络终端，作为卫星通信的必要补充，并广泛用于军事通信、气象预报、自然灾害预警和无人区通信等领域；日本的流星余迹通信设备也已装备海上自卫队，作为全国性的检测系统和特殊情况下的通信保障系统。

7.5 地下通信

地下通信是指收发信设备及其天线全部设置在地下的无线电通信。所谓设置在地下，是指设置于深凿于地下或山体中的坑道（隧道）或地下室之内，通常收发信设备与指挥所设置在一起。地下通信系统隐藏于地下深处的防御工事之内，隐蔽性好，受深厚的岩层保护，不易受敌核爆物理摧毁，十分适合承担核战争条件下的应急通信任务。地下通信的电波传输方式比较特殊，靠电波穿出地层之后，经折射后以地波方式沿地面传播，越过传播地段到达接收地域后，再经折射向下穿透地层到达地下接收天线。其信道特性稳定，传输不受核爆后电离层扰动的影响，信息传输可靠性高，且很难被敌方侦察和干扰。但地下通信也有其最大的弊端，那就是电波经多次穿透岩层衰减后，接收信号十分微弱，给信息的提取带来了很大困难。

7.5.1 在军事中的作用

随着科学技术的飞速发展，现代武器的运行速度、命中精度及摧毁能力都有极大提高，为了适应这种状况，军队的重要设施、各级指挥机关及通信枢纽都已逐步转入山洞或深入地下。但目前无线通信枢纽的多副大天线、卫星地面站的大型抛物面天线仍需架设在防御工事之外，这样既不隐蔽，又很容易被火力摧毁。埋地电缆虽然抗毁能力较强，但不可能将整段线路都进行深埋。只要一处被炸断，整条路线都将要中断，而且很难修复，因此不是十分可靠。尤其在高烈度战争，如核战争条件下，暴露于地面上的通信设施更易遭到破坏。提高通信系统抗毁能力的方法多种多样。其中，地下通信系统正是适合承担此重任的应急通信手段。这是因为地下通信系统的收发信设备及其天线全部和指挥机关一起设置在坑道之内，依靠电波穿透地层来传递信息，即使防护门全部关闭也不影响通信。

7.5.2 模式

在地下通信系统中，由于天线架设在地下，电磁波需要经过地层传播，这就涉及电磁波在半导电媒质中传播等一系列问题。根据电波传播路径的不同，地下通信可分为以下三种模式。

1. "透过岩层"模式

"透过岩层"模式是利用电波透过位于覆盖层以下的低电导率岩层来传递信息的。采用这种模式需要打几百米以上深度的竖井，将发信和接收天线置入低电导率岩层中。为了降低电波的衰减，需使用较低的频率，通常使用 VLF 或 LF。这种模式的通信距离较近，当采用一二百瓦的发信功率时，通信距离一般只有几千米。

2. "地下波导"模式

覆盖层为高电导率，覆盖层以下为低电导率岩层，随着深度的继续增大，地温不断升高使得岩层的电导率开始升高，位于地面 20~30 千米以下区域为高电导率区域，这个区域与电离层相似能反射电磁波，故称为倒电离层或热电离层。电波可在覆盖层下缘与热电离层上缘之间来回反射进行远距离传播。这种传播模式称作"地下波导"模式，其通信距离可达 1 000~2 000 千米，但这种模式目前尚处于理论探索阶段。

3. "上—越—下"模式

采用这种模式时，天线应水平架设在坑道之内，电波自天线发射出来首先向上穿越地层，然后经折射沿地面传播，到达接收地域后再经折射向下透入地层到达接收天线。其工作频率通常选在中波或长波频段。频率过高则电波衰减过大；频率过低则天线效率太低且天电干扰过大。采用这种模式，中小功率的发信机通信距离可达十余千米到百余千米；若利用天波，这种模式还可以实现数百千米的通信联络。但仅适宜工作在短波低端，且天线需浅埋。"上—越—下"模式信号的稳定性、可靠性和隐蔽性虽比"透过岩层"和"地下波导"模式稍差，但它利用较小的功率就可以获得较远的通信距离，且天线可在坑道内铺设，使用方便，因此这种模式已进入实用。

第二篇 通信抗干扰与保密安全

通信抗干扰与保密安全

军事通信系统的抗干扰、抗毁以及保密能力是确保军事通信系统效能正常发挥的重要基础。现代电子战的首要目标就是干扰敌方的通信系统，通信系统是否具有强大的抗干扰能力是能否取得电子战胜利的首要条件，军事通信系统的可靠性和安全性也往往直接决定了战争的胜负。目前在军事通信领域中通信抗干扰技术、保密技术得到了非常广泛的应用，能够有针对性地提高通信系统的抗干扰和信息安全防护能力。

由于受到军事通信装备可利用的频谱资源、功率资源、实现复杂度等因素的限制，以及通信传输需求与抗干扰、保密需求之间的制约关系的约束，军事通信装备的抗干扰、抗毁以及保密安全性在未来复杂战场电磁环境下面临严峻的挑战，甚至可能成为战场通信保障能力的瓶颈。发展抗干扰、保密技术，提升装备的抗干扰、保密技术水平是提升战场通信系统抗干扰、抗毁、保密安全性的基本途径。在此基础上，综合运用各种技术手段、各种通信系统实现全域、多手段、多体系的网系抗干扰能力，并结合现代通信信号处理技术，实现干扰环境、信息安全的实时检测以及自适应的通信策略调整，从而提升军事通信系统的体系对抗能力。

第 8 章 通信抗干扰技术

未来战场通信将更多地依赖无线通信系统，但在复杂战场电磁环境下无线通信系统将面临严重的电磁干扰。通信抗干扰技术是军事通信系统对抗复杂电磁环境、增强战场可用性最重要的手段。通信抗干扰可以从频率域、空间域、时间域和能量域分别实施或联合实施，目前应用最为广泛的就是扩频技术以及抗干扰天线技术。

8.1 通信对抗概述

几乎伴随着电通信在军事通信中的应用，现代意义的电通信对抗就出现了。现代信息化作战对通信指挥的依赖程度很高，通信对抗甚至可以决定战役的成败。

8.1.1 基本概念

1. 定义

通信对抗就是对敌方通信信号进行侦察、分析，力图获取其承载的信息和通信意图，并据此采用适当的干扰和摧毁手段，破坏敌方的通信，以及预判和侦察敌方的干扰手段，采取适当的装备和技术，减小己方通信被敌方检测、截获、利用和破坏的概率。可见，通信对抗包含两方面的内容：一方面是对敌方通信的干扰和破坏；另一方面就是保护己方通信不被敌方干扰和破坏。

正如"阴阳相生相克"，自无线电通信诞生之日起，通信对抗就相伴而生。通信对抗与通信即一对"矛"与"盾"，在相互对立、相互排斥中不断壮大，"没有干扰不掉的通信，也没有抗不住的干扰"是对这一关系的精辟概述。自1905年日俄战争中应用通信侦察监听拉开通信对抗大幕起，通信与通信对抗已斗争了一百多年，双方在技术、战法、装备等各方面不断促进、不断提高、互有消长。

2. 目的

通信对抗的目的可概括为以下几点：信号侦察，即侦收破译、获取敌方的信息，获取通信的有关技术参数；信号干扰，即压制、破坏敌方的通信系统，使之不能正常工作；反侦察，即采用各种手段欺骗迷惑敌方，提高通信信号的隐蔽性和保密性；抗干扰，即排除敌方施放的各种干扰影响，保证我方通信系统的正常工作和安全。

3. 系统组成

通信对抗系统由以下几部分组成：截获敌方通信信号的侦察系统、情报获取和分析系统、干扰系统、抗干扰系统。根据作战任务的需要，这些分系统可以经过适当的组合，配之以中心控制和系统内外部的通信分系统，完成一定的任务。习惯上，通常前两项统称侦察系统，和干扰系统组合在一起构成通信对抗系统，而抗干扰系统多是结合在通信系统中。

4. 作战过程

通信对抗的作战过程如图8-1所示，侦察系统要截获敌方的通信信号，然后进行情报分析。平时，这些结果将存入数据库；战时这些信息还将送给控制系统，经指挥官判断或者系统自动判决，决定是否立即采取电子进攻的干扰手段。在侦察和干扰过程中，系统还将监视敌情是否变化，干扰是否有效，以及时采取措施，改变工作状态、侦察和干扰的参数和方式。

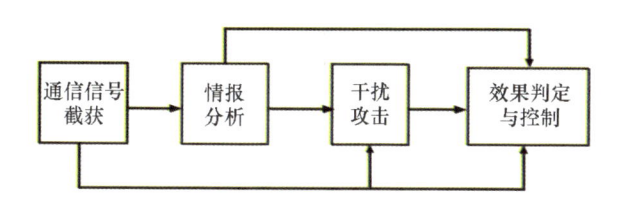

图 8-1 通信对抗的作战过程示意图

8.1.2 基本内容

1. 通信侦察与干扰

（1）通信侦察

通信侦察即使用侦察接收设备对敌方通信系统的信号进行搜索、截获、测量、分析、识别，以获取情报信息的过程。按战场应用不同可分成二大类：一类是情报侦察，以情报获取为目的，属战略侦察范畴；一类是支援侦察，以战场作战服务为目的，属战术侦察范畴。

通信侦察技术包括信号截获与测频、测向、定位、识别、侦听等技术：

测频。测频过程通常分为截获、粗测、精测三个步骤，截获和粗测常在同一个设备中进行。常用的测频设备包括信道化接收机、扫频接收机、快速傅里叶变换数字化接收机等。

测向。通信测向即在信号搜索引导下通过接收天线或天线阵对目标信号的响应幅度、相位、时间的差别进行相应处理后，确定目标方向的过程。在通信波段，测向方法主要有比幅测向、比相测向、到达时间差测向等。

定位。通信信号的定位是无源定位，需要多个基站协同工作，定位能力与多个定位基站的几何位置、空间运动状况有关。对通信辐射源定位有多种方法，基本方法有多站测向交叉定位、时差定位（双曲线定位）、多普勒频移定位等。

识别。通过测量分析得到的各方面信息，可以采用模式识别方法，由计算机自动识别出敌台信号的通信信号类型。

侦听。如果能够掌握敌台信号的关键信息，比如调制方式、编码类型、加密方法等，就可以由计算机自动从截获到的敌台信号中得到其所承载的信息，达到通信侦察的最佳效果。

（2）通信干扰

通信干扰即在通信侦察的引导下人为辐射电磁干扰信号，对目标通信系统进行扰乱、破坏或欺骗。实施通信干扰需掌握以下几个要素：频率对准、方向瞄准、选择最佳的干扰方式和样式、合理地使用功率、采取智能化的干扰方式。

按照干扰信号的作用机理，可以将干扰分为以下几类：

宽带压制式干扰。当无法确切得知敌方通信信号的特征参数时，可以采用全方向的空间辐射干扰、大功率的脉冲干扰、全频谱的噪声干扰，覆盖目标信号分布的空间、时间和频谱，阻止敌方接收机的正常接收或者迫使敌方降低对通信信道的利用效率。噪声干扰将导致敌方接收机的前端放大器进入饱和状态，无法分辨通信信号和干扰信号；脉冲干扰将导致敌方接收机的同步进程被打断，无法正确解调出有用信息。宽带压制式干扰产生的干扰信号频谱一般呈均匀分布或梳形分布，按产生方法不同分为扫频式、脉冲式和多干扰源线性叠加式阻拦干扰。宽带压制式干扰无须严格的侦察和频率瞄准，设备简单、方便实施，但干扰效率低，需要的干扰功率很大，在干扰敌方通信的同时也会干扰己方通信。在面对复杂多变的跳频通信时，宽带噪声干扰系统对通信侦察、识别和干扰引导的相应速度要求不高，便于实现，是一种常用的干扰样式。

窄带瞄准式干扰。窄带瞄准式干扰功率利用率高，效果好，且不会对己方通信造成干扰，但需要侦察手段支持，对实时性要求高、设备复杂、技术难度大，一般用于对敌方重点目标进行干扰以及对跳频信号的干扰。窄带瞄准式干扰的干扰频谱与目标频谱瞄准，按瞄准程度可分为准确瞄准干扰和半瞄准式干扰，按引导方式可分为定频守候式、扫频搜索式（连续/重点）、跟踪式以及转发式干扰等。

• 知识延伸

- 跟踪式干扰 -

跟踪式干扰首先利用通信侦察机截获通信信号，通过实时分析获得当前通信信号的频率，并立即引导干扰机将干扰信号频率置于通信信号的工作频率上，从而显著提高瞬时通信频带上的干扰强度，获得比宽带噪声干扰更好的效果，一般用于对跳频信号的干扰。

- 转发式干扰 -

转发式干扰是将敌方通信信号加以接收，经过延迟和功率放大后，再转发出去。如果通过通信侦察可以获得目标通信信号的特征参数，就可以使干扰信号与敌方通信信号的特征吻合，使得敌方接收机误将其作为己方的通信信号加以接收，而无法接收敌方自己的正常通信信号。

多频连续波干扰。干扰机产生多个频带很窄的噪声信号，其中心频率均匀地分布在整个通信工作频带内，这样的干扰称为多频连续波干扰。这种干扰样式能够提高干扰效率，并且在干扰敌方通信的同时，己方可以在预留的频带内进行通信，避免受到干扰。

分布式灵巧干扰。通信对抗发展至今，其电子攻击主要以大功率压制式干扰为主。但随着干扰功率的增大，装备的技术复杂性和组成规模急剧膨胀，机动能力大打折扣，同时也会成为敌方反辐射武器的攻击目标。从安全性和效费比两个方面，通信对抗不能一味靠增大干扰功率来提高个体干扰效果，必须走事半功倍的分布式干扰之路，以达到"以柔克刚""四两拨千金"之效。分布式干扰即采用火炮、导弹、无人机、特工等布设手段将一次性使用的小型干扰设备投放到目标附近以实施近距离干扰的一种体制。干扰设备距离目标近，所需干扰功率小，且距离己方设备远，可最大限度地消除对己方设备的影响；一次布设的干扰设备数量多，可实现对通信网的多节点、多链路和多目标干扰。

同步干扰及信令干扰。现在发展了一些新型的通信干扰方式，针对通信系统正常工作的一些薄弱环节进行干扰，可以用较小的干扰功率达到更好的干扰效果。如干扰方可以采取干扰同步电路的方法，使通信系统难以完成同步从而无法正常工作；可以针对通信网的信令信道进行干扰，干扰网络的正常工作，从而影响甚至阻断通信。

2. 通信反侦察与抗干扰

（1）基本要求

通信抗干扰一般与通信反侦察相结合，综合采用"隐""避""消""抗"等方式来提高战场通信系统在强对抗条件下的通信保障能力。"隐"即提高信号隐蔽性；"避"即对干扰进行躲避；"消"即对干扰进行抑制；"抗"即系统传输信息对干扰的耐受能力。这些要求与通信信号设计密切相关，可以归结为以下几个对通信信号体制的设计指标：

● 低检测概率（low probability of detection，LPD）：以某种方式隐藏信号，使敌方很难察觉这种通信信号的存在。

● 低截获概率（low probability of intercept，LPI）：敌方的侦察接收机有可能检测到该信号的存在，但使得通信信号很难被敌方接收机接收（截获）。

● 低利用概率（low probability of exploited，LPE）：当通信信号被敌方截获后，信号所承载的有用信息不易被敌方获知。

● 低破坏概率（low probability of destroyed，LPDE）：在受到敌方电磁干扰时，能够消除或降低敌方有意干扰从而保证己方通信。

（2）通信反侦察

通信反侦察即对敌方的无线电通信侦察活动所采取的反对抗措施，具体内容包括反搜索截获、反参数测量、反测向定位、反分析识别，其目的是使敌方的侦察活动无法获知己方通信系统的技术参数和战术运用的情报，或者得到错误的信息。通信反侦察一般要求通信发射信号具有低截获概率和低利用概率，因而己方通信信号难以被敌方截获，或者即使被截获也很难提取信号的特征参数以进行分析识别，从而难以从中获得任何情报。

信号被侦察的概率主要与信号的形式、检测方法、接收信噪比和检测时间有关。无线电通信反侦察的主要技术有：

● 扩频技术：分为直接序列扩频、跳频、跳时和混合扩频技术，主要特性是信号的功率谱密度低，在时域、频域分布方面具有伪随机性，隐蔽性好。

● 方向性天线及智能天线技术：通过发送波束形成使天线方向图最大值方向对准接收机，有效控制信号能量在空域的分布。

● 猝发传输技术：突发通信（瞬时或猝发通信），将信息编码压缩后在极短时间内快速发送的传输体制，具有时域、频域分布的随机性和短暂性，比较隐蔽。

● 电磁屏蔽技术：通过对侦察系统施放干扰，降低进入侦察接收机的输入信噪比，从而减低信号被截获的概率。

● 采用反侦察能力强的通信方式：如光通信、微波接力、散射通信、流星余迹通信等。

● 开发新的通信频段和通信体制：如毫米波通信、太赫兹（THz）通信以及特殊通信波形设计等。

（3）通信抗干扰

通信抗干扰即通信系统、网络和设备为抵抗敌方利用电磁能所进行的干扰和非敌方干扰，以提高其在通信对抗或通信电子战中的生存能力所采取的抗干扰技术体系结构。通信抗干扰技术即为对付敌方通信电子干扰所采取的保障己方通信的技术措施。增强无线电通信系统的抗干扰能力，是军事通信系统克服战场复杂电磁环境影响的首要途径。

通信电磁干扰主要是干扰无线通信系统，通过影响无线接收设备的正常工作来干扰甚至阻断正常的通信。通信抗干扰可以从频率域、空间域、时间域和能量域分别实施或联合实施，其基本原理如图 8-2 所示。

军事通信系统

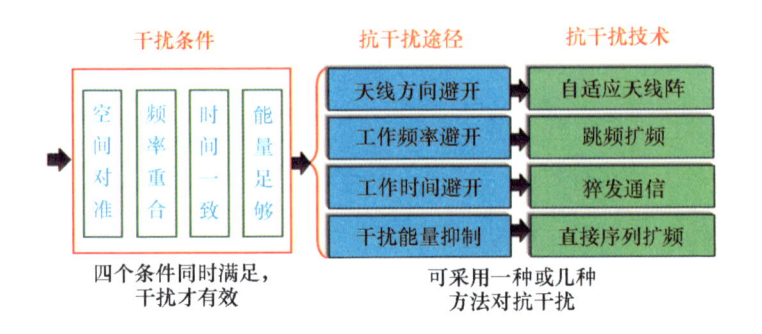

```
干扰条件            抗干扰途径         抗干扰技术
┌──┬──┬──┬──┐  ┌──────────┐  ┌──────────┐
│空│频│时│能│  │ 天线方向避开 │→ │ 自适应天线阵 │
│间│率│间│量│  ├──────────┤  ├──────────┤
│对│重│一│足│  │ 工作频率避开 │→ │  跳频扩频  │
│准│合│致│够│  ├──────────┤  ├──────────┤
│  │  │  │  │  │ 工作时间避开 │→ │  猝发通信  │
│  │  │  │  │  ├──────────┤  ├──────────┤
└──┴──┴──┴──┘  │ 干扰能量抑制 │→ │ 直接序列扩频 │
                └──────────┘  └──────────┘
 四个条件同时满足,          可采用一种或几种
    干扰才有效              方法对抗干扰
```

图 8-2　通信干扰与抗干扰的基本途径

干扰信号要对无线通信接收机形成干扰,必须同时满足以下四个条件:

● 空间方向上能进入接收机接收天线有效接收方向。无线收发设备是通过天线发送和接收电磁波进行通信的,而天线一般具有一定的方向性,即只能接收空间特定方向到达的电磁波信号,干扰信号到达方向只有和天线有效接收方向一致,才能进入接收机并影响通信。

● 频域上能进入接收机的有效接收带宽。无线通信系统工作在一定的频率,且无线接收设备只接收其工作频率的信号,干扰频率要和接收机的工作频率一致才能进入接收机并影响通信。

● 时间上要与通信时间吻合,只有在通信系统工作时干扰才有意义。

● 功率上能使接收机接收到的信干比(信号能量与干扰能量比)降到足够低的程度。通信接收机并不是接收到干扰就不能正常工作,其接收性能一般取决于接收到的通信信号和干扰信号的能量比,干扰信号只有足够大,才能有效干扰正常通信,即干扰信号要满足能量足够的条件。

可见,只有同时满足上述四个条件的干扰信号才能有效干扰接收机的正常工作。因此,通信抗干扰技术的基本途径是:设法从空域、频域、时域阻止干扰信号进入接收机,对于最终进入接收机的干扰信号则通过特定的信号处理方法对其能量进行抑制,以减少甚至彻底消除其对接收机性能的影响。

基于上述基本途径的典型抗干扰技术有:自适应天线阵可以通过空间方向避开干扰,实现空域抗干扰;跳频扩频技术可以通过频域避开干扰,实现频域抗干扰；猝发通信通过缩短通信传输时间和提高通信的突发性，降低被检测、被干扰的概率，实现时域抗干扰；直接序列扩频技术可以抑制接入接收机的窄带干扰信号能量，实现能量域抗干扰；等等。

通信系统的抗干扰能力不仅取决于其采用的抗干扰工作体制、工作的频带宽带以及发射功率等，还与接收机的性能密切相关，涉及的主要技术指标包括接收机门限电平、接收机阻塞电平以及通信系统的干扰容限等。

● 接收机门限电平：当系统满足一定的误码率要求时，输入端允许输入的最小信号电平称为门限电平。接收机门限电平主要用来衡量接收机内部噪声的大小和系统的增益。内部噪声越小，门限电平就越小。门限电平越小，则给定发射功率下接收机的有效通信距离越远，或者通信系统的干扰容限越大。因此，降低门限电平对于抗干扰通信是有益的。

● 接收机阻塞电平：当输入信号或干扰信号电平强到一定值时，接收机前端电路将产生饱和或损坏，此电平称为接收机阻塞电平。

● 通信系统的干扰容限：干扰容限为在保证一定的系统误码率条件下，系统接收机输入端最大的干扰功率与信号功率之比，通常用对数形式（分贝）表示。例如，干扰容限等于20分贝表示接收机输入端的干扰功率比信号功率强100倍时，接收机仍能保证系统正常工作。需要注意：同一通信系统在面对不同的干扰场景时，其干扰容限有可能不同。

8.2 扩频通信抗干扰

8.2.1 基本概念

扩频通信是一种有别于常规通信系统的调制理论和技术，其特点是传输信息所用的带宽远大于信息本身带宽。那为什么要用这种宽频带的信号来传送信息呢？简单的回答就是为了通信的安全可靠。扩展频谱通信（简称扩频通信）技术最初是在军事抗干扰通信中发展起来的，它通过将信号扩展频谱后进行宽带通信，再在接收端做相关处理恢复成窄带信号后解调数据，从而使得通信系统具有较强的抗干扰能力、低的截获概率以及一定的保密性。

衡量一个系统是否是扩频通信系统主要依据以下三个准则：

● 扩频通信技术是一种信息传输方式，其信号所占带宽远远超过了传递信息所必需的最小带宽；

● 扩频通信系统带宽的扩展依赖一个与数据独立的码来完成；

● 在接收端必须采用和发射端相同的码且同步以完成解扩和数据恢复。

一种典型的数字扩频通信系统如图8-3所示，其中信源编译码、信道编译码、调制解调是传统数字通信系统的基本组成单元。除了上述单元，扩频通信分别在收发两端应用两个完全同步的伪码发生器，作用于发射端的调制器和接收端的解调器，分别实现发射信号频谱扩展和接收信号解扩。

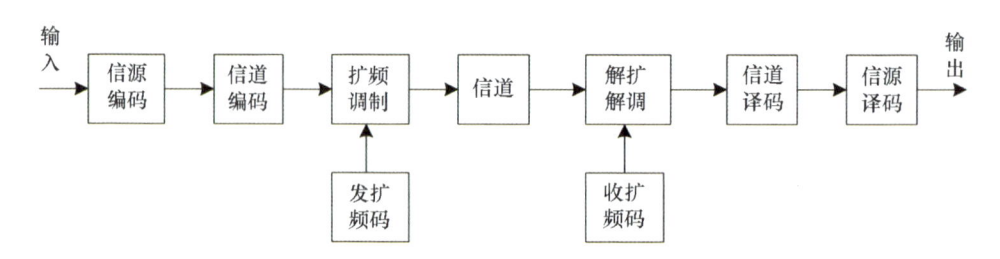

图8-3 典型数字扩频通信系统框图

依据上述准则有多种扩频实现技术，主要包括直接序列扩频、跳频扩频、跳时扩频以及这几种方式组合起来的混合扩频系统。有一些调制技术，虽然其传输带宽远大于传输数据所需要的最小带宽，但它们不一定是扩频调制。如低编码效率的编码系统、宽带调频系统等，它们都不能同时满足上述三个准则，因此不属于扩频通信系统。

直接序列扩频即使用速率比信息码高得多的伪随机码与信息信号相乘（或模2加）后再进行载波调制，实现信号的频谱扩展；跳频扩频是使用伪随机码控制窄带已调信号的载波频率变化，使之在很宽的频道范围内近似随机地跳变；跳时扩频是将时间轴划分为很多时隙，这些时隙通常称为时片，若干时片组成一跳时间帧，而在一帧内哪个时隙发射信号则由扩频码序列去进行控制。目前，应用最为广泛的是直接序列扩频、跳频扩频以及两者的混合扩频系统，三种体制的对比可参见表8-1。

表8-1 跳频扩频、直接序列扩频与跳频/直扩混合三种体制比较

性能指标	跳频扩频	直接序列扩频	跳频/直扩混合
处理增益	可达到较宽的带宽	受扩频码速率限制	约比单一体制提高3 dB
低截获特性	隐蔽性较差	隐蔽性很好	改善了跳频的截获特性
增效措施	提高跳频速率，加大跳频带宽，变速跳频，实时频率自适应跳频等	长码扩频，自动改码型，多进制编码直扩，多电平扩频码	处理好跳频、直接扩频处理增益与总处理增益的关系
适用性	应用广泛，是HF、VHF、UHF较理想的抗干扰体制	适用于微波、卫星通信，不适用于VHF战术通信等有远近效应的场合	适用性广泛，特别是UHF、SHF、EHF，也可作为V/UHF战术通信的重要体制

一般说来，采用混合方式看起来在技术上要复杂一些，实现起来也要困难一些。但是，不同方式结合起来的优点是有时能得到只用其中一种方式得不到的特性。对于需要同时解决诸如抗干扰、多址组网、定时定位、抗多径和远近问题时，就不得不同时采用多种扩频方式。如美军的数据链设备JTIDS就采用了直扩/跳频/跳时相结合的混合扩频方式。

8.2.2 直接序列扩频抗干扰

1. 直接序列扩频原理

直接序列扩频是用速率比信息码高得多的伪随机扩频码改造发射信号，使发射信号频谱大大展宽，在接收端经过相反的解扩处理恢复原始信息的通信系统，一般也称为直扩系统。目前，直接序列扩频一般在基带进行，其实

现框图如图 8-4 所示。在发送端，采用高码率的扩频码与待传输的基带数据相乘，形成的复合码再对载波进行调制，然后由天线发射出去；在接收端，将解调后的基带信号与本地产生的扩频码进行相关处理，然后判决恢复出传送的信息。

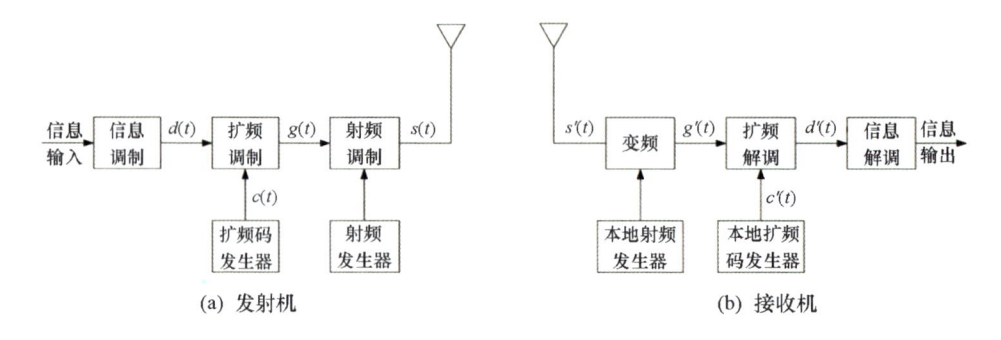

(a) 发射机　　　　　　　　(b) 接收机

图 8-4　直接序列扩频系统实现框图

2. 直接序列扩频抗干扰原理

直扩系统具有较强的窄带干扰抑制能力。对于直扩系统，其抗干扰原理可通过信号的频谱变化直观地得到。以直扩系统抗窄带干扰为例进行说明：存在窄带干扰时直扩系统收发信号的频谱特性参见图 8-5，在发送端，原始窄带信号的频谱被展宽，然后发射；假设存在窄带干扰信号，接收端接收到的就是宽带扩频信号与窄带干扰的叠加信号，接收机对接收信号进行解扩处理（与发端扩频处理过程相同），扩频信号经解扩后恢复为原始窄带信号，而窄带干扰经解扩后变为宽带信号，其能量在频域被扩展，降低了干扰信号的功率谱密度；解扩处理后的信号再经过窄带滤波滤出窄带信号，而干扰信号的能量只有一小部分进入后续处理过程，从而达到了降低干扰能量、提高判决时刻信干比的效果。由上述处理过程可见，直扩系统可有效抑制窄带干扰，其抗窄带干扰的能力取决于其扩频增益。

综上，直扩系统抗干扰的基本原理是通过将干扰信号的功率"平均"地分配在整个射频信号带宽上，再通过滤波器滤除大部分干扰功率，降低进入解调器的干扰功率，从而有效地抑制干扰。扩频处理增益越大，抗干扰能力

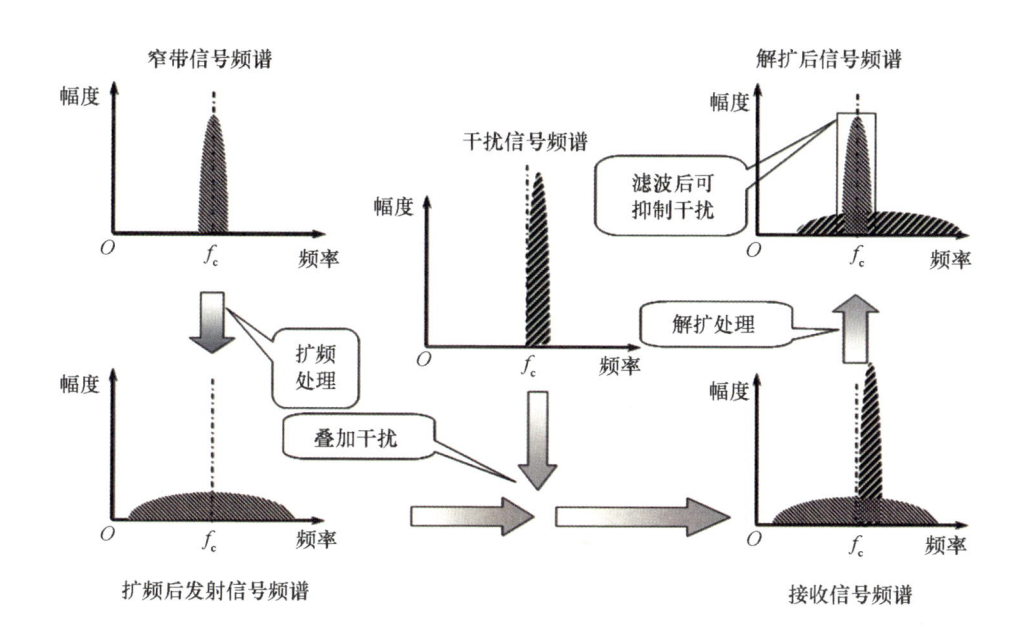

图 8-5 直扩系统抗窄带干扰原理

越强。

目前,在直接扩频接收机中还广泛采用了干扰抵消技术,以进一步提升直扩系统抗窄带干扰的能力。干扰抵消技术的基本原理就是利用窄带干扰和宽带扩频信号的不同特性,从接收信号中设法抵消干扰信号,然后将干扰抵消后的信号送去解扩解调。干扰抵消实现的途径有多种,包括时域自适应滤波干扰抑制技术、变换域干扰抑制技术和时频分布抗干扰技术等。

3. 直接序列扩频系统的特点及应用

直扩系统除具有较强的抗干扰能力外,还具有隐蔽性好,抗多径干扰能力较强,可实现码分多址,以及高分辨率测向、定位等优点,在抗干扰通信、卫星通信、导航以及地面移动通信中都得到了广泛的应用。为大家所熟知的 GPS、北斗就是一种利用直接序列扩频信号进行定位的系统,第二代移动通信系统中的 IS-95 系统以及第三代移动通信系统中的 WCDMA、CDMA2000、TD-SCDMA 等系统都是基于直接序列扩频技术实现的蜂窝移动通信系统。

隐蔽性好。由于将信号能量散布在很大的频率范围内，发射功率相同的情况下，直扩信号的功率谱密度远远小于非扩频前的信号功率谱密度，即使信号完全被淹没在噪声以下也可正常工作。同时，不了解扩频信号有关参数的第三方也难以对直扩信号进行侦听和截获。而且，直扩信号的功率污染小，对其他通信系统的电磁干扰小，可以在一定程度上与其他系统共享频谱资源。

具有一定的抗衰落能力。信道多径衰落是影响无线通信系统性能的重要因素，其会使接收端接收信号产生失真，导致码间串扰，引起噪声增加。当扩频码片宽度（持续时间）小于多径时延时，直扩系统可以利用扩频码之间的相关特性，在接收端采用相关技术从多径信号中提取并分离出多条路径的有用信号，并按一定准则把多条路径的有用信号相加使之得到加强，从而有效抵抗多径干扰。

易于实现多址通信。直扩系统占用了很大的带宽，其频率利用率低。但可以让多个用户共享这一频带，即为不同用户分配不同的扩频序列，所选择的伪随机序列具有良好的自相关特性和互相关特性，接收端利用相关检测技术对不同用户分别进行解扩，区分不同用户信号的同时提取有用信号。多个用户可以在同一时刻、同一地域内工作在同一频段上，而相互造成的影响很小，即码分多址系统。

测距精度高。直扩信号带宽很宽，在接收端采用相关处理可以获得比窄带系统高得多的时间分辨率。同时，利用伪随机码的相关性，还可以在获得高时间分辨率的同时获得较大的无模糊作用距离，解决常规信号高估计精度和远作用距离的矛盾。直扩系统在这方面应用最成功的当属卫星导航定位系统。

但是直扩系统在实际应用中也存在一些不足。由于直扩系统需要采用高速扩频序列（一般为每秒几兆至几十兆比特）进行扩频、解扩处理，信道上传输的也是宽带信号，因而收发信机的实现较为复杂。此外，由于受宽带收发信机复杂度及频谱资源的限制，直扩系统的扩频增益受限于码片速率和信源比特率，即码片速率的提高和信源比特率的下降都存在困难。处理增益受限，意味着直扩系统抗干扰能力受限。此外，基于直接序列扩频实现的码分多址系统，其网络维护比较复杂。

8.2.3 跳频扩频抗干扰

跳频扩频系统是通信收发双方按照伪随机的规律快速改变发射和接收频率的无线通信系统，简称为跳频系统。可见，跳频系统可工作在多个射频频率点，但在某个确定频率点上的瞬时是一个窄带系统。跳频系统在各个时刻的工作频率是近似随机地在多个频率点间跳变的，接收方必须知道发送方的跳频规律（又称为"跳频图案"）且频率跳变时刻必须与之同步。由于跳频系统的射频在跳变过程中所覆盖的射频带宽远远大于原信息带宽，因而扩展了频谱，属于扩频通信的一个重要分支。

虽然跳频扩频通信系统的跳频信号在瞬时是一个窄带信号，但通过伪随机地改变发射频率，其也具备较强的抗干扰能力。跳频系统和直扩系统抗干扰的机理不同，直扩系统是通过相关接收来降低判决时刻的干扰能量以抑制干扰，跳频系统则是采用"躲避"的方式避开受干扰频率。

跳频系统的抗干扰能力主要在于抗阻塞式干扰和跟踪式干扰。抗阻塞式干扰的机理是依靠宽的跳频带宽和众多的射频频率分散敌方的干扰功率，使得在一定数量的频率被干扰的条件下系统还能工作。跳频系统抗跟踪式干扰的机理主要是依靠高于跟踪干扰机的跳速和跳频图案的随机性躲避引导式跟踪干扰。可见，跳频系统抗干扰能力主要取决于跳速和可用频率个数，一般认为跳频系统的处理增益就等于跳频点数。

阻塞式干扰。阻塞式干扰是指干扰方在给定频段施放大功率的干扰信号，由于干扰信号功率高，通信信号在此频段内将无法正常通信。跳频通信信号虽然在瞬时是一个窄带信号，但其可工作的带宽很宽，如果只有部分工作频带被阻塞，一是可以通过纠错编码恢复被破坏的信息，二是可以通过自适应选频将受干扰频段从跳频频点中扣除，从而避开受干扰频段。对于干扰方来说，增加阻塞干扰带宽可以显著提高干扰的效果，但从另一个角度看，若在整个跳频带宽内实施宽带阻塞式干扰,所需的功率和带宽在技术上难以实现。例如,VHF 超短波跳频电台的工作频率为 30～90 兆赫,频率间隔为 25 千赫,共有 2 400 个跳频频率,如电台的发射功率为 3 瓦,干扰机与发射机到接收机之间的距离相等,则要求干扰机的发射功率至少为 7 200 瓦,带宽才能达到 100%(60 兆赫)覆盖,这基本上不可实现。

跟踪式干扰。对跳频通信系统尤其是低跳速系统,比较有效的干扰方式是跟踪式干扰,即对跳频通信进行侦听和处理,根据所获得的频率参数再以同样的频率来施放干扰,如图 8-6 所示。实施有效的转发式跟踪干扰,要求转发的干扰与跳频信号到达接收机的时间差小于跳频周期,即几乎同时到达或者时间差小于一跳时间。在战术使用中,应根据战场态势和作战需求,并基于敌我双方已有装备的性能,合理设置跳频电台与敌方干扰阵地的空间位置,以有效避开敌方的跟踪干扰。

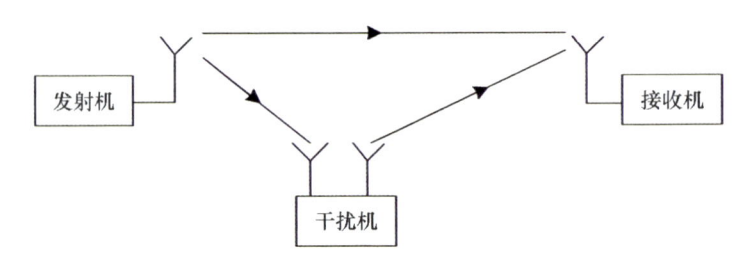

图 8-6 转发式干扰分布示意图

除具备抗干扰能力外,跳频系统也具有抗截获、抗多径等优点。与直扩系统相比,跳频系统还具有设备简单、能与现有的窄带系统兼容、易于组网以及组网用户多等优点,故其在军用战术电台中得到了广泛应用。

低截获概率。跳频信号是一种低截获概率信号,载波频率的快速跳变使得敌方难以截获通信信号;即使截获了部分信号,由于跳频序列的伪随机性和超长的序列周期,敌方也无法预测跳频图案。

组网简单及组网用户多。利用跳频图案的正交性可构成跳频码分多址系统,共享频谱资源。不同用户选用不同的跳频序列作为地址码,当多个跳频信号同时进入接收机时，只有与本地跳频序列保持同步的信号被解跳，其他用户的信号则像噪声或干扰一样被抑制。

抗频率选择性衰落。跳频信号在整个跳频带宽内跳变，多径信道引起的频率选择性衰落只会引起信号短时间内的畸变。频率快跳变系统中一个信息符号间隔内发生多次频率跳变，具有一定的频率分集作用。

与窄带通信系统的兼容性好。跳频系统在某个跳频频率上是瞬时窄带系统，若其处于某一固定载波频率，则可与其他定频窄带系统兼容，实现互联互通；同时，因跳频扩频只是对载波频率进行随机控制，故对于现有的窄带定频电台，只要在其射频前端增加收发跳频器，就可以"升级"为跳频电台。

跳频系统应用于军事通信的主要局限在于信号的隐蔽性差，容易被敌方发现。此外，受到天线、频率转换器等性能的制约，产生宽的跳频带宽、快的跳频速率、伪随机性好的跳频图案的跳频器在制作上会遇到很多困难，且有些指标是相互制约的，从而使得跳频系统的各项优点受到了限制。

8.3 自适应天线阵抗干扰

8.3.1 基本原理

受实现复杂度、可用带宽等因素的制约，扩频等抗干扰传输体制往往难以应对敌方的强干扰，如宽带阻塞式干扰等。由于战场环境中干扰到达接收机的空间方向一般与信号到达接收机的空间方向不同，此时利用天线的方向性就可以获得较好的抗干扰效果。利用天线的方向性对抗干扰，比较理想的情况是天线的方向性可以根据通信信号和干扰信号的到达方向而自动改变，采用自适应天线阵就可以实现这一目标。

自适应天线阵的主要组成单元包括：天线阵列、波束形成网络和自适应处理器（波束调整算法）。其工作原理如下：自适应天线阵采用多个天线

（称为天线阵阵元）联合接收信号，其方向特性取决于多个阵元联合接收的等效接收性能。假设多个天线阵阵元都是全向天线，将它们合并后的等效接收性能将具有很强的方向性。同时，其等效方向特性随合并参数不同而不同。自适应处理器采用特定的智能信号处理算法，可以根据接收到的信号特性逐步调整波束形成网络的合并参数，就可以将天线的等效接收性能调整到最佳状况。

可见，自适应天线阵抗干扰技术的基本思想就是基于期望信号和干扰信号到达天线阵列的空间方向差异，通过自动调整天线阵各阵元的权值，以达到提高接收机输入信干噪比的目的。实现这一功能主要有两种方法：一是采用空间信号到达方向估计的方法，得到不同信号的空间来向信息，然后调整自适应天线阵的加权系数；二是根据期望信号一些已知的特征参数，采用一些控制准则来自适应地调整天线阵的加权系数，控制准则的选取应保证加权系数收敛到稳定状态时，天线阵的方向性满足最佳的抗干扰性能。

8.3.2 特点及应用

与时域、频域抗干扰处理方式不同，自适应天线阵抗干扰技术主要利用信号的空域特性来增强信号并抑制干扰，可以有效抑制空间来向上不同的干扰信号（包括宽带阻塞式干扰），且可以同时抑制多个干扰。此外，自适应天线阵抗干扰技术具有如下优势：

● 自适应天线阵依靠空间特性抑制干扰，抑制效果相比时域、频域抗干扰技术更好，并且对信号频谱的损伤较小。

● 具有自动感知干扰源存在并抑制其影响的能力，并增强对期望信号的接收能力。

● 自适应天线阵易于和其他抗干扰技术（如直接序列扩频、跳频扩频）相结合，可获得更高的抗干扰能力。

● 与传统的高方向增益天线（如卡塞格伦天线）相比，自适应天线阵具有灵活的波束控制、无须机械伺服装置等优点。

自适应阵抗干扰能力取决于阵元数目、阵元配置、工作频率、信号带宽以及所采用的自适应算法等。当干扰数目小于阵元数目时,自适应天线阵可有效抑制多个干扰。当干扰数目远大于自适应阵元数目时,自适应阵的性能与阵元数目直接相关,阵元数目越大系统性能越好,但系统的复杂度同时随阵元数目的增加而急剧增加。自适应阵的阵元配置有很大的灵活性,一般配置成直线阵,相邻阵元的间距一般取接收信号中心频率波长的一半。阵元间距过大,天线阵的旁瓣将加大,减小对消效果;间距过小则降低了天线阵的分辨能力。自适应阵抗干扰的不足主要有:不能抑制与期望信号空间来向重合的干扰信号;自适应阵对阵元数目以及阵元空间配置上有一定要求,使得其设备复杂、成本较高,在实际应用中受到一定的限制;自适应波束调整算法需要相对稳定的信号环境。

从 20 世纪 70 年代开始,自适应天线阵抗干扰的理论研究受到了极大关注,随着微电子技术、数字信号处理技术、并行处理技术的迅猛发展,其应用范围也不断扩大。目前,自适应天线阵技术在卫星导航接收机抗干扰、微波干线接力设备以及卫星通信设备中得到了广泛的应用,如:美军联合直接攻击弹药(joint direct attack munition,JDAM)尾部安装的四元自适应天线阵,保证了在 GPS 信号受到干扰时仍能正常接收到 GPS 信号,准确攻击目标;美军联合防区外空地导弹(joint air-to-surface standoff missile,JASSM)装备了 G-STAR 七元自适应天线阵,采用联合空时处理算法,可以在干扰比 GPS 信号强 120 分贝(1 万亿倍)时,仍能正常接收到 GPS 信号,从而保证导弹准确击中目标。

8.4 抗干扰效能评估

未来战争中作战效能越来越取决于通信网络效能的发挥。通信传输链路的抗干扰效能一般可以进行定量的分析,而军事通信网络抗干扰效能则很难进行定量的分析。分析确定在复杂战场电磁环境中,军事通信网络的综合效能是否满足作战使用需求和保底通信需求是至关重要的。因此，作为一个系统工程，军事通信网络抗干扰效能评估具有重要意义。

8.4.1 效能定义

效能是指在一定的条件下，使用一种产品或一种系统完成一组特定任务时所能达到预期目标的程度。在军事研究领域，效能是用来体现军事装备或军事活动所具有的能力和价值，是研制、规划、配置、改进军事装备的基本依据，是评估军事装备优劣程度的综合性指标。效能评估理论是军事运筹学的基本研究内容和主要应用理论。

美国工业界武器系统效能咨询委员会 WSEIAC 给出了系统效能的定义：系统效能是预期一个系统满足一组特定任务要求的程度量度，是系统可用性、可信性与固有能力的函数，是系统在规定的条件下满足给定定量特征和服务要求的能力。它是系统可用性、可信性及固有能力的综合反映。

根据系统效能的定义，对军事通信网络效能的分析也主要从系统可用性、可信性与固有能力三个方面入手，分为组网能力、对抗能力和传输能力三类。

1. 组网能力

军事通信网络组网能力主要反映的是网络的可用性，主要包含网络覆盖范围、网络容量和用户入网时间三个方面。网络覆盖范围是指军事通信网络所能覆盖的通信范围；网络容量是指通信网络所能支持的最大用户数；用户入网时间是指网络节点在提交入网请求到能够与网内用户进行正式通信的时延。

2. 对抗能力

军事通信网络对抗能力主要反映的是网络的可信性，主要包含抗毁能力、抗干扰能力和安全性三个方面。抗毁能力主要是指网络节点在发生自然失效或遭受故意攻击条件下网络能维持其功能的能力，体现的是网络的抗打击能力；抗干扰能力是指通信网络抵抗敌方利用电磁能进行干扰的能力，体现的是通信网络在通信电子战中的生存能力；安全性是指通信网络保证信息的机密性、真实性和完整性的能力。

3. 传输能力

军事通信网络传输能力主要反映的是网络的固有能力，主要包含吞吐量、传输时延和交付率三个方面。吞吐量是单位时间内节点之间成功传输的无差错数据量，是节点业务传输能力的体现，是在某种特定应用环境下，节点所能承载的最大传输载荷；传输时延是指业务数据从发送方发出到接收方收到的时间延时，是网络的接入时延、路由时延以及信息处理时延的综合体现；交付率是指发送方用户数据包成功到达接收方的比率，体现的是用户数据的传输可靠性。

8.4.2 评估方法

效能评估的常用方法是层次分析法。层次分析法是 20 世纪 70 年代由美国著名运筹学家 Saaty 最早提出的一种简便、灵活而又实用的多因素评价决策法，是一种定性分析与定量分析相结合、系统化、层次化的多因素决策分析方法。这种方法将决策者的经验判断进行量化，在目标结构复杂且缺乏必要数据的情况下使用非常方便，在解决多因素决策问题方面具有简便实用的优点，被广泛采用。

层次分析法的基本原理是：通过分析问题的性质和所要达到的目标，将问题划分成多个组成因素，并按照支配关系形成递阶的层次结构，通过两两比较的方式确定各因素之间的相对权重，然后依次逐层进行综合计算，最终得到总目标的效能值。

采用层次分析法进行评估的基本流程如图 8-7 所示，主要包括以下内容：

- 建立层次结构模型；

- 对各层要素进行两两比较，构造判决矩阵，并对判决矩阵的一致性进行检验，若检验不能通过，则需要重新调整判决矩阵；
- 一致性检验通过后，求解判决矩阵的最大特征向量，最大特征向量反映的就是各要素的权重；
- 对各层的指标进行测试与量化；
- 综合评估，得出总效能值。

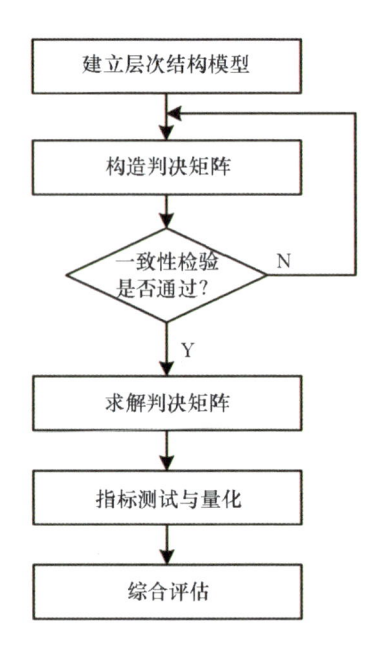

图 8-7　层次分析法基本流程

建立层次结构模型是在深入分析实际问题的基础上，将有关的各个因素按照不同属性自上而下地分解成若干个层次，同一层的因素从属于上一层的因素，同时又支配下一层的因素。

根据前面针对军事通信网络效能进行的分析，建立军事通信网络指标体系的层次结构模型，如图 8-8 所示。

军事通信网络效能层次结构模型由三层构成，其中最上层为目标层，是指解决问题所要达到的目标；下面两层是准则层（又称要素层），是指针对目

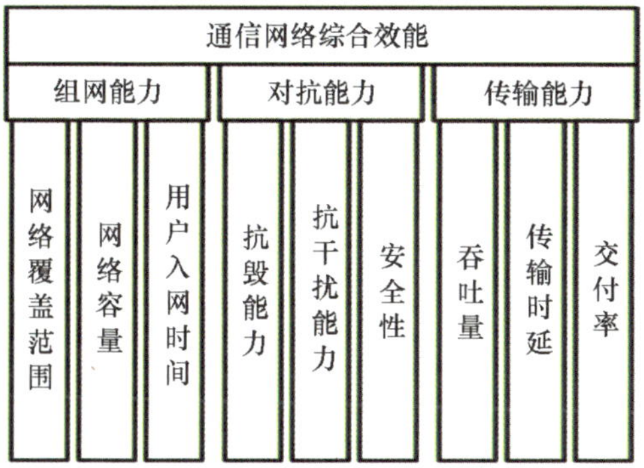

图 8-8　军事通信网络效能层次结构模型

标所应该考虑的各项准则或要素。准则层可以分为多层，其中最下层又可称为指标层。建立层次结构模型是非常关键的一步，要由主要决策者和相关领域专家参与进行。

第 9 章
互联网安全协议

互联网安全协议（Internet protocol security，IPSec）是一组基于密码学的 IP 网络安全协议。该协议通过综合利用对称密码技术和非对称密码技术提供对 IP 网络层数据保密性、完整性和真实性的保护，是应用于军事综合信息网络的重要安全手段之一。本章主要介绍 IPSec 的理论与技术。

9.1 IP 安全概述

互联网开发了各种应用的安全机制，如电子邮件采用的 S/MIME、PGP，客户端/服务器采用的 Kerberos，Web 访问采用的 SSL 等。然而，用户还有与协议层相关的安全需求。例如，企业或者机构为了确保内部 IP 网络的安全性和隐私性，可能会不允许链接不信任站点，并对向外发出的数据包加密以及对进来的数据包进行认证。IPSec 设计的目标就是在互联网环境中为网络层流量提供灵活的安全服务。通过实现 IP 级安全性，企业或者机构不仅可以保护各种带有安全机制的应用，而且可以保护许多无安全机制的应用。

IP 级安全性包括三个方面的内容：认证、保密性和密钥管理。认证机制不仅要确保收到的包是由包头部所标识的源端发出的，还要确保该包在传输过程中未被篡改。保密性是将消息加密后传输，防止第三方窃听。密钥管理机制与密钥的安全交换有关。

9.1.1 IP 数据包

互联网是由称为"节点"的计算机和设备组成的巨大开放网络。每个节点都被分配有全局唯一的某个网络地址，从而发往该节点或者从该节点发出的消息都携带该网络地址。运用网络地址来处理消息传输的协议称为 IP 协议，这样，某个节点全局唯一的网络地址就称为该节点的 IP 地址。根据国际标准化组织的开放系统互连参考模型（open system interconnection reference model，OSI/RM），IP 在第三层（网络层或 IP 层）工作，而许多通信协议（其中包括终端用户调用的许多认证协议）工作在第七层（应用层）。这也是称 IP 为低层通信协议而称其他协议为高层通信协议的原因之一。

• 知识延伸

- OSI/RM -

OSI/RM 是一个具有七层协议结构的开放系统互连模型，是由国际标准化组织 ISO 在 20 世纪 80 年代制定的一套普遍适用的规范集合，使全球范围的计算机可进行开放式通信。该模型定义了网络互连的七层框架：物理层、数据链路层、网络层、传输层、会话层、表示层和应用层。

IP 层通信是以 IP 数据包的形式实现的。图 9-1 描述的是没有密码保护的 IP 数据包，该数据包的前三个域为 IP 头部，第四个域为 IP 数据包所承载的数据。

通信双方可能希望通过使用共享密钥或者公钥完成端到端加密以达到保密通信的目的。因为端到端加密是在应用层处理的，因而 IP 数据包中只有第四个域的内容是加密的。如果他们使用的 IP 协议不提供安全性，那么 IP 头部

图 9-1 未加密码保护的 IP 数据包

中的数据就得不到保护。通过修改这些数据，攻击者就可以实施许多类型的攻击。

9.1.2　IP 安全协议原理

互联网工程任务组制定了用于 IP 安全的系列标准，这些标准统称为 IPSec。简单地说，IPSec 就是给如图 9-1 所示的 IP 数据包中前三个域构成的"IP 头部"增加密码保护的。IPSec 规定了用于"IP 头部"的强制性认证保护和可选的保密性保护。

由于 IP 层缺少安全机制，没有保护传输的"IP 头部"，才使得攻击者可以对互联网通信发起各种攻击，例如欺骗（冒充）、窃听（截听）和会话劫持（对合法通信会话的欺骗和窃听的混合攻击）等。因此，在 IP 层提供安全保护能够非常有效地防止各种攻击，因为这种保护能够检测所有对"IP 头部"信息的修改。通常来说，在 IP 层提供的安全服务可以对所有高层应用提供广泛的帮助。

另外，对于防火墙之间的业务流，因为防火墙这样的节点会屏蔽许多在它里面或者在它后面的节点，所以 IP 层保护会使得该防火墙里面任意节点的 IP 地址被加密。这意味着可以通过密码方法来防止未经授权通过防火墙的行为，这是一种很强的保护方式。如果 IP 层没有安全保护，防火墙技术只能使用很弱的方式，即利用一些勉强称为"秘密"的信息来防止非法行为，例如 IP 地址、机器名和用户名等，这时未经授权通过防火墙会变得容易一些。所以，在 IP 层提供安全服务是一个明智的举措。

9.1.3 IPSec 的应用

IPSec 提供了在局域网（local area network，LAN）、广域网（wide area network，WAN）和互联网中安全通信的能力，其用途包括如下方面：

● 分支机构通过互联网安全互联：一个机构或者组织可以在互联网和公用 WAN 上建立安全的 VPN，使得依赖于互联网的交易成为可能，并减少了对专用网络的需求，节省了开销和网络管理费用。

● 远程安全访问互联网：使用了 IPSec 协议的终端用户可以通过本地访问互联网服务提供商（Internet service provider，ISP），以获得对机构网络的安全访问，减少了远程通信的费用。

● 与合作者建立外联网和内联网联系：使用 IPSec 可以与其他组织进行安全通信，确保认证、保密性并提供密钥交换机制。

● 加强电子商务的安全性：虽然一些 Web 和电子商务应用程序是建立在安全协议之上的，但使用 IPSec 能加强其安全性。IPSec 通过在应用层附加一个安全层来保证任何由网络管理员指定的通信都是经过加密和认证的。

IPSec 能支持各种应用的关键在于它可以在 IP 层加密和认证所有流量，这样就可以保护所有的分布应用，包括远程登录、客户/服务器、E-mail、文件传输、Web 访问等。

9.1.4 IPSec 的优点

IPSec 的优点如下：

● 当防火墙或路由器使用 IPSec 时，它能为通过其边界的所有通信提供强安全保障，而机构或工作组内部的通信不会产生与安全处理相关的开销。

● 防火墙内的 IPSec 能阻止所有外部流量的旁路，因为防火墙是从互联网进入组织内部的唯一通道。

● 位于传输层协议之下的 IPSec 对所有应用都是透明的。因此，当防火墙或路由器使用 IPSec 时，不需要对用户系统或服务系统做任何改变，即使在终端系统中使用 IPSec，也不需要改变上层的软件和应用。

● IPSec 可以对终端用户透明，不需要对用户进行安全机制培训，如只需为每个用户分配一个密钥，在用户离开组织时回收密钥即可。

● 如果需要 IPSec，可以在进行敏感应用程序时为用户和机构之间建立一个虚拟子网，从而为个体用户提供安全性。

9.1.5　IPSec 提供的安全服务

IPSec 通过允许系统选择所需的安全协议、决定服务所使用的算法和提供任何服务需要的密钥提供 IP 级安全服务。RFC4301 列出了 IPSec 提供的如下安全服务：

● 访问控制：防止对任何资源进行未授权的访问，从而使计算机系统在合法的范围内使用。

● 数据源认证：接收方验证发送方身份是否合法。

● 保密性：发送方对数据进行加密，以密文的形式在互联网上传送，接收方对接收的加密数据进行解密后处理或直接转发。

● 数据完整性：接收方对接收数据进行验证，以判定数据包是否被篡改。

● 抗重放攻击：接收方拒绝旧的或重复的数据包，防止恶意用户通过重复发送捕获到的数据包所进行的攻击。

● 限制流量保密性：流量是加密的，在调试过程中即使抓到了数据包，也无法看到数据内容。

9.2　IPSec 协议族

IPSec 协议是一个开放的协议族。本节介绍 IPSec 协议族架构、IPSec 通信保护协议、IPSec 工作模式、IPSec 密钥交换管理协议。IPSec 通过这些协议以及工作模式对原始的 IP 数据包进行加密和认证形成新的数据包以保证网络层数据的安全。

9.2.1 协议族架构

IPSec 协议不是具体指哪个协议,而是一个开放的协议族,协议族架构如图 9-2 所示。

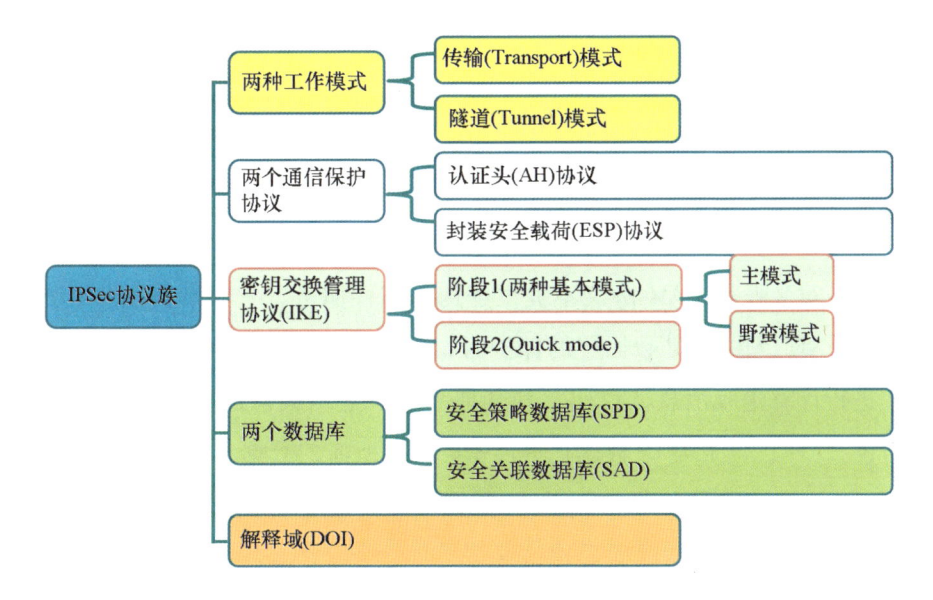

图 9-2　IPSec 协议族架构

● IPSec 的工作模式:IPSec 协议可以设置成在两种工作模式下运行,一种是传输(Transport)模式,另一种是隧道(Tunnel)模式。

● IPSec 通信保护协议:认证头(authentication header,AH)协议,为通信提供数据完整性保护;封装安全载荷(encapsulating security payload,ESP)协议,为通信提供保密性和数据完整性安全服务。AH 协议和 ESP 协议都能为通信提供抗重放攻击保护。

● IPSec 密钥交换管理协议:IPSec 使用互联网密钥交换(Internet key exchange,IKE)协议实现安全协议的自动安全参数协商。IKE 协商的安全参数包括加密与认证算法、加密与认证密钥、通信的保护模式（传输或隧道模式）、密钥的生存期等。IKE 将这些安全参数构成的集合称为安全关联（security association，SA），IKE 还负责这些安全参数的更新。

● IPSec 的数据库：安全策略数据库（security policy database，SPD）、安全关联数据库（security association database，SAD）。这两个数据库的交互决定了 IPSec 的安全策略。

● IPSec 的解释域：解释域是安全参数的主数据库，包括加密及认证算法的标识符和运作参数等。

9.2.2 通信保护协议

AH 协议（IP 协议号 51）为 IP 数据包提供数据源认证、数据完整性和抗重放攻击安全服务。AH 协议不提供任何保密性服务，它不加密所保护的 IP 数据包。AH 提供对 IP 数据包的保护时，用 Hash 函数对 IP 数据包（和新 IP 头）进行计算生成消息认证码，和其他参数一起组成认证头（AH）插入 IP 数据包。AH 包含了为 IP 数据包提供密码保护所需的数据。

ESP 协议（IP 协议号 50）为 IP 数据包提供保密性、数据源认证、数据完整性、抗重放攻击、限制流量保密性安全服务。ESP 协议提供保密性服务时，IP 数据包以密文的形式出现，用加密算法对 IP 数据（和 IP 头）进行加密，并将 ESP 头、加密后的数据和填充进行 Hash 计算生成消息认证码（并添加新 IP 头）。ESP 包含了为 IP 数据包提供密码保护所需的数据。

AH 协议和 ESP 协议安全特性比较如表 9-1 所示。

9.2.3 工作模式

IPSec 的工作模式是指将 AH 或 ESP 相关的字段插入原始 IP 数据包中，以实现对数据包的认证和加密。IPSec 工作模式有传输模式和隧道模式两种。

表9－1 AH协议和ESP协议安全特性比较

安全特性	AH	ESP
协议号	51	50
数据完整性校验	支持（验证整个IP数据包）	支持（不验证IP头）
数据源认证	支持	支持
数据加密	不支持	支持
抗重放攻击	支持	支持
IPSec NAT－T（NAT穿越）	不支持	支持

1. 传输模式

传输模式主要应用于主机和主机或主机和安全网关之间通信，为高层协议提供安全服务的同时增加对IP数据包的有效载荷的保护，如图9－3所示。在传输模式下，IPSec协议处理模块会在IP头和高层协议数据之间插入一个新IP头。新IP头与原始IP数据包中的IP头是一致的，只是IP数据包中的协议字段会被改成IPSec协议的协议号（50或者51），并重新计算IP头校验和。IPSec源端点不会修改IP头中目的IP地址，原来的IP地址也会保持明文。

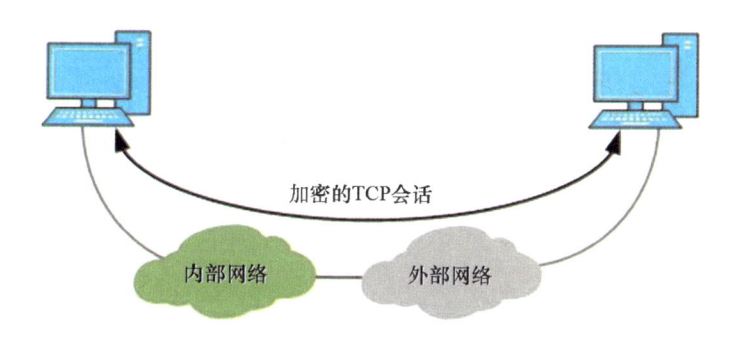

图9－3 传输模式应用场景

2. 隧道模式

隧道模式主要应用于私网与私网之间通过公网进行通信，如图9－4所示。在隧道模式下，原始 IP 数据包被封装成一个新的 IP 数据包，在内部数据包头以及外部数据包头之间插入一个 IPSec 头，原 IP 地址被当作有效载荷的一部分受到 IPSec 的保护。

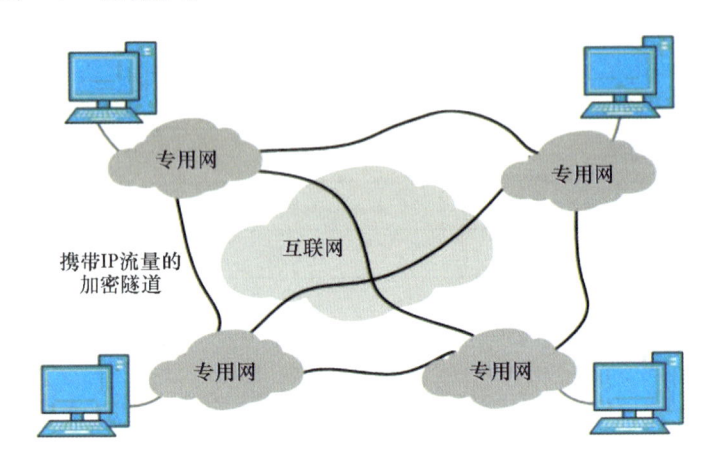

图 9-4 隧道模式应用场景

9.2.4 密钥交换管理协议

用 IPSec 保护一个 IP 数据包之前，必须先建立 SA。IPSec SA 可以通过手工配置的方式建立。但是当网络中节点较多时，手工配置将非常困难，而且难以保证安全性，这时就可以使用密钥交换管理协议 IKE 自动进行 SA 建立与密钥交换过程。

IKE 协议为 IPSec 提供了自动协商密钥、建立 IPSec SA 的服务，能够简化 IPSec 的使用和管理，大大简化 IPSec 的配置和维护工作。IKE 与 IPSec 的关系如图 9-5 所示，对等体之间建立一个 IKE SA 完成身份验证和密钥信息交换后，在 IKE SA 的保护下，根据配置的 AH/ESP 安全协议等参数协商出一对 IPSec SA。此后，对等体间的数据将在 IPSec 隧道中加密传输。

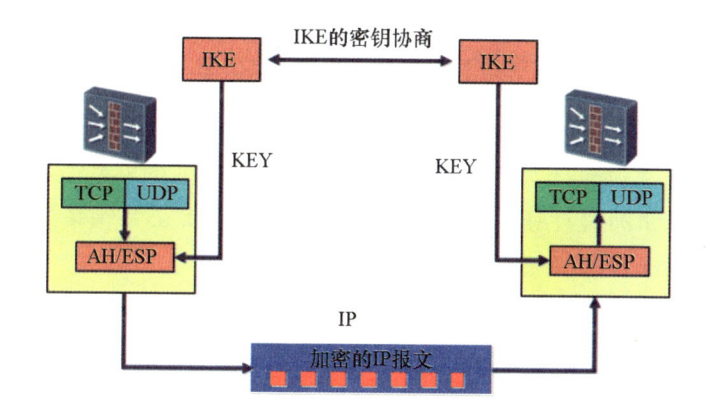

图 9-5　IKE 与 IPSec 的关系

IKE 协议有两个版本：IKEv1 和 IKEv2。IKEv2 保留了 IKEv1 的基本功能，并提高了不同 IPSec 系统的互操作性。IKEv2 与 IKEv1 相比有以下优点：

● 简化了安全关联的协商过程，提高了协商效率。IKEv1 使用两个阶段为 IPSec 进行密钥协商并建立 IPSec SA；IKEv2 简化了协商过程，在一次协商中可直接生成 IPSec 的密钥并建立 IPSec SA。

● 修复了多处公认的密码学方面的安全漏洞，提高了安全性能。

● 加入对扩展认证协议（extensible authentication protocol，EAP）身份认证方式的支持，提高了认证方式的灵活性和可扩展性。EAP 是一种支持多种认证方法的认证协议，可扩展性是其最大的优点，即若想加入新的认证方式，可以像组件一样加入，而不用变动原来的认证体系。当前 EAP 认证已经广泛应用于拨号接入网络中。

● 通过 EAP 协议解决了远程接入用户的认证问题，彻底摆脱了第二层隧道协议（layer 2 tunneling protocol，L2TP）的牵制。目前 IKEv2 已经广泛应用于远程接入网络中。

· 知识延伸

– L2TP –

第二层隧道协议 L2TP 是一种虚拟隧道协议，通常用于虚拟专用网。L2TP 协议自身不提供加密与可靠性验证的功能，可以和安全协议搭配使用，从而实现数据的加密传输。

9.3 IPSec 安全策略

IPSec 操作的基本概念是应用于每一个从源端到目的端传输的 IP 包的安全策略。IPSec 策略主要由两个数据库的交互决定。这两个数据库是安全关联数据库 SAD 和安全策略数据库 SPD。本节简单介绍这两种数据库并总结其在 IPSec 操作中的使用。图 9 – 6 描述了其相互关系。

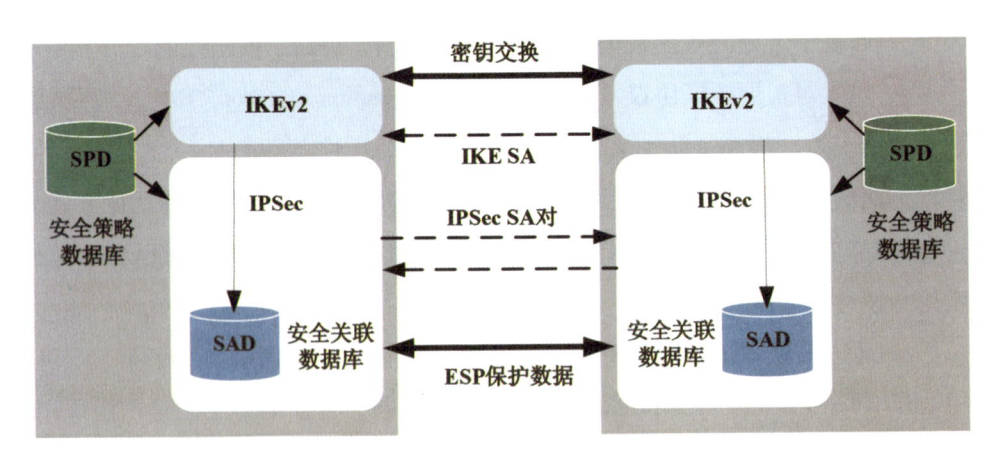

图 9 – 6　IPSec 安全策略结构

9.3.1 数据库

当两个网络节点在 IPSec 保护下通信时，它们必须协商一个安全关联（SA）用于认证或者协商两个 SA 用于认证和加密，并协商这两个节点间所共享的会话密钥以便它们能够执行密码操作。

一个 SA 由三个参数唯一确定：

● 安全参数索引（security parameter index，SPI）：一个与 SA 相关的位串，仅在本地有意义。SPI 由 AH 和 ESP 携带，使得接收系统能选择合适的 SA 处理接收包。

● IP 目的地址：这是 SA 的目的地址，可以是用户终端系统、防火墙或路由器。

● 安全协议标识：来自外部 IP 头并标识该关联是一个 AH 安全关联还是 ESP 安全关联。

安全关联数据库（SAD）是 SA 的集合，包含每一个 SA 的参数信息，如 AH 或 ESP 算法和密钥、序列号、协议模式以及 SA 的生命周期等。

安全策略数据库（SPD）指定什么 IP 流量接受 IPSec 保护，通过源 IP 地址、目的 IP 地址、传输层协议、系统名、用户 ID 等来进行选择。SPD 中的每一项都与 SA 关联。

9.3.2 通信过程

IPSec 是在逐个包上执行的。当实现了 IPSec 时，每一个发往外部的 IP 包都会在发送之前有 IPSec 逻辑进行处理，而每一个发往内部的 IP 包也会在接收到之后且在传递给上一层（如 TCP 或 UDP）之前有 IPSec 处理。

1. 向外发包

图 9-7 给出了向外通信的 IPSec 处理过程的主要元素。例如将 TCP 层的上一层的数据块传递到 IP 层并形成 IP 包，IP 包是由 IP 头和 IP 正文组成，然

后执行如下步骤：

- IPSec 搜索与该包匹配的 SPD。
- 假如未找到匹配的 SPD，则丢弃该包并生成错误信息。
- 假如找到匹配的 SPD，则由找到的第一个 SPD 入口决定往后的过程。假如对该包的策略是丢弃，则丢弃该包；假如对该包的策略是通过，则 IPSec 过程结束，IP 包就用于网络传输。
- 假如对该包的策略是保护，则搜索匹配的 SAD。如果没有找到 SAD，则唤醒 IKE 用合适的私钥生成 SA 以及 SA 的入口。
- 假如找到匹配的 SAD，则进一步的处理（加密、认证或两者都执行，使用传输或隧道模式）就由 SAD 决定，然后 IP 包用于网络传输。

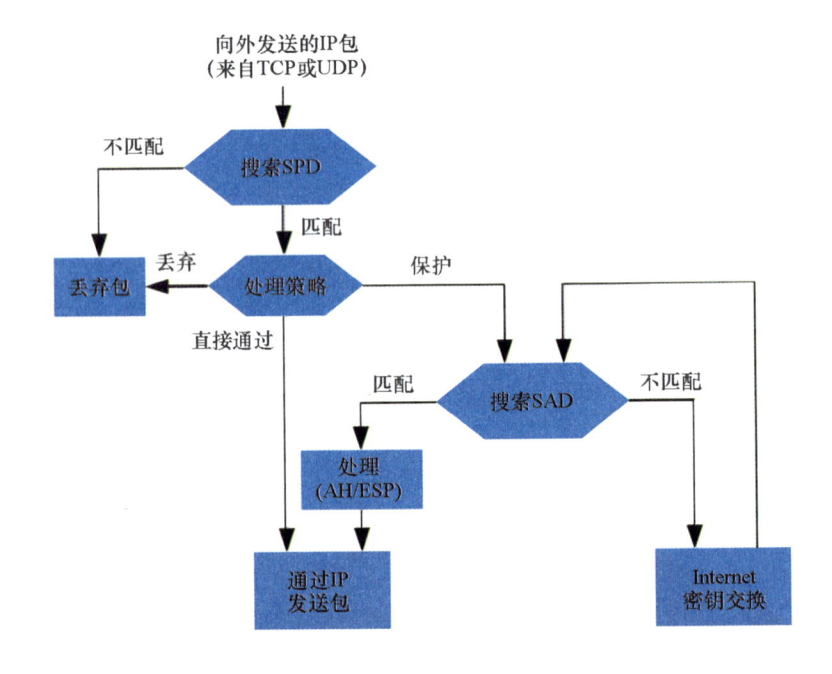

图 9-7 向外发包处理模型

2. 向内发包

图 9-8 给出了向内通信的 IPSec 处理过程的主要元素。一个到来的 IP 包触发 IPSec 处理过程，然后执行如下步骤：

- IPSec 通过检查 IP 协议域（IPv4）或下一个头域（IPv6）来判断该包是一个非安全的 IP 包还是有 ESP 或 AH 头/尾的 IP 包。
- 假如是非安全的包，IPSec 搜索匹配的 SPD。假如第一个匹配的入口的策略是通过，则处理 IP 头然后将包的正文传递给上一层，如 TCP 层。假如第一个匹配的入口的策略是保护或丢弃，或没有找到匹配的 SPD，则丢弃该包。
- 如果是安全的包，IPSec 就搜索 SAD。假如没有找到匹配的 SAD 入口，则丢弃该包；否则 IPSec 执行合适的 ESP 或 AH 过程。然后处理 IP 数据包头并将包正文发送给上一层，例如 TCP 层。

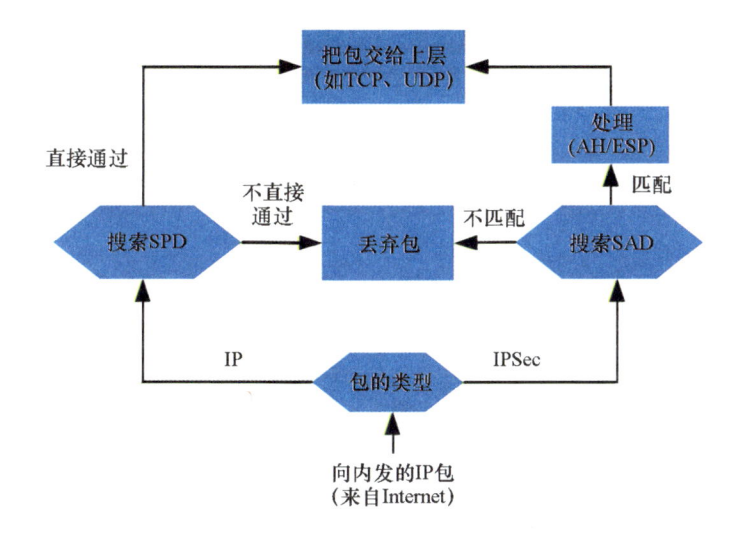

图 9-8 向内发包处理模型

9.4 IPSec VPN

IPSec VPN 是基于 IPSec 协议族构建的在 IP 层实现的安全虚拟专用网。IPSec 的目的是为 IP 提供高安全特性，VPN 则是实现这种安全特性的一种解决方案。本节介绍 VPN 的基本概念及 IPSec VPN 工作原理和应用场景。

9.4.1　VPN 概述

VPN 是指将物理上分布在不同地点的专用网络通过不可信任的公共网络构造成逻辑上信任的虚拟子网，进行安全的通信。这里公共网络主要指互联网。

图 9-9 为 VPN 的结构与基本原理示意图。图中有 3 个专网，它们都位于 VPN 设备的后面，同时由路由器连接到公共网络。VPN 技术采用了安全封装、加密、认证、存取控制、数据完整性保护等措施，使得敏感信息只有预定的接收者才能读懂，从而实现信息的安全传输，使信息不被泄露、篡改和复制，相当于在各 VPN 设备间形成一些跨越互联网的虚拟通道——隧道。

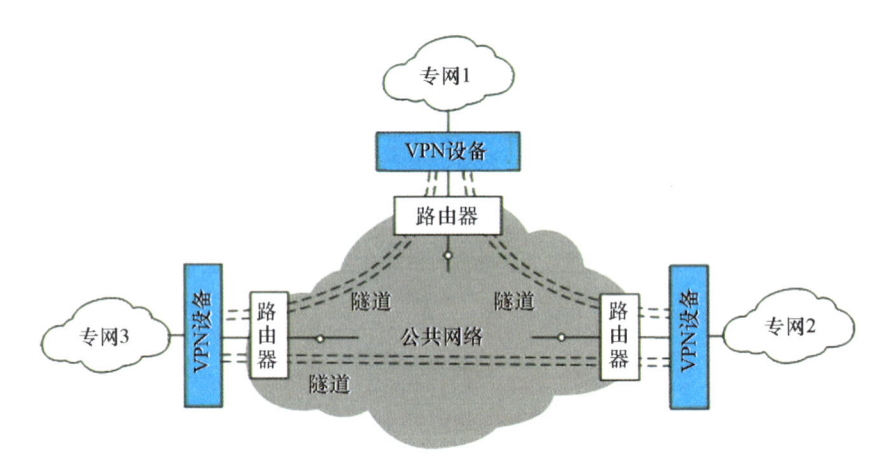

图 9-9　VPN 的结构与基本原理

隧道的建立主要有两种方式：客户启动和客户透明。客户启动也称自愿型隧道，要求客户和服务器（或网关）都安装特殊的隧道软件，以便在互联网中可以任意使用隧道技术，完全由自己控制数据的安全。客户透明也称强制型隧道，只需要服务器端安装特殊的隧道软件，客户软件只用来初始化隧道，并使用用户 ID、口令或数字证书进行权限鉴别，使用起来比较方便，主要提供给 ISP 将用户连接到互联网使用。

VPN 的基本处理过程如下：

● 要保护的主机发送明文信息到其 VPN 设备；

● VPN 设备根据网络管理员设置的规则，确定是对数据进行加密还是直接传送；

● 对需要加密的数据，VPN 设备将其整个数据包（包括目的 VPN 设备需要的安全信息和一些初始化参数）重新封装；

● 将封装后的数据包通过隧道在公共网上传送；

● 数据包到达目的 VPN 设备，将数据包解封，核对数字签名无误后，对数据包解密。

9.4.2 工作原理

实现 VPN 的主要技术有两种：一种是基于 IPSec 协议的 VPN 模式，一种是基于安全套接层（security sockets layer，SSL）协议的 VPN 模式。下面介绍 IPSec VPN 技术。

IPSec 虚拟隧道接口是一种支持路由的三层逻辑接口，它可以支持动态路由协议，所有路由到 IPSec 虚拟隧道接口的数据包都将进行 IPSec 保护，同时还可以支持对组播流量的保护。IPSec 虚拟隧道接口对数据包的封装/解封发生在隧道接口上。用户流量到达实施 IPSec 配置的设备后，需要 IPSec 处理的数据包会被转发到 IPSec 虚拟隧道接口上进行封装/解封。如图 9-10 所示，IPSec 虚拟隧道接口对数据包进行封装的过程如下：

● 路由器将从入接口接收到的 IP 明文数据包送到转发模块进行处理。

● 转发模块依据路由查询结果，将 IP 明文发送到 IPSec 虚拟隧道接口进行封装：原始 IP 数据包被封装在一个新的 IP 数据包中，新 IP 头中的源地址和目的地址分别为隧道接口的源地址和目的地址。

● IPSec 虚拟隧道接口完成对 IP 明文的封装处理后，将 IP 密文送到转发模块进行处理。

● 转发模块进行第二次路由查询后，将 IP 密文通过隧道接口的实际物理接口转发出去。

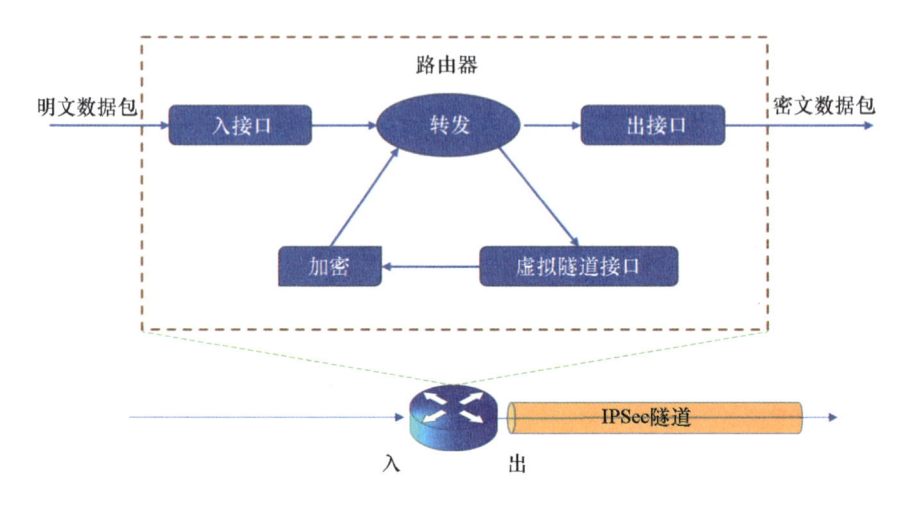

图 9 – 10　IPSec 虚拟隧道封装原理

如图 9 – 11 所示，IPSec 虚拟隧道接口对数据包进行解封的过程如下：

● 路由器将从入接口接收到的 IP 密文数据包送到转发模块进行处理。

● 转发模块识别到此 IP 密文的目的地为本设备的隧道接口地址且 IP 协议号为 AH 或 ESP 时，会将 IP 密文送到相应的 IPSec 虚拟隧道接口进行解封：将 IP 密文的外层 IP 头去掉，对内层 IP 数据包进行解密处理。

● IPSec 虚拟隧道接口完成对 IP 密文的解封处理之后，将 IP 明文重新送回转发模块处理。

● 转发模块进行第二次路由查询后，将 IP 明文从隧道的实际物理接口转发出去。

从上面描述的封装、解封过程可见，IPSec 虚拟隧道接口将 IP 数据包的 IPSec 处理过程区分为两个阶段："加密前"和"加密后"。需要应用到加密前的明文上的业务（例如 NAT、QoS），可以应用到隧道接口上；需要应用到加密后的密文上的业务，则可以应用到隧道接口对应的物理接口上。

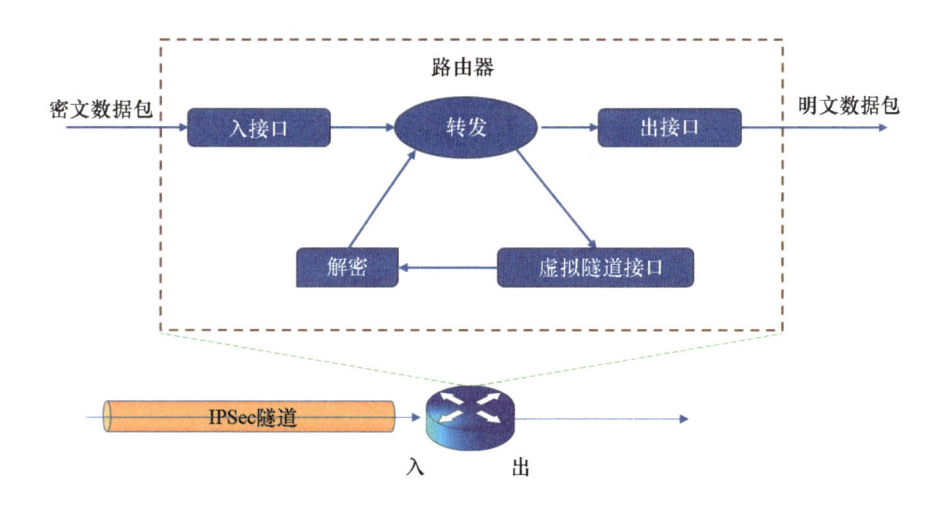

图 9-11 IPSec 虚拟隧道解封原理

9.4.3 应用场景

IPSec VPN 的应用场景分为三种：

● 站点到站点或者网关到网关（site-to-site）：如三个机构分布在互联网的三个不同的地方，各使用一个商务领航网关相互建立 VPN 隧道，企业内网（若干 PC）之间的数据通过这些网关建立的 IPSec 隧道实现安全互联。

● 端到端或者 PC 到 PC（end-to-end）：两个 PC 之间的通信由两个 PC 之间的 IPSec 会话保护，而不是网关。

● 端到站点或者 PC 到网关（end-to-site）：两个 PC 之间的通信由网关和异地 PC 之间的 IPSec 进行保护。

第10章 保密通信

保密通信，通俗地讲，就是指采取了保密措施的通信。保密通信历来受到世界各个国家的高度重视，历史上也多次出现过通信保密问题导致战争胜败的事件。二战中盟军破译德军 Enigma 密码系统就是一个很好的例子，正是由于盟军超强的破译能力，他们能够随时掌握德军的情报信息，从而在各种场合绝地反击，出奇制胜，赢得了战场的绝对主动权，为最后的胜利奠定了基础。由此可见，保密通信在军事战争中所扮演的角色至关重要。

10.1 概述

随着通信技术和计算机技术的高度发展，现代通信特别是战场通信已大大扩展了传统点对点的信息传输模式，形成了集信息处理、交换、存储和传输为一体的信息通信网，这也使得通信网安全面临的威胁越来越大。

10.1.1 通信面临的安全威胁

通信所面临的安全威胁，可抽象地概括为被动攻击和主动攻击两类。

1. 被动攻击

被动攻击是指攻击者以窃取情报和信息为主要目的，但不会对相关通信设施造成破坏的攻击方式。被动攻击一般在通信网系统的外部进行，它对网络本身不会造成损害，通信系统仍可正常运行。典型的被动攻击方法一般通过信号监听、信息窃取、流量分析、密码破译等手段窃取对方通信网中各类有价值的情报，或为进一步的主动攻击提供保障。

在信号监听中，攻击者通过分析通信信号的频谱特征参数来挖掘各种不同信号的表现；在信息窃取中，攻击者一般从通信信道和存取介质等处入手来窃取重要的数据文件；在流量分析中，攻击者虽然无法直接获得情报信息，但通过对通信网络中的信息流量和流向进行分析，有可能获得有价值的情报；在密码破译中，攻击者对截获的加密密文进行破译后并还原明文消息，从而直接获得有价值的信息。

2. 主动攻击

主动攻击是指攻击者除窃取信息之外，还以破坏对方的通信网络和相关设施为目标的攻击手段。主动攻击一般会使通信设备无法正常工作，严重时可导致系统瘫痪，给通信网络带来灾难性的后果。典型的主动攻击包括采取假冒、篡改、重放、阻塞、感染病毒、植入木马等手段向通信系统进行攻击。

在假冒攻击中，攻击者通过某种手段假冒合法者身份以欺骗通信系统中的其他合法用户；在篡改攻击中，攻击者通过在正常的通信流中删除或插入伪造的数据来破坏信息的完整性；在重放攻击中，攻击者截获合法的交互信息，并选择在适当的时机重放，以达到欺骗系统的目的；在阻塞攻击中，攻击者通过无休止地访问通信系统的某个节点，造成通信网络的阻塞，从而影响合法用户的访问和通信系统的正常运行；在病毒和木马攻击中，攻击者通过编写恶意的代码并注入系统中以窃取重要情报或者造成系统瘫痪。

通过对被动攻击和主动攻击的观察和分析不难发现，为应对和抵抗这些攻击，经过精心设计的通信系统必须满足一些安全准则，并实现相应的安全机制来保护通信过程的安全。

10.1.2　通信安全目标

为了抵抗上述被动攻击和主动攻击当中的各类攻击方法，保证通信网的正常运行，必须采取相应的措施和策略应对上述威胁。一个安全的通信系统通常需要设定保密性、完整性、可用性、真实性等安全目标。

● 保密性：指通信的真实内容不能为除合法通信双方之外的第三方所知，通常采用加密技术对通信内容进行变换，这样即便入侵者截获了密文，其窃取的数据仍然是无用的。

● 完整性：指在通信过程中所鉴别的信息是否来自预先制定的发送者、数据在传输过程中是否被修改。该完整性即要求通信内容不能遭受有意或无意的插入、删除、修改、乱序等形式的破坏。

● 可用性：指通信网络为授权实体提供访问和使用的性能，并能及时可靠地为授权用户提供访问数据和信息服务的能力。

● 真实性：是确保可信通信链路的建立，同时防止通信实体在实施行为后对其实施过程予以否认。一般通过身份认证技术和数字签名技术，配以适当的通信安全协议来确保真实性。

以上通信安全目标，保密性是基础和前提。保密通信已经与通信系统相互影响、互为依托、密不可分，它在通信系统中肩负着越来越重要的职责。现代的保密通信主要采用信道保密、信息隐藏和信息加密。信道保密是指采用使窃密者不易截收到信息的通信信道对信息进行传输的方式，比如采用专用的通信线路进行通信、利用无线电扩频技术进行通信等。信息隐藏指将信息隐蔽在公开信息中，基于公开信道传递的信息保密方法，如阈下信道、隐写技术等。信息加密是指通信对象之间为防止机密信息被截取，按照预先约定的方法（一般指密码算法）改变信息的表现形式以隐蔽其真实内容，从而使非授权实体无法获取其机密信息的通信方式。

通信网络中的保密技术不仅要完成对消息内容的保密，还要能够隐藏消息的来源与目的地、发送频率、长度以及其他传输属性，因为第三方可能通过观察通信设施上来往消息的特点，分析出通信网络的拓扑结构以及分层等重要安全信息。

10.2 关键技术

通信安全技术是维护保密性、完整性、可用性和真实性的重要手段。其中，密码技术是实现保密通信的核心技术，它涉及密码算法、密钥管理、密码协议等多种安全范畴。本节首先简要讲解密码技术的概念，然后分别介绍实现保密通信的几类重要方法，即端到端加密技术、链路加密技术和混合加密技术。

10.2.1 密码技术

密码技术是指为使通信信息隐蔽保密地传输而采用的编码技术，由加密和解密的各种要素和方案构成，一般包括加解密算法以及指示这种算法的参数即密钥。明密文集合、加解密算法以及相关的密钥一起就构成了一个密码体制。

为了在通信当中利用密码技术，通信双方需要预先通过安全的信道分别生成各自的密钥源。如图 10-1 所示，假设需要发送明文 P，发送方利用密钥 K_1 选择一个加密变换，对明文加密获得密文 C，然后通过公开信道将 C 发送出去；接收方则选用与 K_1 相应的解密密钥 K_2，对 C 进行解密从而获得明文 P。由于 C 在公开信道上传输，因此可能会有除通信双方之外的第三方窃听者截获密文 C，并尝试由 C 来恢复明文 P。一个安全的密码体制能够保证：当攻击者不知道加密变换所采用的密钥时，他将很难获取到明文 P 的任何信息。

根据密码算法所使用的加密密钥和解密密钥是否相同，能否由加密过程推导出解密过程（或者由解密过程推导出加密过程），可将密码体制分为对称

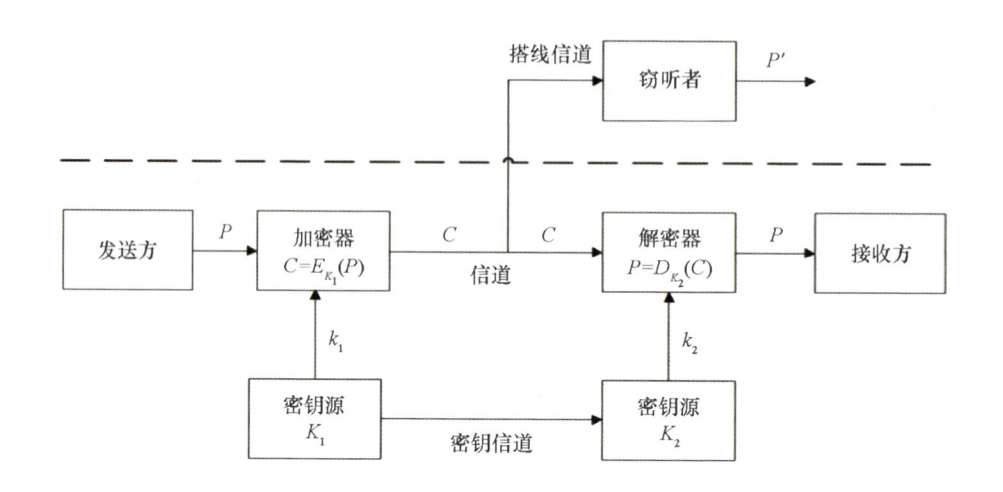

图 10-1 通信信道与密码体制

密码体制和非对称密码体制。

1. 对称密码体制

如果一个加密系统的加密密钥和解密密钥相同,或者虽不相同,但由其中的任意一个可以很容易地推导出另一个,那么该系统所采用的就是对称密码体制。对称密码体制是 20 世纪 70 年代非对称密码体制产生之前唯一的加密类型。早期的移位密码、代换密码以及第二次世界大战中德军所采用的 Enigma 密码都属于对称密码体制的范畴。1949 年,克劳德·艾尔伍德·香农(Claude Elwood Shannon,1916—2001 年,美国数学家、信息论创始人)在其发表的论著《保密系统的通信理论》(*Communication Theory of Secrecy Systems*)中,从信息论的角度特别是信息熵出发构建数学模型研究对称密码的安全性,提出了设计密码算法的混淆和扩散原则,奠定了对称密码学的理论基础,将对称密码学提升到科学的范畴。1977 年,美国公布的数据加密标准 DES 推动了对称密码的发展。进入 20 世纪 90 年代,世界各国相继开展了各类密码算法标准的征集活动,促进了对称密码的飞速发展。

以密码算法对信息处理的方式可进一步将对称密码体制分为流密码和分组密码。流密码利用一个时序变换对明文进行逐比特或字节处理,它在加密速度和硬件实现规模两方面具有明显优势，非常适合在大量数据传输以及资源受限的场合应用，典型算法有 A5、E0 和 ChaCha20，分别用于移动电话、蓝牙通信和浏览器中。分组密码则利用一个由密钥决定的变换对明文的分组进行处理，其特点是安全、高效和易于标准化，典型算法如高级加密标准（advanced encryption standard，AES）、国际数据加密算法（international data encryption algorithm，IDEA）和我国加密标准 SM4 等，这些算法被广泛应用于银行交易、电子商务等各类安全协议中。

对称密码体制的优点是计算开销小，加解密速度快，具有较高的保密强度。但它的密钥必须通过安全可靠的途径传递，且通信各方必须信任对方不会将密钥泄露出去，因此密钥管理成为影响通信系统安全的关键因素，这使它难以满足系统的开放性需求。

2. 非对称密码体制

如果一个加密系统的加密和解密分别用两个不同的密钥实现，并且很难由加密密钥推导出解密密钥（或者很难由解密密钥推导出加密密钥），那么该系统所采用的就是非对称密码体制。1976 年，Diffie 和 Hellman 在其论著《密码学新方向》（*New Directions in Cryptography*）中首次公开提出了非对称密码体制的思想。在该密码体制中，通信双方各自持有一对公钥和私钥，双方的公钥公开，而私钥保密，且由公钥很难推导出私钥信息。通信时，发送方利用接收方的公钥对消息加密，通过公开信道传递给接收方，而接收方则可以利用自己的私钥对密文进行解密。除提供基本的加解密功能之外，非对称密码体制还能解决对称密码体制中的密钥管理问题，使得通信双方不需要通过安全信道也可进行密钥协商，同时提供了数字签名的功能。

公钥密码的设计一般依赖于计算困难的数学问题，如大整数因子分解、离散对数、多变量多项式方程组求解、纠错译码等。典型的公钥密码体制包括 RSA 密码体制和椭圆曲线密码体制，分别基于大整数因子分解难题和离散对数难题而设计，这两类密码体制已经在通信安全领域中得到了广泛应用。非对称密码体制的主要优点是可以适应开放性的使用环境，密钥管理问题相对简单，并能方便、安全地实现数字签名和验证；缺点主要在于加解密速度较慢，因此，不适合对大数据的加解密以及对实时性要求较高的场合。

上述两类密码体制属于传统意义下的密码体制，它们一般仅用于保护数据的机密性。广义密码体制还包括散列算法、消息认证码算法和数字签名算法等，可进一步提供针对通信双方身份和通信消息真实性的认证。基于这些密码体制所构建的各种保密和认证技术，能有效地解决通信中的各类安全问题。

10.2.2 加密方式

按照通信网络的分层以及加、解密所处阶段的不同，保密通信可采用端到端加密、链路加密和混合加密三种加密方式。

1. 端到端加密技术

端到端加密技术是指数据在从源点到终点的传输过程中始终以密文形式存在。端到端加密通常在应用层完成，其加密过程如图 10-2 所示。发送方在发送节点对明文 X 进行加密得到 $E_K(X)$，在传输的各中间节点，消息始终以 $E_K(X)$ 的形式（即未解密）经过整个通信链路，最终到达接收节点后，由接收方对消息进行解密得到明文 X。由于传输的消息在到达终点之前不进行解密，因此，消息在整个传输过程中均受到了保护，即使有节点被损坏也不会使消息泄露。

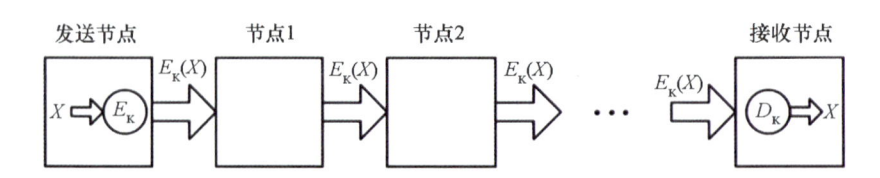

图 10-2 端到端加密技术示意图

端到端加密的优点在于该方法只需要源节点和目的节点保密即可，因此较链路加密成本更低，更容易设计、实现和维护。端到端加密系统通常不允许对消息的目的地址进行加密,因为每一个消息所经过的节点都要用此地址来确定如何传输消息。这种加密方法不能掩盖被传输消息的源点与终点,因此它无法阻止攻击者通过跟踪消息传播路径从而达到分析通信业务的目的。

2. 链路加密技术

链路加密技术是指对通信网中任意两个相邻节点之间传输的所有数据均进行加密保护的技术。链路加密通常在链路层完成,其加密过程如图 10 – 3 所示。在发送节点对消息进行加密,在每一个中间节点先对接收到的消息进行解密,然后使用下一个链路的密钥对消息进行加密,再进行传输,依次交替进行,最后在接收节点对消息进行解密。在到达目的地之前,一条消息可能要经过多条通信链路的传输,每条通信链路上的加密均需独立实现。因此,在受保护数据所选定的通信路由上,任意节点都需要安装相应的密码装置,并配置对应的密钥。链路加密的优点在于它对通信网络中每一个中间传输节点的消息进行解密后重新加密,因此,包括路由信息在内的链路上的所有数据均以密文形式出现。这样,链路加密就掩盖了被传输消息的源点与终点等消息属性,从而在一定程度上防止了第三方对通信业务进行分析。

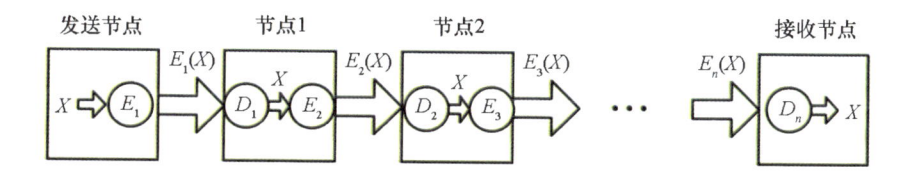

图 10 – 3　链路加密技术示意图

链路加密技术在通信网络环境中使用得相当普遍,但其仍然存在以下缺点:其一,在一个网络节点,链路加密仅在通信链路上提供安全性,而消息以明文形式存在于该节点中,因此需要所有节点在物理上必须是安全的,否则就会泄露明文内容,这就需要为每一个节点提供加密硬件设备和安全的物理环境;其二,由于每一个节点必须存储与其相连接的所有链路的加密密钥,密钥分配在链路加密系统中也是一个瓶颈问题。

3. 混合加密技术

混合加密技术是指将端到端加密和链路加密两种方式结合的应用技术。其原理如图 10-4 所示。在发送节点，发送方对消息内容 M 进行端到端加密得到 $E_K(M)$，对报头 H（包含目的地址）进行链路加密得到 $E_1(H)$，将 $E_K(M)$ 和 $E_1(H)$ 发送至节点 1。到达节点 1 后，$E_K(M)$ 保持不变，仅对 $E_1(H)$ 进行链路解密，并对 H 进行新的链路加密得到 $E_2(H)$，将 $E_K(M)$ 和 $E_2(H)$ 发送至节点 2。上述加解密步骤交替进行，依次经过各个节点，最后传输至接收节点。接收方则依次进行链路解密和端到端解密，从而获得消息 M 和传输的消息头 H。

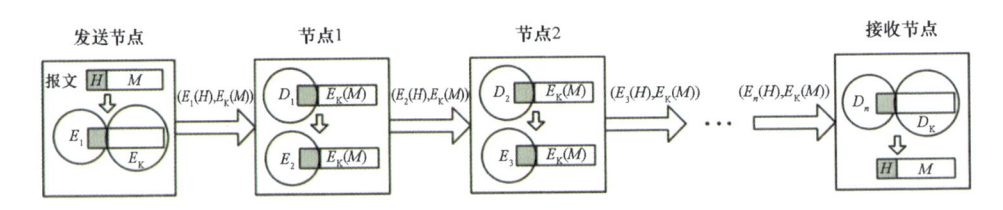

图 10-4 混合加密技术示意图

采用混合加密技术的通信系统，发送节点和接收节点利用端到端加密和解密技术对通信数据进行保护，而整个数据分组在网络中穿梭时则使用链路加密技术，这样保证了只有数据分组的信息头在交换节点的存储器中以明文方式存在，既提供了消息在整个传输中的保密性，同时也掩盖了消息的源点和终点信息，从而克服了通信系统中单纯采用端到端加密或者链路加密所带来的安全隐患，使通信获得了更好的安全性。

10.3 典型应用

全球移动通信系统（global system for mobile communications，GSM）曾是世界上使用最为广泛的第二代移动通信系统（2G），对军事无线通信也具有较好的参考价值。本节以 GSM 为例，介绍该系统保密通信机制的设计原理、存在的安全漏洞及相关的攻击方法，并阐述后续移动通信系统在保密通信方面的改进措施，从而加深读者对保密通信的理解和认识。

10.3.1 GSM 结构

GSM 是世界上第一个实现全球互通的移动数字通信系统，它对后续移动通信系统的设计产生了深刻的影响。如图 10-5 所示，GSM 主要由移动台（mobile station，MS）、基站子系统（base station sub-system，BSS）、网络交换子系统（network switching sub-system，NSS）和网络管理子系统（network management sub-system，NMS）四部分组成。

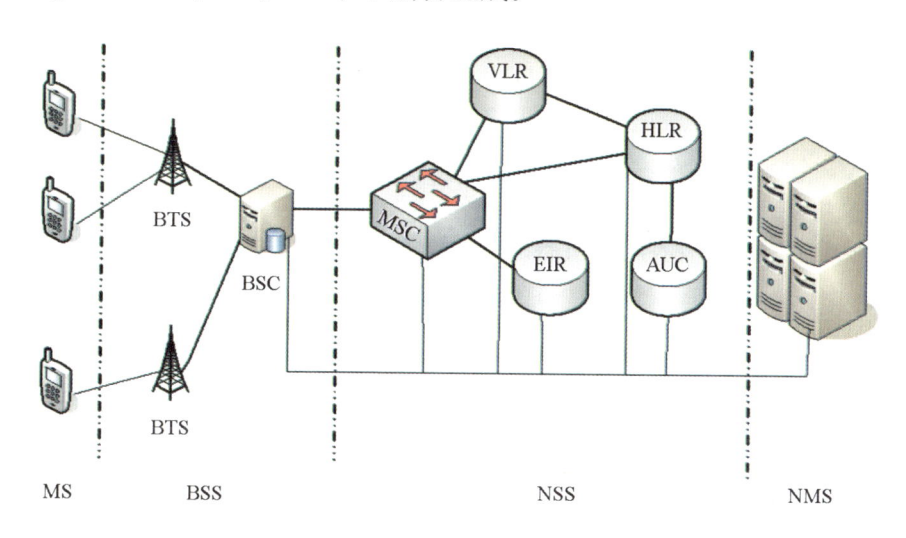

图 10-5 GSM 结构

MS 是 GSM 的用户设备，由移动终端和用户 SIM 识别卡组成。移动终端主要完成语音信号处理和无线收发功能，SIM 卡是移动台的"身份证"，其存储了认证用户身份所需要的所有信息，以及与安全保密有关的重要信息，以防非法用户入侵。

BSS 是交换子系统和移动台之间的桥梁，主要包括 BSC 和 BTS 两部分，完成无线信道管理和无线收发功能。

NSS 包括 MSC 和存储用户数据及移动管理信息的数据库，即归属位置寄存器（home location register，HLR）、拜访位置寄存器（visiting location register，VLR）、认证中心（authentication center，AUC）和设备标志寄存器（equipment identity register，EIR）。其中，HLR 包含了该网络自己的移动电话的位置信息，而 VLR 存储从其他网络漫游进入本网络的移动电话的位置信息。AUC 直接与 HLR 相连，是认证移动用户身份及产生相应认证参数的功能实体。认证三参数组包括随机数、响应和加密密钥。EIR 主要用于存储移动台设备有关的参数。

NMS 是 GSM 的操作维护部分，GSM 的所有功能单元可通过各自的网络连接到这里，其可以实现对 GSM 各个功能单元的监视、状态报告和故障诊断等功能。

10.3.2 GSM 安全机制

GSM 主要通过引入认证和加密来实现安全机制，一方面保护网络以防止未授权用户接入，另一方面保护用户的隐私。其中，认证用于确认合法用户对 GSM 的使用权，通过认证算法 A3 实现；加密用于对移动台和基站间无线链路上传输的信息加密，通过密钥生成算法 A8 和加密算法 A5 来实现。

如图 10-6 所示，A3 和 A8 算法都以 128 比特的随机参数 RAND 和主密钥 Ki 作为输入，计算后产生 96 比特的输出。其中，64 比特作为 A8 算法的输出，该结果用于本次会话的加密密钥 Kc；32 比特作为 A3 算法的输出，该结果用于认证响应参数 SRES。A5 算法以 A8 算法输出的 64 比特会话密钥 Kc 和当前 22 比特帧号 Fn 作为输入，输出为 114 比特的密钥流。在 GSM 中，信息序列以帧的形式进行组织，每一帧都有一个随周期变化的帧号作为该帧的标记。帧号的不断变化导致 A5 算法输出的密钥流也在不断变化，从而使得无线接口上传送的信息序列可用不同的密钥流加密。

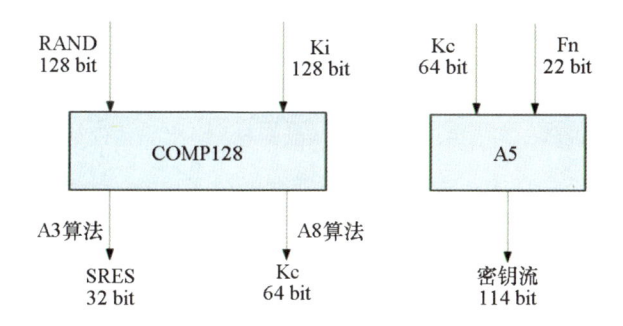

```
         RAND              Ki              Kc        Fn
         128 bit           128 bit         64 bit    22 bit
            │                │               │         │
            ▼                ▼               ▼         ▼
        ┌─────────────────────────┐      ┌─────────────────┐
        │        COMP128          │      │       A5        │
        └─────────────────────────┘      └─────────────────┘
          │ A3算法          │ A8算法           │
          ▼                 ▼                 ▼
        SRES              Kc               密钥流
        32 bit            64 bit           114 bit
```

图 10-6　GSM 系统 A3/A5/A8 算法示意图

GSM 网络中核心计算都在 AUC 中进行。AUC 负责产生认证/鉴权三元组（RAND，SRES，Kc），并将这些鉴权参数向量组发送到用户对应的 HLR 数据库中。如果 MSC 发现对应的数据库（VLR 数据库）中存储的鉴权参数的数量不足，就会向 HLR 数据库发送鉴权参数组的请求。

如图 10-7 和图 10-8 所示，GSM 的认证和加密过程可简述为如下步骤：

● 移动台和 GSM 网络之间建立一条无线链路。

● 移动台向网络端发送能够证明它身份的数据，如临时移动用户标识符（temporal mobile subscriber identification number，TMSI）或国际移动用户标识符（international mobile subscriber identification number，IMSI）。

● 网络端利用与 SIM 卡中共享的密钥 Ki 计算得到认证三元组，并发送认证请求信息给中间仲裁设备 VLR，此信息中包含了认证请求参数 RAND、认证参数响应值 SRES 和当次会话密钥 Kc。中间仲裁设备 VLR 将其中的认证参数 RAND 转发给移动台。

● 移动台接收到认证请求参数 RAND 之后，将 RAND 传送给 SIM 卡。SIM 卡中运行和 GSM 网络端相同的对称算法，密钥 Ki 产生认证参数响应值 SRESy 以及 Kc，并将此数值传送给移动台。

● 移动台将认证参数响应值 SRESy 传送给网络端的中间仲裁设备 VLR。

● VLR 对移动设备发送过来的 SRESy 数值和网络端之前发送过来的鉴权参数响应值 SRES 进行比较。若这两个数值相等的话则认证通过，允许此用户

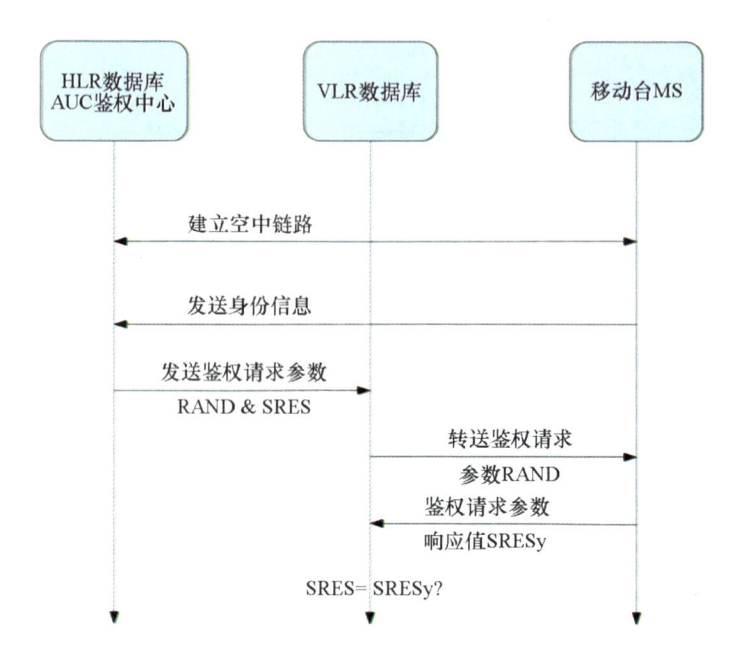

图 10-7　GSM 认证示意图

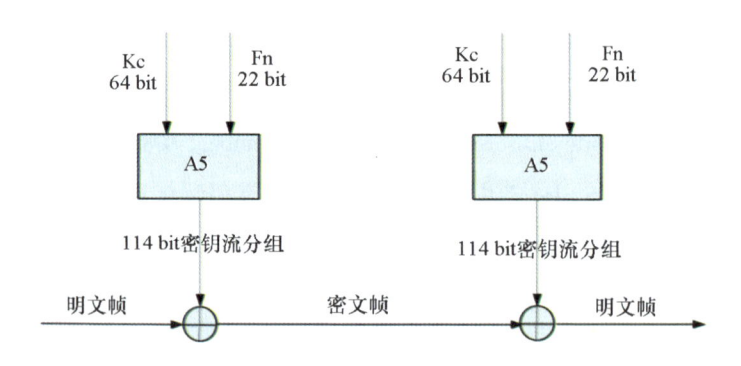

图 10-8　GSM 加密示意图

接入移动通信网络；如果失败的话，由网络端决定再次发起认证或者向移动台发送认证失败消息。

●移动台合法接入网络后，它将与 VLR 协商采用 A5 某个版本的加密算法（A5 算法共支持 A5/1、A5/2、A5/3 三个版本，安全强度依次为 A5/3 >

A5/1＞A5/2，其中 A5/2 在唯密文攻击方式下可实时破解，安全强度最低），利用会话密钥 Kc 和当前帧号 Fn 生成 114 比特密钥流对当前帧数据进行加密。

10.3.3 GSM 安全漏洞

GSM 采用的保密安全机制相对完整，但身份认证机制不够健全，无法确保通信的真实性。由于系统仅强制 GSM 网络对接入的移动台做鉴别，但移动台未对接入的 GSM 网络做认证，从而无法确保通信链路的可信。

攻击者利用这一单向认证的漏洞，可以直接伪造基站实施中间人攻击，从而达到劫持、干扰和破坏正常通信的目的。此外，GSM 的保密机制支持不同版本的 A5 加密算法，比如加密强度高的 A5/1 算法被限制在欧洲使用，而加密强度非常弱的算法 A5/2 被出口至非洲和亚洲等地区的国家使用，但是这几类加密算法对应的会话密钥均由 A8 算法生成。利用 GSM 的这一短板效应，结合中间人攻击，可以实施如图 10-9 所示的更加高级的攻击方法：

● 移动台首先接入信号较强的伪基站，伪基站可以强制要求移动台发送 IMSI，此时移动台做出回应，并将 IMSI 以明文形式发送给伪基站。

● 伪基站将从真实移动台所获得的 IMSI 发送给伪移动台，伪移动台将这些数据发送给真实基站，从真实基站处获取鉴权随机数 RAND。

● 伪移动台将获得的鉴权随机数 RAND 发送给伪基站，伪基站将 RAND 发送给真实移动台。

● 真实移动台用 A3/A8 算法对 RAND 进行处理得到会话密钥 Kc 和认证响应值 SRES，并将该认证响应值发送给伪基站，然后询问伪基站使用哪一种数据加密模式。

● 伪基站做出响应，要求真实移动台使用强度较弱的算法 A5/2 进行数据加密，之后真实移动台与伪基站间使用 A5/2 算法进行数据信令加密，由于 A5/2 算法的脆弱性，伪基站获得真实 Kc。

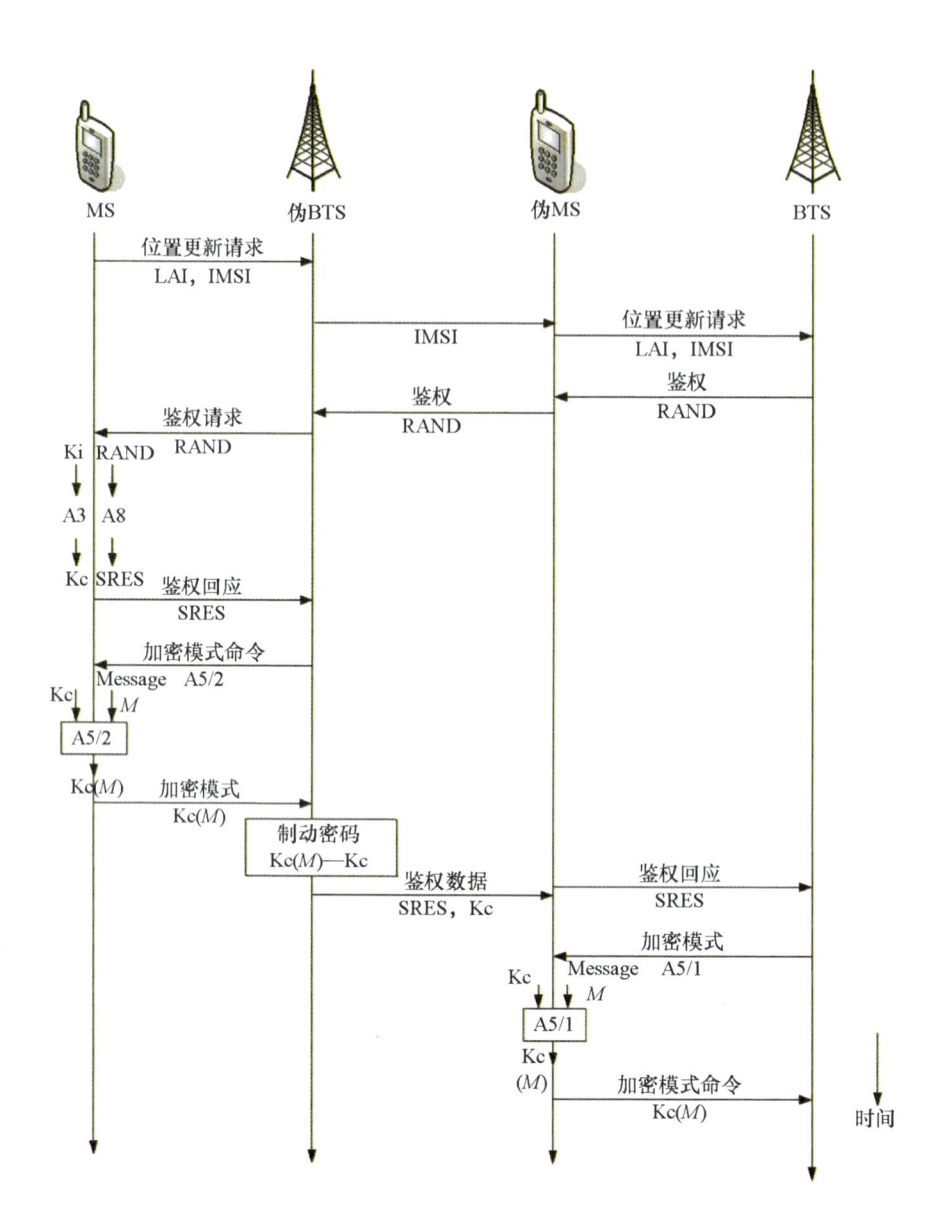

图 10-9 GSM 系统的短板效应

● 伪基站将从真实移动台处获得的认证响应数据 SRES 通过伪移动台发送给真实基站,使真实基站认为伪移动台通过鉴权认证,真实基站要求使用 A5/1 算法进行数据和信令加密,但由于伪移动台已经从伪基站处获得了 Kc,

因此，它可与真实基站之间进行通信。

这种高级攻击的最大威胁是攻击者可以获得认证三元组，从而获得真实移动台与真实基站通信的所有数据。同时，GSM 还缺少对通信数据的完整性保护，因此攻击者还能够对通信的数据进行篡改甚至伪造。

需要指出的是，针对 GSM 中存在的安全漏洞，后续移动通信系统已经对其中的通信安全模块进行了改进设计。比如，3G 移动通信系统开始采用双向身份认证机制，确保了可信通信链路的建立；4G 长期演进系统在不同的国家和地域可采用不同的密码算法，中国地区则采用自主设计的祖冲之密码算法，有力保障了国内移动通信系统的安全。

10.3.4　移动通信系统安全机制改进

针对 2G 移动通信系统中存在的安全漏洞与缺陷，从 3G 移动通信系统开始，结合移动通信的演进目标，国际电信标准化相关组织专门成立了安全小组负责系统安全模块的顶层设计与组织实施，以更好应对未来移动通信中可能出现的安全问题。国际移动通信 3G 标准包括 WCDMA、CDMA2000 与 TD-SCDMA 三类，其中，WCDMA 是欧洲基于 GSM 标准发展出来的 3G 技术规范。下面简要阐述 WCDMA 移动通信系统组成及相关的安全设计。

如图 10-10 所示，WCDMA 系统由核心网（core network，CN）、通用移动通信系统陆地无线接入网（UMTS terrestrial radio access network，UTRAN）和用户装置（user equipment，UE）组成。其中，UTRAN 包含多个无线网络子系统（radio network subsystem，RNS），每个 RNS 包括无线网络控制器（radio network controller，RNC）和一个/多个基站 Node B。这里，Node B 相当于 GSM 网络中的 BTS，提供无线资源的接入功能；RNC 相当于 GSM 网络中的 BSC，提供无线资源的控制功能。CN 包含电路交换域部分的 MSC/VLR、分组包交换域部分的服务 GPRS 支持节点（serving GPRS support node，SGSN）及认证中心部分的 HLR/AUC。其中，电路交换域支持传统电路数据业务（如语音、短信），分组包交换域支持分组数据业务，可通过 GPRS 服务接入 TCP/IP

互联网，认证中心主要对接入用户与网络服务之间进行身份认证。

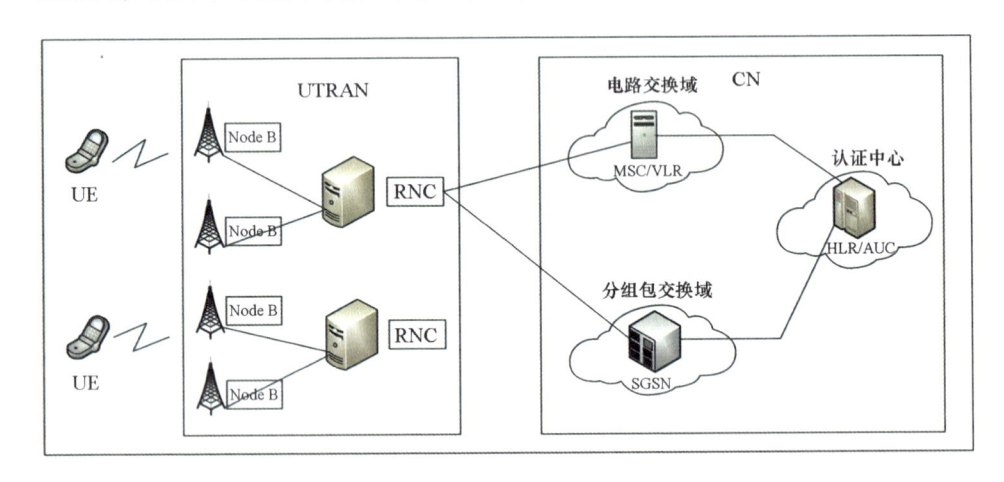

图 10 - 10　WCDMA 移动通信系统组成示意图

根据第 10.3.3 小节阐述，GSM 移动通信系统在安全机制设计方面存在仅单向身份认证、加密算法强度弱、无完整性保护等缺陷。为克服这些安全缺陷，根据图 10 - 10 中系统各组件之间的接口，WCDMA 系统设计了一套较为完整的安全体系架构，定义了包括网络接入安全、网络域安全、用户域安全、应用域安全、安全的可视性和可配置性 5 个方面的安全特征。其中，网络接入安全重点考虑移动终端与基站之间的无线链路通信安全，是 WCDMA 移动通信系统中首要考虑的安全因素。该网络安全接入设计首次引入了支持双向身份鉴权的认证密钥协商机制，提供了完整性检验算法，增加了加密算法的强度。

1. 认证密钥协商

双向身份鉴权的基本思想是服务网络通过"询问—响应"方法对移动终端身份进行校验，同时移动终端也通过类似方法检验服务网络的身份是否真实可靠，从而检验用户是否连接到合法的网络。双向身份鉴权的后一过程相对 GSM 而言是 WCDMA 的新特性。

如图 10 - 11 所示，WCDMA 系统的认证过程由移动台 MS、服务网络

VLR/SGSN 和归属网络 HLR/AUC 三方共同完成。认证方为归属网络中的 AUC 和移动终端的 USIM 卡，认证和密钥协商（authentication and key agreement，AKA）过程分别基于 MS 中 USIM 卡和 HLR/AUC 之间的共享密钥 K 来完成，双方认证过程则通过 VLR/SGSN 的连接而完成。

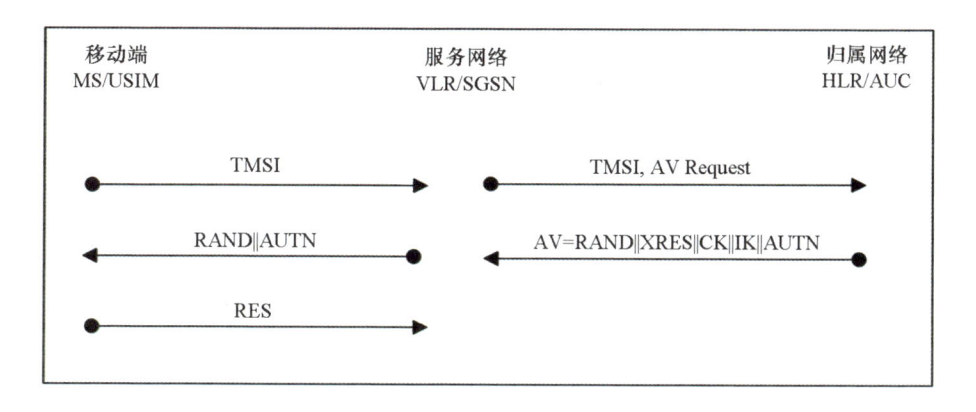

```
移动端                服务网络                归属网络
MS/USIM              VLR/SGSN               HLR/AUC

        TMSI                  TMSI, AV Request
   ●─────────────►●        ●──────────────────►●

       RAND‖AUTN           AV=RAND‖XRES‖CK‖IK‖AUTN
   ●◄─────────────●        ●◄──────────────────●

         RES
   ●─────────────►●
```

图 10-11 WCDMA 双向身份鉴权过程

在 WCDMA 鉴权过程中，鉴权五元组代替了 GSM 的鉴权三元组，当 VLR/SGSN 向 HLR/AUC 申请鉴权向量时，AUC 生成了鉴权向量的 5 个参数，分别是随机数 RAND、期望响应 XRES、加密密钥 CK、完整性密钥 IK 和鉴权令牌 AUTN。与 GSM 相比，增加了 IK 和 AUTN 两个参数，其中 IK 提供了接入链路信令数据的完整性保护，AUTN 则增强了用户对网络侧合法性的鉴权。

2. 通信数据加密

WCDMA 系统通信加密机制通过加密算法 f8 实现，加密算法所需的密钥 CK 由 AKA 过程产生，并在核心网和用户终端之间共享。如图 10-12 所示，首先密钥 CK 驱动 f8 算法生成密钥流，该密钥流与明文数据进行逐比特异或后产生密文。密文在无线链路上传输，接收方则利用共享的 CK 驱动 f8 算法生成相同的密钥流，将密钥流与接收密文逐比特异或后完成数据解密。

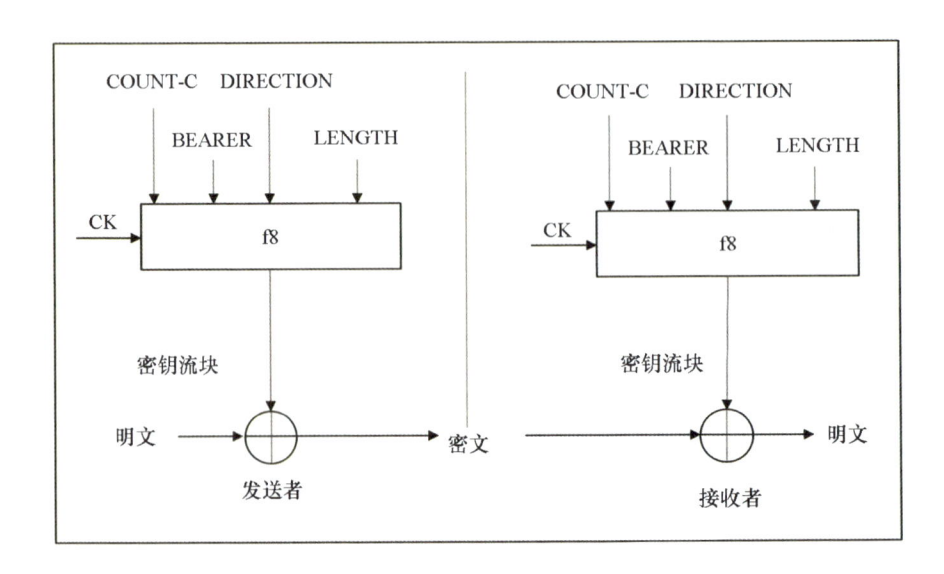

图 10 – 12　WCDMA 系统通信数据加密保护

加密算法 f8 是流密码算法，其输入参数为：加密/解密密钥 CK，长度为 128 比特；加密/解密序列号 COUNT-C，长为 32 比特；承载标志 BEARER，长为 5 比特；方向位 DIRECTION，长为 1 比特；密钥流长度 LENGTH，长为 16 比特。

3. 通信数据完整性保护

为防止入侵者伪造消息或篡改用户和网络间的信令消息，WCDMA 系统提供了完整性保护机制来保护信令的完整性。如图 10 – 13 所示，完整性保护在 RNC 和 UE 之间使用，它基于完整性保护算法 f9，所需密钥 IK 在认证密钥协商过程中产生。UMTS 的完整性保护机制是发送方（UE 或 RNC）将要传送的数据利用 IK 经过 f9 算法产生的消息鉴权码 MAC-I 附加在发出的消息后；接收方（RNC 或 UE）收到消息后，用同样的方法计算得到 XMAC-I，并将收到的 MAC-I 和 XMAC-I 相比较，如果两者相等，说明信令消息是完整的，在传输过程中没有被修改。

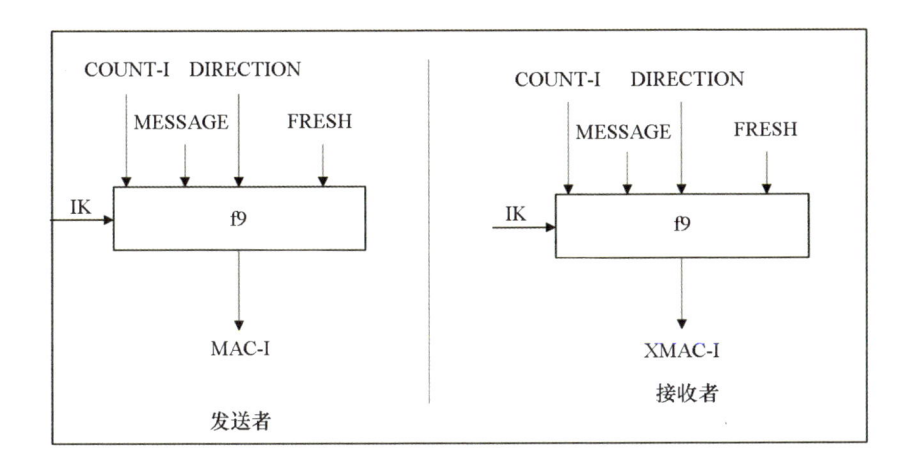

图 10-13　WCDMA 系统通信数据完整性检验

完整性保护算法 f9 的输入参数为：完整性密钥 IK，长度为 128 比特；完整性序列号 COUNT-I，长为 32 比特；随机数 FRESH，长为 32 比特，防止重放攻击；方向位 DIRECTION，长为 1 比特。

最后需要指出的是，3G 移动通信引入的 AKA 机制在整个安全体系架构中扮演着非常重要的角色，是建立可信通信链路的关键方法，后续 4G 和 5G 移动通信系统中仍然保留并进一步改进了相关的认证密钥协商机制。

第三篇 军事通信新技术

军事通信新技术

信息化战争是高科技的对抗，谁能够占领科技制高点，谁就把握了战争的主动。作为信息技术领域最为活跃、发展最为迅速的技术领域，军事通信系统建设面临前所未有的机遇与挑战，必须准确把握信息化作战需求、紧盯通信技术的前沿进展、加强通信与指挥控制一体化发展，才能应对信息化时代复杂艰巨的军事需求。综合考虑信息化作战的需求以及通信技术发展趋势，未来军事通信技术发展及系统建设将具有以下特点：

各种通信系统有效融合，构建空天地一体、栅格化通信网。空天地一体化通信网就是以各类天基、空基和地基通信系统为依托，构建的高速、全球覆盖的宽带通信网。一体化组网强调高效异构组网，要充分发挥各类通信系统的综合效能，有效支撑未来各种军事应用。

无线通信能力不断发展、实现全无线、自组织战场传输网。未来无线通信技术的发展可突破无线通信带宽瓶颈，全面提升无线通信系统抗干扰抗毁性能，并进一步完善自组织组网、认知组网能力，使得完全基于无线通信构建机动、灵活的战场通信系统成为可能。

空天通信平台作用日益突出，支撑全移动、全支撑的网络架构。利用卫星通信和空中平台通信的大覆盖范围、高传输容量以及"动中通"能力，可以实现全移动、全支撑的战场通信网络，即整个网络可以有效地支持作战要素的全部移动，并能实现作战各要素信息的有效传输和共享。

第 11 章 软件无线电技术

软件无线电（software radio，SR），也称为软件定义无线电（software defined radio，SDR），是由美国科学家 Joseph Mitola 于 1992 年 5 月提出的，用于解决无线电台之间的互联互通问题。目前软件无线电已经从军事领域渗透到民用移动通信、雷达、电子战、测控，甚至电视广播等无线电相关领域。

11.1 概述

11.1.1 基本概念

军用电台一般是根据某种特定用途设计的，传统的军用电台功能单一。虽然有些电台基本结构相似，但其信号特点，如工作频段、调制方式、波形结构、通信协议、编码方式或加密方式差异很大。这些差异极大地限制了不同电台之间的互通性，给协同作战带来困难。为解决无线通信的互通性问题，各国军方进行了积极探索。1992 年 5 月，在美国通信体系会议上，MITRE 公司的 Joseph Mitola 首次明确提出软件无线电的概念。

软件无线电的核心思想是在通用的通信硬件平台上加载不同的通信软件，以实现不同通信功能。因此，软件无线电的实现途径是将宽带的 AD/DA 转换器尽可能地靠近射频天线，即尽可能早地将接收到的模拟信号转化为数字信号，在最大程度上通过 DSP 软件来实现通信系统的各种功能，其基本结构如图 11-1 所示。

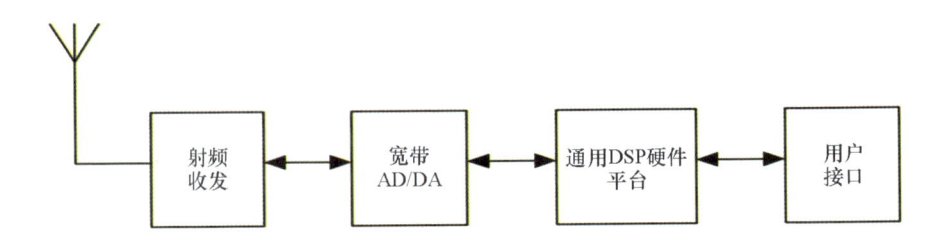

图 11-1 软件无线电系统结构框图

理想的软件无线电台是对天线接收的模拟信号经过放大后直接采样，实现完全的可编程，此后所有的通信信号处理，包括上下变频、滤波、载波提取、调制解调、位同步提取、信道编译码、加解密等，全部由 A/D 转换器之后的数字信号处理芯片完成。与传统无线通信技术相比，软件无线电的优势十分明显，主要表现为：系统结构开放，新技术易于应用；关键功能模块化，系统升级方便；控制和处理软件化，系统生命周期长；功能部件通用化，设备可互操作等。

软件无线电的出现引起了学术界和工业界的广泛关注，包括无线创新论坛（wireless innovation forum，WINNF）、对象管理组（object management group，OMG）、欧洲电信标准协会（European telecommunications standards institute，ETSI）和 IEEE 标准组织等开放性组织都为软件无线电的快速发展起到了极大的推动作用。在军事通信领域，软件无线电台因其所具有的可编程性，对于未来多军兵种协同作战的整体指挥和相互通信具有传统通信方式不可比拟的优势，已成为未来战术电台研制的标准。可以说，未来采用软件无线电技术的无线电台在通信系统中的作用完全可以与个人电脑在计算机领域所起的作用相提并论，软件无线电也被称为继模拟到数字、固定到移动之后无线通信领域的又一次革命。

近年来，全球范围内众多的软件无线电系统研制计划相继展开，典型代表有美国的联合战术无线电系统（joint tactical radio system，JTRS）、空间电信无线电系统（space telecommunications radio system，STRS）、欧洲安全软件无线电（European secured software radio，ESSOR）和安全无线互操作（wireless interoperability for security，WINTSEC）等。其中，JTRS 作为规模最大、影响力最深远的研制计划，更是极大地推动了工业界对软件无线电思想的实践。

11.1.2 关键技术

要实现软件无线电的设计思想，对无线通信系统的实现提出了多方面的技术需求，如图 11-2 所示。为满足这些技术需求，涉及的关键技术包括天线、射频前端、基带、软件和安全等几个方面。其中，全频段天线、高速 AD/DA 转换器、基带数字信号处理器、高效软件处理方法和可靠的安全机制等是理想软件无线电系统的基本配置。

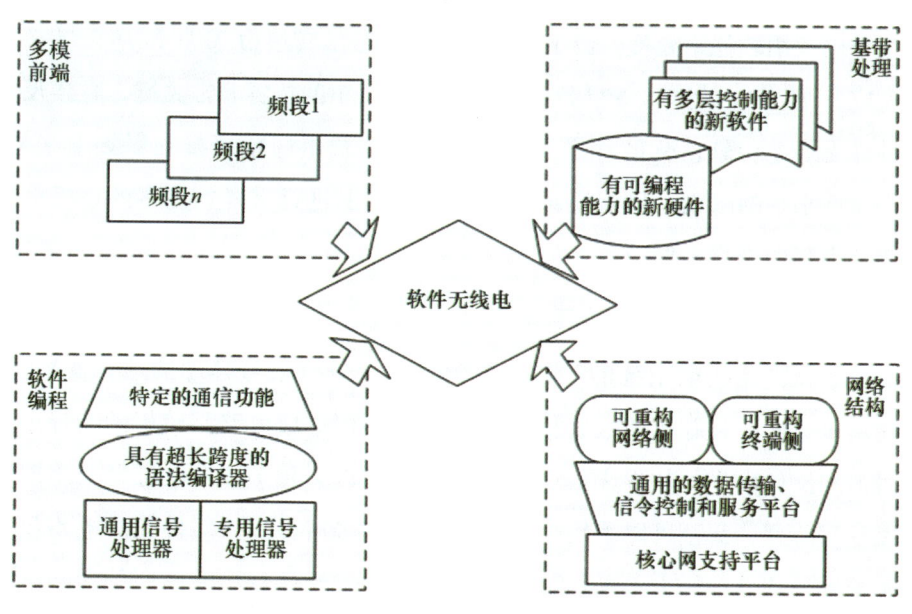

图 11-2 软件无线电的技术需求

1. 天线技术

软件无线电台工作在较宽的频率范围内，所配备的天线也必须具有接入多个频段的能力，理想软件无线电的天线要求能够覆盖全部无线通信频段，这对天线技术提出了更高的要求。

目前国内外天线设计、生产企业还制造不出能够覆盖全部无线通信频段，且在整个频段上都有相同收发特性的天线。因此，实际的软件无线电系统多采用组合式多频段天线，通过程控方式覆盖所需无线通信频段中不同的频段窗口，以达到尽可能覆盖主要无线通信频段的目的。通常来说，无线通信设备的射频前端、发射天线和接收天线部分都是由固定硬件实现的，但是软件无线电具有智能的、可编程的数字信号处理核心，可以充分利用该优势对固定接收的信号进行优化组合，达到提高信噪比、抑制同信道干扰、增大系统容量的目的。

2. 高速 AD/DA 转换技术

数字化是软件无线电实现的基础，模拟信号必须经过采样才能转化为数字信号以及用软件来处理。数字信号和模拟信号的转换由 A/D 和 D/A 转换器来完成，所以 A/D 和 D/A 转换器在软件无线电中的位置非常关键，直接反映了软件无线电台软件化的程度。理想的软件无线电应该直接在射频上采样，但受器件水平的限制，目前还难以直接在射频上进行采样，更多的是将信号混频到中频后进行采样。

3. 基带数字信号处理技术

由于软件无线电系统的基带数据流量大，进行信号处理的运算次数多，采用高速、实时和并行的数字信号处理器或专用集成电路是较好的选择。基于目前的硬件水平，软件无线电的基带处理可以采用 DSP，也可以采用现场可编程门阵列，甚至可以采用个人计算机中的多核 CPU。软件无线电不仅要求基带硬件的处理能力不断增加，而且要求基带软件算法能面向处理器进行优化和改进，这两个方面的要求将是基带数字信号处理技术发展的动力。同时，软件无线电系统的基带处理还要能提供标准接口，保证系统在生命周期内可以进行持续升级。

4. 软件技术

软件无线电可以采用的软件技术已经从结构化程序设计技术发展到面向对象设计技术，正在向大规模组件设计技术演进。为了使无线通信系统工作在不同网络和终端之间，实现无缝跨网漫游，基于可重构机制的软件技术是软件无线电重点发展的关键技术。公共对象请求代理体系结构（common object request broker architecture，CORBA）中间件或其他传输协议，以及波形组件库的建立，使软件无线电系统具有较好的使用灵活性和环境适应性。

5. 安全技术

软件无线电系统作为一种电子信息系统，会受到系统本身的不可靠，环境干扰和自然灾害，工作失误、操作不当，以及人为的未授权窃取、破坏、敌对活动和病毒等造成的不安全因素的影响，必须从实体安全、软件安全、数据安全和运行安全几个方面采取技术措施，才能确保系统安全运行。

11.2 架构

软件无线电体系架构主要包括软件无线电的硬件架构与软件架构两个方面。

11.2.1 硬件架构

由于体积、成本、功耗、性能等方面的限制，理想的软件无线电架构是难以实现的。随着可配置硬件技术的发展，软件可调模拟无线电功能可在可配置数字无线电平台上逐步实现。当前实际使用的软件无线电硬件架构如图 11-3 所示。

在发射机方面，将内插滤波器、数字滤波器、峰均功率比抑制等算法和

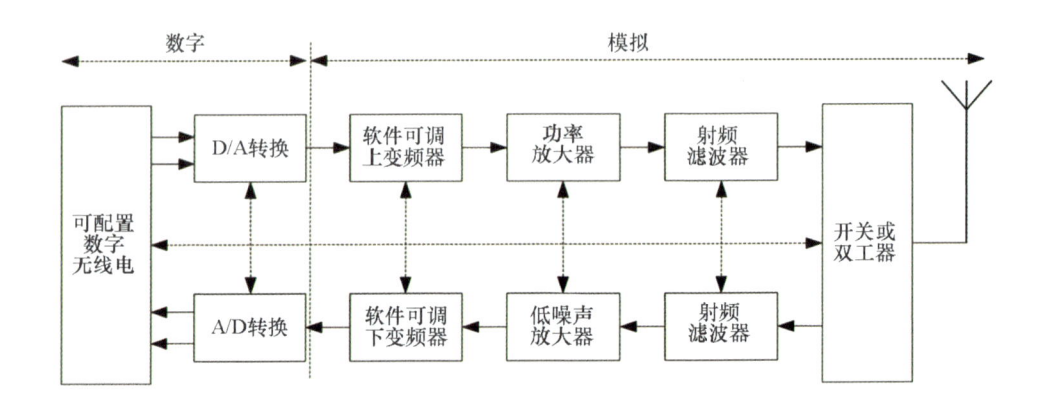

图 11-3 实际软件无线电硬件架构

数字中频上变频器在基带实现。D/A 转换器将数字信号转换为相应的中频模拟波形，通过软件可调上变频器将中频信号上变频至射频。最后，射频信号经功率放大器进行放大后，在滤波后由天线向外辐射。其中，功率放大器作为前端的核心部件，由软件可调衰减器和传输功率自适应控制器组成。

在接收机方面，首先对接收到的射频信号进行滤波以抑制带外杂散干扰，并经由低噪声放大器放大。为了避免接收机过饱和，该单元可以包含数字衰减器。使用软件可调下变频器将放大的射频信号下变频到较低的中频或者基带，软件可调下变频器可以包含外置可选中频滤波器以支持不同带宽。最后，对信号进行采样并通过数字信号处理平台完成后续的解调、译码等处理。

与理想软件无线电相比，图 11-3 所示软件无线电架构的最大区别在于要构建多模射频前端，即系统需要在射频和中频之间设置一个前端处理单元，而把模拟信号的数字化工作放在中频后面。多模前端的实现有以下途径：一是为每一种模式配置一个超外差射频前端，这样的多模设备需要多个射频前端，其成本和功耗是不小的负担；二是采用一个射频前端，将射频信号直接变换到基带信号，这样虽然比超外差结构减少了多个上下变频模块，相应地减少了器件数量，但基带近端噪声会使接收灵敏度降低，基带处理缺乏灵活性；三是采用分级多模前端，第一级采用超外差方法将接收到的信号转换到中频，第二级进行数字变频和滤波，但其功率消耗和成本仍然较高。由此可见，基于上述结构实现完全理想的软件无线电功能是不切实际的，上述架构只能在一定范围内实现软件无线电的兼容性和灵活性。

11.2.2 软件架构

软件无线电不只是从应用中提取基础硬件的抽象，同时也是一种应用开发的方法论，以统一的方法实现，从而使硬件和软件组件可以重复使用。此外，支持基带信号处理的软件设计准则与应用级软件开发准则是不同的。

1. 设计原理和模式

软件设计已经形成一系列的设计原理，例如，面向对象设计、基于组件的程序设计（component-based programming，CBP）、面向方面程序设计。SDR设计中的主要原理就是CBP，因为它比较真实地模仿了一个无线电系统的结构，即对无线电系统中不同的功能模块使用独立部件，如链路控制或网络栈。在CBP中，组件以接口和功能的形式定义。这种定义在特定组件的特定结构方面，为开发者提供了更多的自由。

尽管开发者可能会选择使用CBP来设计SDR系统，但仍然需要一个基本的基础设施来支持SDR的实现。这个基础设施必须提供波形的产生和销毁等基本业务，以及常规系统集成和维护功能。软件体系结构的目的就是提供这种基本的基础设施，提供生成和销毁波形、管理硬件和分布式文件系统，以及管理特定组件配置等功能。

除编程方法和体系结构外，还要考虑用于波形开发的实际语言和为开发选择的特定模式。不同的语言具有不同的优缺点。C++和Java是如今SDR中主要使用的语言。Python是一种脚本语言，在SDR应用中日益流行，它有可能成为未来SDR开发的一个组成部分。

2. 软件通信体系结构

软件通信体系结构（software communication architecture，SCA）是最初由美国国防部联合计划办公室的JTRS项目资助，借助国际软件无线电论坛（后称无线创新论坛）发展起来的一套标准化软件无线电体系架构，吸引了北约主要国家的广泛参与。SCA 是一种相对比较复杂的体系结构，它支持运行在不同种类、分布式的硬件中的安全信号处理应用，为开发者提供了一个广泛的、不断发展的支持基础。SCA 定义了各种通信方式的具体规范和相关标准，为未来软件无线电系统的设计提供了一种标准、开放、可互操作的平台。

SCA 是一个组件管理体系结构，能够提供产生、安装、管理和卸载波形的基础设施，具有控制和管理硬件的能力以及通过一系列兼容的接口和结构与外部设备交互作用的能力。SCA 为系统中软件管理提供了一系列基本规则，使很多设计决策能够由开发者决定。这种方法为开发者解决系统的内在需求提供了一个更大的可能性。SCA 提供的能力有一些明确的限制，例如：SCA 不能提供最大等待时间保证、进程和线程管理等实时处理；此外，SCA 也不能确定必须实现哪些组件、哪种硬件可以支持哪种类型的程序以及用户和开发者可以遵循的分配策略。这些因素导致 SCA 在异构处理器平台上实现时，存在组件管理和互联互通的问题。

SCA 基于基础技术实现两个基本目标，即代码可移植性和重复使用性。为了保证接口的一致性，SCA 使用 CORBA 作为中间件的一部分。CORBA 是一种允许开发者实现远程程序调用目标的软件，屏蔽底层软硬件差异，为应用软件提供一致的运行环境。SCA 的不同部分通过 CORBA 和接口描述语言（interface description language，IDL）相互连接形成这种结构。IDL 是一种 CORBA 用来描述接口器的语言，同样也是 CORBA 的一个内在部件。

3. 硬件抽象层技术

为了满足不同通信业务需求，通常会使用多种处理器，各种处理器在体系结构和编程机制上存在很大差异。例如，流水式硬件体系结构与无线通信系统的信号处理逻辑结构是一致的，因而具有实时性好、处理速度快等优点，但是这种结构一般不存在统一和开放的接口标准，各个模块之间紧密耦合，从而降低了系统的可伸缩性，通用性差；总线式硬件体系结构具有开放性、伸缩性和通用性强的优点，但一般数据传输速率低，时延长，吞吐率不高；

基于计算机和网络的硬件体系结构灵活性、扩展性好，但控制复杂。因此，为了满足处理能力和通用性的需求，当前的软件无线电平台中多种物理连接技术并存，不同的物理通信机制提供的传输带宽、传输时延等各不相同。所以，软件无线电系统是一个具有多种处理和存储资源，并由多种类型的通信资源连接起来的分布式异构环境。因此，软件无线电需要实现一个硬件抽象层，通过对底层硬件的封装和抽象，为上层应用提供标准的应用编程接口（application programming interface，API），进而为软件应用提供一致的运行环境和透明的传输机制，提高代码重用性，降低开发成本。

目前 SCA 规范的软件无线电系统大多是基于 PC 和 TCP/IP 网络的架构，通过 CORBA 中间件技术屏蔽通用处理器上的操作环境异构和分布式特性，把应用程序与所依附的系统底层细节隔开，屏蔽异构平台间操作系统和网络协议，通过组件间函数调用和数据类型定义来支持不同编程语言开发的应用组件之间的无缝通信。目前，专用处理器上支持 CORBA 的技术还不成熟，在由通用处理器和专用处理器构成的异构处理器平台中，难于对组件进行管理控制和配置，限制了系统应用集成和通信的能力。

JTRS 于 2004 年发布的 SCA3.0 的专用硬件补充规范（specialized hardware supplement，SHS）中提出了硬件抽象层连接（hardware abstraction layer connectivity，HAL-C）的概念。此后，SCA3.1 中提出了组件可移植规范，形成了专用处理器组件可移植补充建议 Change Proposal 289（CP289），CP289 完善和补充了 SHS 中提出的 HAL-C，对专用硬件上的组件移植进行了更加详细的分析和论述，充分考虑了波形组件与外界的交互，规定了波形组件与容器之间的组件控制接口、组件通信接口和本地服务接口，并将这些接口抽象化、标准化，为用户提供一致的运行环境。

• 知识延伸

– HAL-C –

HAL-C 通过对硬件外部接口的抽象与封装，定义一系列标准的通信 API

来实现与外部的通信,通过调用对应的 API 来实现组件之间通信。这种设计为组件间的互联互通提供了标准的通信接口,提高了组件的可移植能力。HAL-C 可以达到软硬件分离的目的,减小硬件平台结构对软件设计的影响,有效地减少了对重要软件组件接口的设计和重写工作。

11.3 典型应用

软件无线电技术是由军事通信技术发展而来的,最早起源可追溯到 20 世纪 70 年代末美军 VHF 频段多模式无线电系统,先后开展了通信、导航、识别综合航空电子(integrated communications, navigation, and identification avionics, ICNIA)系统、SpeakEasy(易通话系统)、PMCS(可编程模块化通信系统)、JTRS(联合战术无线电系统)以及 JTNC(联合战术网络中心)等一系列研究项目,下面对其典型应用进行介绍。

11.3.1 通信、导航、识别综合航空电子系统

美国空军 1983 年启动 ICNIA 系统研究计划。目的是整合军用飞机上种类繁多的电子设备和功能各异的系统,如通信、导航、识别系统等。该计划的目标是开发一种工作在 30~1 600 兆赫的多功能、多频带航空无线电系统,以整合原来各分离系统的功能。该计划的样机于 1992 年成功进行了测试,这是世界上第一套可编程的无线电系统。这个计划也奠定了美国第四代战机机载电子设备的技术基础。

11.3.2 易通话计划

1989 年美军启动了首个软件无线电系统研究计划——SpeakEasy,开发面向未来军事需求、具备多媒体网络操作功能的无线电系统结构和技术,以解

决多军种之间的互通问题。这个计划首次尝试将美军已有的无线通信系统进行整合。SpeakEasy 电台的工作频段为 2 兆赫~2 吉赫，利用可编程处理技术，计划与 15 种在役或在研电台兼容，具备 AM、FM、PM 以及各种数字调制解调方式，含有多种无线电台特定的调制和专用的软件模块，可以作为各种不同模式电台之间通信的中继转发电台。SpeakEasy 电台的硬件和软件均采用模块化、开放式的结构形式，模块之间通过高速控制和数据总线互联以提高灵活性和可靠性。每个模块的物理接口或电气接口的技术规范都符合开放性的标准。随着技术的进步，还可以通过更新某些模块实现电台升级。

11.3.3 联合战术无线电系统

随着 C^3I 系统在战争中的作用日益突出，美军发现现役战术通信系统存在很大不足，主要表现在：不能实现互联互通互操作；不能工作于多个频段，支持波形少；频带窄，传输速率低，不能支持多种业务；不能实现硬件、软件技术升级；研制生产使用和维护成本高。为弥补以上不足，美国国防部于 1997 年启动了 JTRS 计划。JTRS 的最初目标是统一为海陆空各军兵种提供系列电台，电台工作频段为 2 兆赫~2 吉赫，可进行话音、数据和视频通信，具有保密和抗干扰功能，并可与现役系统兼容。美国国防部投入巨资，拟用 JTRS 取代美军 25~30 个系列的电台，使独立的军种电台项目集成为联合开发项目。

为实现上述目标，JTRS 计划提出了系统顶层设计规范——软件通信体系结构（SCA），全面定义了 JTRS 设备软、硬件体系架构及波形规范，实现了嵌入式、分布式通信系统中软件组件配置、管理、互联互通的标准化。1999—2006 年，JTRS 先后发布了 SCA 1.0 版、1.1 版、2.0 版、2.1 版、2.2 版、2.2.1 版和 2.2.2 版。2012 年 4 月发布了 SCA 4.0 规范。

现阶段，JTRS 将工作重点从"取代传统电台"演进为可支持全球信息栅格的"为战术边界提供无线组网能力"。JTRS 电台设备已相继问世，包括：JTRS GMR、JTRS HMS、JTRS AMF、JTRS MIDS 以及 JTRS JEM 等。美军已经开始了 JTRS 系统的采购和部署。

11.3.4　其他软件无线电项目

除美军 JTRS 以外，其他国家正在开展的软件无线电项目还包括美国、英国、法国、德国联合开发的未来多频段、多波形、模块化战术无线电台（FM3TR），法国、德国联合开发的多模式多用途电台高级演示模型（MMR-ADM），芬兰、法国、意大利、西班牙、瑞典五国联合发起的欧洲安全软件无线电参考（ESSDRR）项目，意大利开发的名为"克里斯蒂娜"的软件无线电台，芬兰开发的芬兰软件无线电计划（FSRP）、战术无线电系统（TRCS），法国的 CONTACT 计划、联合战术无线电系统多功能信息分发系统（MIDS JTRS）计划，德国国防部与 Rohde & Schwarz 公司合作的软件无线电研究计划，英国提出的全综合通信系统（FICS）规范等。

目前，全球在软件无线电方面取得的大量研究成果不仅在战术通信领域获得了广泛的应用，而且也极大地推动了软件无线电在其他军事领域，如第四、第五代战机的综合航空电子系统、舰载综合一体化电子系统等武器平台中的应用，并将大力提升装备性能。与此同时，软件无线电在民用移动通信中的应用研究也使其在第四代移动通信中获得广泛的应用。

第12章

通信组网技术

随着通信网络技术的发展，数字化战场的作战模式将从以平台为中心转向以网络为中心，对通信网络的传输能力、动态自组网和智能决策能力提出了更高的要求。尤其近年来，通信组网的方式方法都发生了根本性变革，通信作战区域由单一小范围组网向着全域广域一体化组网发展。当前，通信组网技术向着移动、自组织和具备认知能力发展，这种网络可以为战场无线通信提供机动灵活、抗毁顽存等特性。

12.1 移动自组织网络技术

12.1.1 基本概念

自组织网络（ad hoc networks）指的是由若干带有无线收发信机的节点构成的一个无中心的、多跳的、自组织的对等式通信网络。自组织网络能够利用移动终端的路由转发功能，在无基础设施的情况下进行通信。一个典型的自组织网络如图 12-1 所示，处于直接通信范围之外的网络节点 A 和节点 B，可以通过其他网络节点的多跳路由转发实现通信。中间的两个节点 C 和 D 既是通信节点，又起到了路由器的作用。

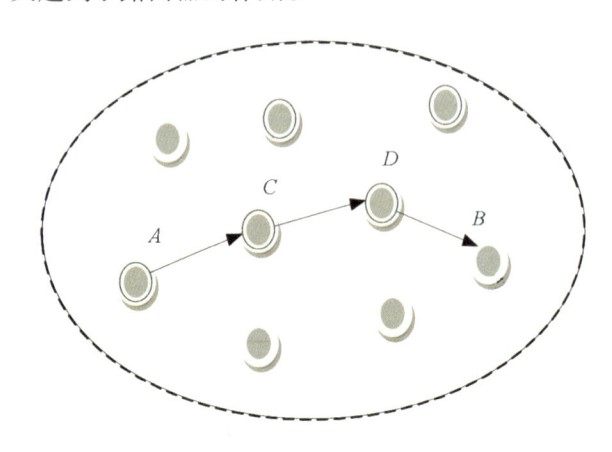

图 12-1　自组织网络示意图

自组织网络的前身是美国国防高级研究计划局（defense advanced research projects agency，DARPA）于 1972 年所启动的 PRN 项目，用于研究战场环境下利用无线通信手段进行多个独立节点间的数据分组传输，这些独立节点形成了一个分布式的无线通信网络。在此项目的基础上，1993 年 DARPA 又启动了高残存性自适应网络（survivable adaptive network，SURAN）项目，研究如何将 PRNET 的成果加以扩展以支持更大规模的网络，在网络协议方面，要求具有自主组网的能力并且能够适应战场环境的快速变化。1994 年，DARPA 又启动了全球移动信息系统（global mobile information systems，GloMo）项目，在 PRNET 已有成果的基础上对能够满足军事应用需要、可快速展开、高抗毁性的移动信息系统进行全面深入的研究，并一直持续至今。1991 年成立的 IEEE802.11 标准委员会采用了"自组织网络"一词来描述这种特殊的对等式无线移动网络。

12.1.2　基本特点

移动自组织网络（mobile ad hoc networks，MANET）特指支持节点移动的自组织网络，具有如下显著特点：

网络拓扑结构动态变化。移动自组网中用户终端的移动具有很大的随机性，加上无线发射装置发送功率的变化、无线信道间的互相干扰以及地形等综合因素的影响，网络的拓扑结构可能随时发生变化，而且这种变化的方式和速度难以预测。

采用分布式控制方式。在移动自组网中，不设专门的控制中心，把网络的控制功能分散配置到各节点，网络的建立和调整是通过各节点的有机配合实现的。即自组网均衡了网中各节点的特殊性和重要性，从控制能力上看，各节点没有重要和次要之分，从而可防止一旦控制中心被破坏而引起的全网瘫痪危险，提高了网络的抗毁性。

具有自组织性。移动自组网不依赖基础设施的支持，网中各节点能相互协调地遵循一种自组织原则，自动探测网络的拓扑信息，自动选择传输路由，自动进行控制，把网中所有节点组成一个有机整体。即使网络发生动态变化或某些节点严重受损，仍可迅速调整其拓扑结构以保持必要的通信能力。

多跳通信。由于通信距离受限，移动自组网内节点间的通信往往是借助其他节点的中继转发而实现的，即要经过多跳。与普通网络中的多跳不同，自组网多跳是由普通节点而不是由控制中心（如路由设备）完成的。

节点的处理能力和能源受限。移动自组网中的节点通常具有轻便灵巧、便于携带的特点，但它们以电池这样的易耗尽能源作为电源，并且 CPU 性能较低、内存较小，这就给应用程序的设计和开发带来一定难度。

信道质量较差。移动自组网采用无线传输技术作为物理层通信手段。无线信道由于其本身的物理特性，如衰减大、干扰大、多径效应等，信道质量比有线信道差得多。并且由于多个节点分布式竞争使用信道，每个节点实际使用的带宽远小于物理层提供的最大传输速率。

安全性面临挑战。移动自组网采用无线信道、分布式控制等技术，更容易受到被动窃听、主动入侵、拒绝服务、剥夺"睡眠"、信息阻塞、信息假冒等各种方式的攻击。由于终端电源有限，自组网无法实现复杂的加密算法，增加了被窃密的可能性。自组网由节点自身充当路由器，不存在服务器等网络设施，也不存在网络边界的概念，这使得自组网中的安全问题非常复杂，传统网络中的安全策略和机制不再适用。

近年来，移动自组织网络在全球范围内得到了广泛的研究，有些初步成果已经在传感器网络、应急通信和移动会议等领域被逐步采用。Internet IETF 也成立了专门的 MANET 工作组负责移动自组织网络协议的标准化工作。

12.2　水声传感器自组网技术

近年来，人们对于海洋资源的探索需求和海洋权益的维护意识进一步提升，构建能够具有高覆盖率、强鲁棒性的实时海洋自组织监测和勘探网络已成为各个沿海国家的战略规划重点。水声传感器网络（underwater acoustic sensor networks，UASNs）是由一系列分布于水面及水下的各类通信节点通过声链路链接起来的覆盖水下三维区域的通信网络，在军事和民事上均具有较为广泛的应用，其中军事上可进行布放三维战术监视网、水下对潜/AUV/UUV 通信、反潜防雷等，而民事应用则包括对海洋资源的探索和评估、海洋环境的监视、预防海洋灾害发生、对海洋勘探设备的监控维护以及辅助船舶导航等。随着科学技术的发展和人类对海洋资源的需求加剧，UASNs 的重要地位日益显露出来。与陆地无线网络不同，UASNs 主要表现为以下特点：

能源受限。受水下更换电池和供电线路布设困难影响，水声传感器节点一般采用电池供电，其能量的来源受限，而能量的耗尽则基本预示着节点工作寿命的结束。因此协议的设计必须着重考虑能量的节约问题。

带宽有限。高频信号在水下的衰减较大，且水声通信频率与生物活动等噪声频率重叠，可用的通信带宽较窄，通信速率较低，因此需要提高通信的效率。

高误比特率。水下信道环境复杂，海洋各类环境噪声、海水对声波的吸收造成的信号高损耗以及水声传感器节点随水流移动造成的多普勒效应等影响形成了水下恶劣的信道环境，造成了较高的误比特率。因此水下可靠传输需要具有较强纠错能力的算法。

较大传播时延。相对于无线电波与光波在陆地上约有 3×10^8 米/秒的传播速度,声波作为一种机械波,在水下的典型传播速度仅有 1 500 米/秒,信号的传播时延远远高于陆地无线传感器网络。因此,水声传感器网络协议设计不能直接照搬陆地无线网络设计,对于实时性要求较高的场景需要尽可能缩短传播时延。

动态三维拓扑结构。与陆地水平平面布放的传感器网络不同,较为完善的水声传感器网络节点一般在垂直方向上体现出了不同的深度,因此构成了三维的立体环境。另外,除分布于水面和海底的节点外,布置固定位置的水下节点较为困难,节点容易受洋流影响而移动。因此水下网络拓扑结构更为复杂,传输协议设计与路由协议设计需要更全面地考虑拓扑结构优化。

设备的低可靠性。长期浸泡在海水中造成的污垢侵蚀以及强水压等容易造成设备的腐蚀和工作状态的不确定性,使得设备的可靠性难以保证。

网络的稀疏性。为保证通信质量,水下节点的造价一般较为昂贵,其维护的成本也较高,因此相对于陆地无线传感器网络,水声传感器网络中节点一般分布较为稀疏,缺乏足够的替代通信节点使得通信协议的设计受到制约。

通过可靠传输协议和路由协议的设计,构建水下具有自组织、高覆盖、高效率、高可靠性的水声通信网络,是满足当前国家海洋技术发展的战略性需要。

12.2.1 基本组成

水声传感器网络目前主要有两种通用结构,即二维静态海底监测网和三维准静态立体海洋监测网。二维静态海底监测网的构成如图 12-2 所示,在该网络中,一系列传感器节点分布在海底平面上,负责检测其周围感兴趣的区域。这些传感器节点通过锚固定在海底,每个传感器节点通过声链路以及相应的分簇算法将自身连接到一个或多个水下网关节点,而水下的网关节点则负责将收集到的数据通过中继或直接传输给水面的处理基站以及向水声传感器节点发送相关指令。水声传感器与水下网关节点之间通过水平的声电换能器通信，而水下网关与水面节点则通过垂直方向的换能器通信。在深海区域，水下的网关节点需要使用支持较长距离通信的换能器或是采用在水中布放中继节点的方式与水面基站进行通信；而在浅海区域，水下网关则可以直接与水面基站进行通信。当水下数据量较大以及覆盖面积较广时，水下网关之间需要通过互相通信进行数据的融合，将存储的监测数据通过中继多跳传输的方式融合到少数几个主网关节点中，并在网关节点进行数据重复的排查，以减少冗余数据的发送。水声传感器节点距离水下网关节点较远时，也需要通过中继进行数据的可靠传输。数据到达水面基站后（舰船、水面固定平台

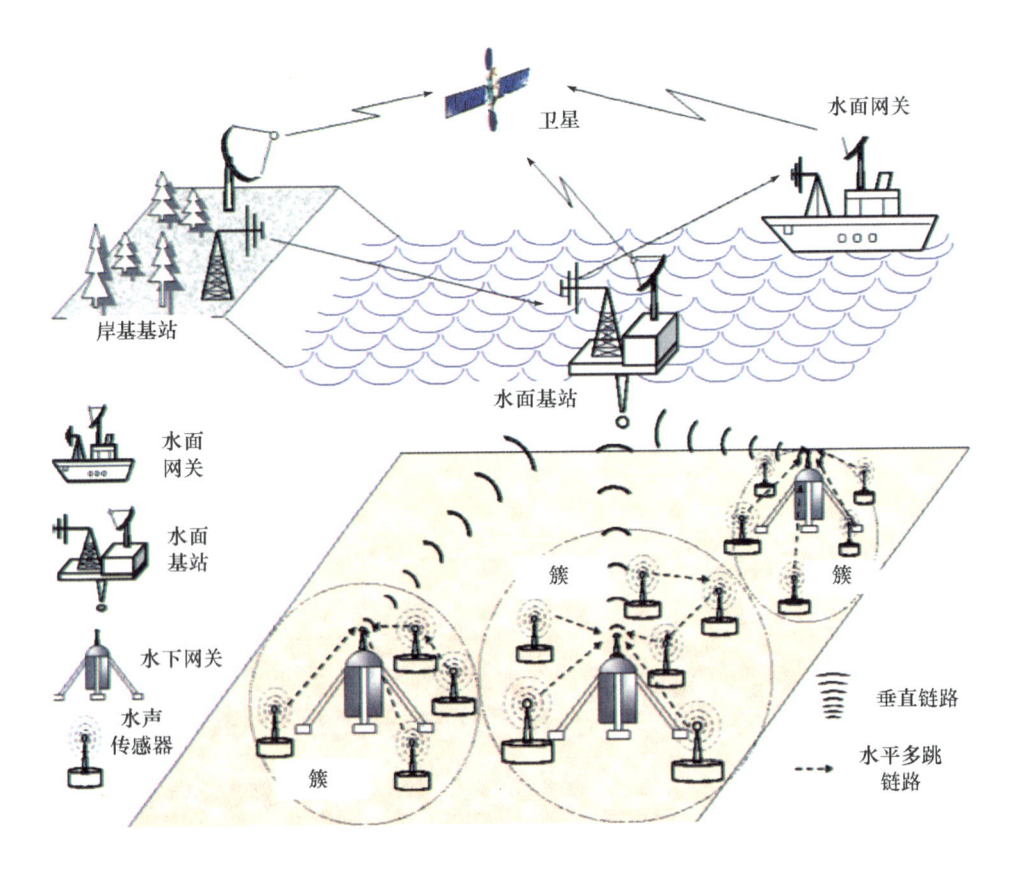

图 12-2 二维静态海底监测网

等），水面基站通过无线电或光链路将数据发送给岸基处理平台和卫星等进行进一步分析处理。

三维准静态立体海洋监测网的网络构成更为复杂，其功能也更为强大。如图 12-3 所示，在三维准静态立体海洋监测网中，一系列传感器节点分布于海平面与海底之间不同深度处，这些节点有两种布放方式：一种是通过缆绳连接到固定于海底的锚，而这些节点自身配备浮体，通过充气以及缆绳的长度控制使自身悬浮于水下的不同深度；第二种则是通过缆绳连接到漂浮于水面的浮标和水面平台等，这种节点则通过配重和缆绳长度的控制使自身悬停于水下指定的深度及区域。相对来说，第二种布放较为简单，易于实现，但大量的水面浮标会导致目标较容易被发现且容易遭到破坏。通过不同深度的布放，传感器节点能够对水下更广阔的三维区域进行监测。虽然水下节点的深度可以由压力传感器和浮体/负重以及缆绳长度进行控制，但由于水下水

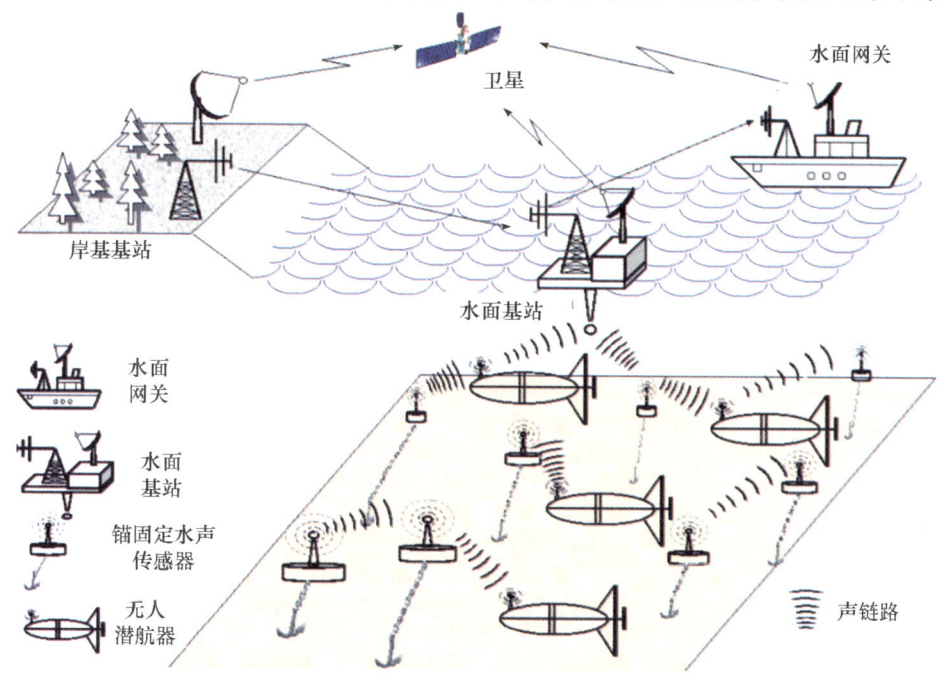

图 12-3　三维准静态立体海洋监测网

流的流动性，水下节点水平方向上可能产生被动位移，且水中布放的节点除了常规传感器节点，也包含具有一定移动速度的水下潜航器等，因此水下三维网络为准静态网络。水下三维网络的数据传输一般通过一定的路由算法选定一条从某个传感器节点到水面基站的可靠路径，距离水面基站较远、深度较深的节点需要通过多跳中继的方式实现数据传输。

12.2.2 典型网络

在海洋权益海洋资源日益受到重视的今天，海底战场作为现代海战中不可分割的重要区域，受到了各国海军的高度重视。为捍卫本国海域的安全，在本国海域建设水下预警探测网络、反潜作战网络及水下通信网络等具有极其重要的战略意义。美国海军已初步建成了可用于实战的水下信息网络系统，其正在实施的"海网"（Seaweb）、可部署分布自主系统（deployable autonomous distributed system，DADS）及近海水下持续监视网络（persistent littoral undersea surveillance network，PLUS Net）等项目就是典型的水下网络战场应用。

1. 水声通信网络

美国海军研究局和空间及海战系统中心主持研制的 Seaweb 是规模最大的实用水声通信网络，其旨在支撑一项称之为"遥测前沿观测网"（front-resolving observational network with telemetry，FRONT）的计划，该计划用于水声通信、水下网络传输及海军其他使命。Seaweb 是一种典型的水声传感器系统，组成图参见图 12-4，系统节点数可达 17 个，包括固定部署节点、移动节点和网关节点三种典型的节点，节点之间使用基于水下遥测声呐的声调制解调器（声 Modem）互连，水下系统可通过浮标网关与 Internet、移动通信网络及卫星网络等实现无缝连接。固定节点有可部署传感器节点和水声中继节点两种类型；移动节点包括潜艇、水下无人潜航器（unmanned underwater vehicle，UUV）、海底爬行机等。指挥中心主要包括超级服务器、传感器等，可以设置在潜艇、舰艇、飞机等平台上或岸基中心；Seaweb 超级服务器完成管理、控制和配置网络功能，若干 Seaweb 服务器可协同分析处理数据。

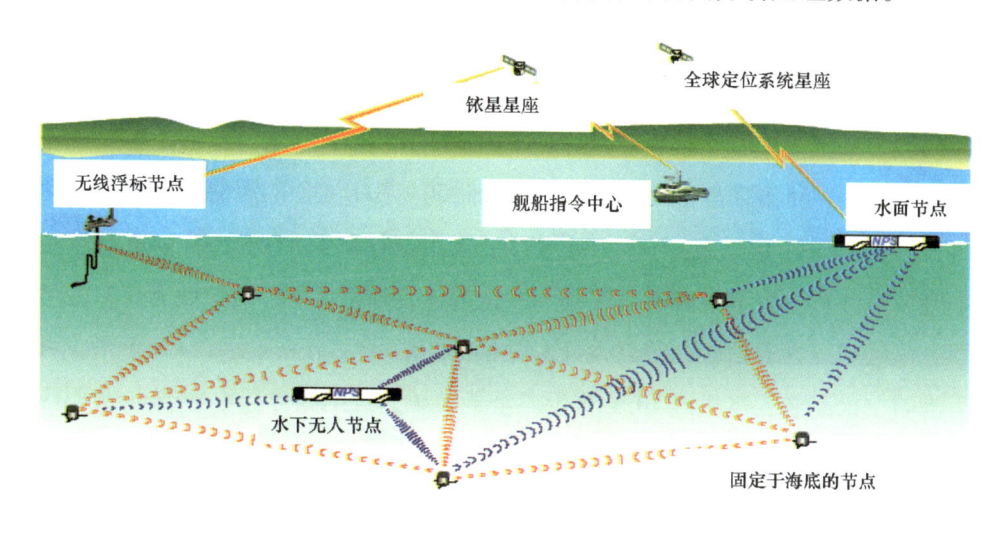

图 12-4　美军 Seaweb 网络结构示意图

自 1998 年起美军几乎每隔两年就对 Seaweb 进行一次系列海上试验，大量试验数据证明在浅海恶劣条件下利用水声网络进行高质量数据传输是可行的。美国水声网络研究特别注重与海军"网络中心战"建设相关的互通研究，重点加强了包括 Seaweb 潜艇数据链（Sublink 2004）在内的水声网络的建设，着重提升其水下情报信息网络和国防信息网络的互通性。在 2004 年 10—11 月的圣迭戈反潜战演习（TASWEX04）中，Seaweb 第一次在美海军潜艇部队得到作战应用。演习在 Seaweb 网络支持下，通过潜艇子数据链实现了潜艇和水面舰艇之间的实时通信，克服了潜艇传统通信手段隐蔽性差的弱点，极大地改善了潜艇的水下信息获取能力。从公布的数据看，美军的 Seaweb 已具有了很强的自组网能力，其自动进行节点识别、时钟同步性能达到了 0.1~1.0 秒量级，节点位置定位能力达到了 100 米量级，还具备了适应环境的发射功率控制、节点更新及失效后的网络重新配置等能力。

2. 水声反潜网络

美军为了满足当前与未来的海军作战需求，提高水下综合作战能力，正在大力发展先进的水声反潜网络。进行的试验项目包括 DADS、先进可部署系统（advanced deployable system，ADS）、一体化水下监视系统（integrated underwater surveillance system，IUSS）等。

DADS 是美国海军研究局和空间及海战系统中心正在研发的濒海防雷反潜作战能力系统，是基于远程声呐调制解调技术的水下传感器栅格，主要应用于濒海反潜、猎雷作战。DADS 一般布设于 50～300 米深的海底，节点数可达 14 个，包括 2 个自主式分布传感器节点、2 个浮标网关节点及 10 个遥控声呐中继节点。每一个节点都有一个约 100 米的传感器阵列，节点上装有信号处理器、电磁和声学通信包，节点设计寿命约为 180 天，节点间距 2～5 千米，可由潜艇、水面舰、飞机或 UUV 布设。水下系统通过网间浮标中继节点或 UUV 的中继节点连接，并通过岸基站点有线或卫星中继链路向指挥中心传递信息。DADS 是一种机动灵活、价格低廉、可快速布设的水下监视系统，通常随海上作战编队协同行动，使编队有能力在对方国家的沿海布设水下信息探测系统，有效应对低噪声潜艇和水雷的威胁，并且可以为舰队指挥中心提供威胁位置、海洋图像等重要作战信息。

ADS 是一种可重复使用、高机动性的被动近海水下监视系统，主要用在近海发现低噪声潜艇以及隐蔽的水雷。可供水面舰艇和潜艇快速部署，其水下分布式被动声学阵列由多个单元构成，每个单元包括若干个传感器，典型的传感器有 20～1 000 兆赫的水听器、海浪和水压梯度记录接收装置等；各单元采用海底光缆连接，距离可达 20 千米。ADS 主要由分析处理系统、传感器、战术接口和固定设备四部分组成。ADS 的处理系统可以放置在岸上，也可以放置在水中。它能够提供实时信息，在濒海区域探测潜艇浅水区活动的准确威胁位置信息和可靠的海洋图像，并具有一定的探测水雷和跟踪水面目标的能力。美海军计划把 ADS 系统部署在未来的濒海作战舰上。

美国海军正在重点建设 IUSS，该系统把各种固定和机动远程水声监视系统——远程固定水声监视系统、固定分布式系统、ADS、各种水下平台的主/被动水声系统、舰载拖曳水声系统等与美军作战指挥系统互联，可使美军实现各作战单元水下情报的共享，提升美军反潜和反水雷的作战能力。

3. 海洋监测网络

美军在海洋监测方面的水下网络计划是 PLUS Net，其是当今世界最先进的水下网络计划之一。PLUS Net 是由海底固定和移动的传感器组成的一种半自主控制的网络，网络支撑携带半自主传感器的若干 UUV 执行任务。各 UUV 在一定区域能够互相通信，在没有人为指令的情况下基于内在决策机制自主履行多种功能，完成包括温度、水流、盐度、化学成分及其他海洋元素的取样，并且密切监视海洋环境。

UUV 目前是一个活跃的研究领域，美国海军水声网络研究的一个重要特点就是注重 UUV 组网技术的研究，并把 UUV 网络作为获取水下战场信息、扩展潜艇信息获取能力的一个极其重要的手段。有关 PLUS Net 的许多关键系统正在密集研制之中，典型的有"海马""金枪鱼"自主无人潜航器，"奥德赛""海洋"等滑行式自主无人潜航器。

12.3 天基无线自组网技术

天基平台在通信网络中占据着重要地位，卫星通信是诸如飞机通信、海上船舶和偏远地区回程等场景中最好的（甚至是唯一的）通信方案。在大多数情况下，称为非地面网络（non-terrestrial networking，NTN）的卫星通信网络，已被预测为第 6 代移动通信系统的重要组成部分，将与未来的地面网络无缝集成。当前天基平台已经从传统的卫星平台向无人机机载平台、导弹弹载平台综合发展，研究和发展天基无线自组织网络将对国防安全产生巨大效益。

12.3.1 概述

当前实用性的天基无线自组织网络主要以空间卫星为平台，美国早在 19 世纪 90 年代就提出了天基综合信息网的基本概念。不过，由于美国具有全球布站能力并拥有强大的地面网络和天基资源，因此该概念并没有在现实中广泛应用，这从美国"转型卫星"计划（TSAT）可见一斑。欧洲也提出了构建"面向全球通信的综合空间基础设施"（ISICOM）的设想，不过也没有进一步设计实施。而对中国而言，由于不具备全球建站的能力，因此只能在空间卫星节点间具备宽带互联能力的基础上，构建空间信息传输高速公路，通过天基网络来实现空间信息系统的网络化，促进空间信息系统的能力升级，实现体系化、融合化发展。因此，在20世纪末，中国也提出了研究和建设中国天基综合信息网的设想，并在此后进行了一系列相关的专项研究，并且取得了一些显著成果，为建立中国天基综合信息网提供了一定的理论基础。天基移动通信网络不同于一般地面上的通信网络，在组网形式、网络节点特性以及所处的空间环境等方面具有自身的特殊性。它既不同于传统地面固定网络，又不同于地面无线通信网络，其基本差别可归类为：拓扑动态、链路不稳定、时延大。

1. 组网结构方面

天基移动通信网络以星座方式进行组网，并通过星间链路建立网络。星座设计方式决定了卫星网络拓扑变化的特殊性——时变的周期性和规律性。

星间链路的建立降低了卫星网络对地面站的依赖，但星间链路的切换直接影响网络的传输性能，对卫星网络的路由、面向连接通信链路的建立机制和维护提出更高的要求。

● 动态性：天基移动通信网络中的核心路由器都是在轨运行的卫星节点，这是一种真正意义上的动态网络。另外，网络中的节点将按照一定的轨道运行，表现出周期的和可预测的动态特性。这区别于传统的完全随机动态的 Ad Hoc 网络。

● 与传统卫星通信系统区别：传统卫星通信系统需要通过地面站实现星间的通信，信号需要在卫星和地面站间多次折返，极大地增加了端到端的传输时延。星间链路则可以实现卫星之间的通信。

● 重要特征：链路切换——星地链路切换和星间链路切换。其中，星间链路切换是由于卫星间的相对运动引起的星间链路中断或重新建立。

2. 组网通信协议设计

由于其特殊的动态性，传统的网络模型——基于固定拓扑的图论建模，如最短路径算法，无法应用并推广到天基移动通信网络，需针对卫星特殊的动态拓扑特性研究相应的网络建模方法。因此寻找高效、简单且适用于拓扑动态环境的网络组网算法和协议是针对天基移动通信网络的特殊要求。

3. 网络传输控制协议设计

卫星节点间空间距离大且不断改变，使得卫星网络传输时延在整个通信时延中占据重要的地位，且这种时延是不断变化的。传统的 TCP 协议无法适应这种大时延和时延抖动，因此空间数据系统咨询委员会（CCSDS）于 1999 年提出一套空间通信协议——SCPS 协议。

卫星的星上处理、交换、路由能力都要求更严格和复杂。而且由于卫星网络所处的空间环境存在各种干扰（太阳、月球等天体），这些干扰源产生的宇宙射线会影响星载设备与星间通信，降低通信链路的信道传输质量，因此需要对卫星通信协议有更高的要求。

相对于卫星平台，无人机平台可以实现低轨低延迟应急通信，但无人机一般续航能力受限；而弹载平台表现较强的多普勒特性，对于移动性要求更高。同时，天基平台易被发现和干扰，其抗干扰能力也需要纳入通信设计中来。

12.3.2 卫星自组织网络

经过数十年的发展，卫星通信网络已经成为信息基础设施不可或缺的重要部分，当前卫星网络已经进入了业务多样化及覆盖全球化的时代。卫星通信系统覆盖面积大，具有传输速度快、可移动性强等优点，但是由于资源紧缺，如何有效地利用空间资源、提高卫星通信的效能等都是目前的研究热点。传统的单层卫星网络主要有 GEO 卫星网络、LEO 卫星网络和 MEO 卫星网络。

其中，GEO 卫星网络应用最为广泛，GEO 卫星位于地球赤道上空 35 786 千米的轨道上，并且相对地面静止；MEO 卫星位于距地面高度 2 000～20 000 千米的轨道上；LEO 卫星的轨道高度则距离地面 500～2 000 千米，覆盖全球需要进行星座组网。为推动卫星宽带互联网发展，根据卫星宽带互联网演进路线与发展设想分析，需要考虑攻克网络体系架构、星座轨道设计、组网技术、传输技术、网络管理与安全技术五个主要方向的关键技术，形成系列化的标准协议。

1. 网络体系架构

对于物理层面，主要设计组成三维动态拓扑的卫星节点数量、分布、位置、功能规划及其相互关系，以及网络拓扑结构的扩展能力和拓扑重构的可能范围等内容。考虑到天基宽带互联网络的空间分布所带来的多尺度特性，网络结构取决于网络规模、网络对地/对空覆盖、工作频段等多方面的指标要求。对于信息层面，需要在明确天基宽带互联网的服务模式与服务支持能力的基础上，确定信息传输类型与需求以及各类信息流程。天基宽带互联网体系设计既要继承已有空间功能系统，又要面向未来有所创新，以此来满足全球覆盖、宽带高速、灵活接入、自主运行、天地一体等能力需求。

2. 星座轨道设计

星座轨道设计是对天基宽带互联网星座构型、卫星节点频率/轨道、星间/星地互联链路等的总体设计。在设计中，既要面向功能系统的服务范围和服务对象做"设计"，又需要结合频率、轨位等实际的一些情况做"安置"优化。从网络节点所处轨道位置来看，GEO 卫星由于对地静止，卫星间的网络拓扑相对固定，往往成为构建天基宽带互联网骨干网络的首要选择；而在天基接入网方面，由于不同轨道的接入网提供不同覆盖范围、传输速率、业务支持等功能，因此其星座轨道需要按需设计。

3. 组网技术

组网技术是实现天基宽带互联网异构互联的基础，为使信息在天基宽带互联网的异构网络间多跳传输，组网技术必须具备高效、灵活、可扩展、智能化等特点。组网技术具体包括接入管理、空间路由、高速交换、组网协议、天地互联、资源管理调度等技术。以接入管理为例，由于天基宽带互联网为不同用户提供服务，不同终端、不同业务及不同服务等级对天基宽带互联网的接入能力要求不同，因此，应根据实际应用场景，研究按需宽带接入、随遇移动接入等技术。

4. 传输技术

传输链路是实现天基宽带互联网信息交互的桥梁，更高速率、更大带宽、更高效率是永恒追求。星间、星地的高速数据传输链路目前可通过微波、激光等多频段实现。其中，在高速微波传输技术方面，为实现数吉比特/秒的高速传输，核心技术主要包括超高速高频谱效率传输体制、多载波超高速调制解调算法、空间信息网络协作传输技术等；在高速激光传输及多址技术方面，核心技术主要包括相干激光调制、多制式数字解调、兼容有/无信标光的快速捕获与高精度跟踪、基于光学相控阵的光多址接入技术等。另外，随着传输理论、材料、工艺等不断进步，新型传输技术亦将为传输技术带来重大变革。

5. 网络管理与安全技术

针对天基宽带互联网节点动态变化、服务对象复杂、用户需求多样、服务质量分级等特点，实现安全、可靠、稳定、高效的网络管理与安全保障既是网络高效运行的基础，也是基本要求。因此，必须面向空天地网络融合，在地面管控系统实施全网集中管控的背景下，按照卫星组网模式，实现星载网络星上自主管控以补充地面区域地面站不足。同时，考虑到天基宽带互联网面临的开放性的卫星链路、不稳定的信号传输、移动的网络节点等带来的更多的安全威胁，需要深入研究和解决网络中所传输信息的机密性、完整性问题，提升网络本身的抗攻击能力。

12.3.3 弹载自组织网络

未来战争将是体系与体系的对抗，信息战和电子战将贯穿战争始终，尤其是以精确制导武器为主的攻击体系与以地空舰导弹为主的防御体系之间的对抗，在这种情况下，单枚导弹能够发挥的作用和实现的功能十分有限，多导弹间的协同作战将变得越来越重要。多弹协同通过合理有效的协同策略，借助作战资源统筹管理配置，提高了弹群突防能力，在察打一体、饱和攻击等战术应用中具有独特优势。

• 知识延伸

-察打一体-

察打一体是指具备侦察、监视、捕获和对目标实时打击的能力，可长时广域隐身监视、对地面进行持续火力压制，或对高价值、敏感目标实施精确攻击，能极大缩短从发现到摧毁目标的时间，适应信息化战争战场态势瞬息万变、战机稍纵即逝的特点，因此受到各国军方的广泛欢迎。

当前察打一体最具有代表性的应用是察打一体无人机，以 MQ－9 无人机为例，该无人机绰号"死神"，是美国研制的一种极具杀伤力的察打一体无人机。"死神"无人机的主要任务是为地面部队提供近距空中支援，还可以在山区和危险地区执行持久监视与侦察任务。"死神"无人机装备电子光学设备、红外系统、微光电视和合成孔径雷达，具备很强的 ISR 能力和对地面目标攻击能力，并能在作战区域停留数小时，更加持久地执行任务。该机载油量 1 815 千克，长 11 米，翼展 20 米，最大起飞质量 4 760 千克，作战高度 7.5 千米，武器挂架 6 个，最大航速 482 千米/小时，最大续航时间可达 28 小时，有效载荷为 3 750 磅，并且在最新升级中具备空对空杀伤能力。其输出功率一般在兆瓦级以上，体积庞大，系统重量达数十吨，作用距离达数百千米甚至更远。

1. 多弹协同的内涵

多导弹协同作战是通过发射平台、指挥系统及各导弹之间的信息、战术、火力在时间、空间和功能上相互配合和协作，以提高我方导弹群的探测、跟踪和攻击能力，从而完成战术任务的作战方式。多弹协同平台包含火箭弹、飞航弹、拦截弹、弹道弹、临近空间武器等，目前在飞航弹和拦截弹上研究较多。在"分布式作战"影响下，各武器平台均开始探索内部和外部集群协同作战。典型形式包括：多导弹协同打击，多无人机协同，导弹与无人机协同，卫星、预警机与无人机协同侦察，干扰机与导弹协同电子对抗等。目前国内外研究主要集中于多无人机协同和多巡航弹协同，其中多机协同中一些通用关键技术可以移植于多弹协同。多弹协同自组网的网络节点（导弹）具有运动速度快、机动性强、飞行环境复杂、对抗强度高等特点，因此要求其组网具有以下特点：

自组织能力。无须人工干预且无须任何其他预置的网络设施，可以在任意时间任意地点快速展开并自动组网。节点可以随时加入和离开网络，任意节点的故障均不会影响整个网络的运行。

自感知能力。网络内的各个节点均可感知网络内外部环境的高速动态变化。网络外部环境主要包括电磁环境（频谱、干扰）、地理环境（地形、地貌）等；网络内部环境变化主要包括网络成员数量、网络拓扑、路由、信道资源等的变化。网络各节点的感知信息经筛选、融合后可在全网共享。

自决策能力。网络内的各个节点具备一定的自决策能力。各节点根据自感知的环境变化情况，从策略库中优选出最优策略（业务 QoS 策略、路由策略、频点切换策略、资源分配策略、分簇策略等）对网络进行自配置。

自适应重构、自愈能力。网络可对所处电磁环境、链路状态、信道质量等信息进行快速感知，并适时调整网络的工作频率、编码和调制方式、天线波束方向、路由等网络重要参数，实现自适应的网络拓扑重构、网络节点工作模式重构、网络无线参数和无线资源重构等，确保网络具有较强的自适应重构与自愈能力。

抗干扰、抗截获能力。通过自适应编码与调制、波束赋形、自适应路由、频谱感知、功率控制、扩跳频等技术手段，保证网络具有较强的抗干扰、抗截获能力。

安全保密能力。网络可通过身份认证、信源加密、信道加密以及密钥管理等技术手段保证网络的通信安全。

2. 多弹协同的作战要素和功能

多弹协同是一个复杂系统，功能完备多样，涉及众多作战要素。该系统架构开放并具有良好通用性和适应性，针对不同作战想定和需求可定制专用性功能，但不同多弹协同系统包含的基本要素和功能是相同的，包括弹间组网通信、协同任务规划、协同电子对抗、协同突防、协同感知探测、协同制导。各作战要素关系如图 12-5 所示。

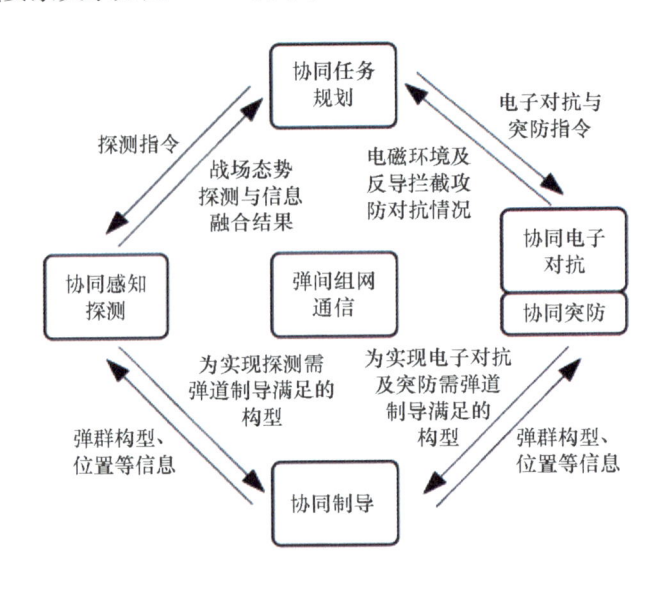

图 12-5 多弹协同各作战要素间关系

（1）弹间组网通信

协同作战的效果很大程度上取决于导弹武器系统之间的信息交互能力。弹间组网通信是指在高动态条件下完成弹群信息的大容量、高更新率的共享。弹群飞行是一个高速高动态过程，并且在过程中存在成员出入队情况，因此需支持在网络结构规模及战场环境随时变化的情况下，具备依据一定协议对各节点进行自主动态组网能力。

弹间通信网络每次发送数据量应满足协同制导控制或其他系统的要求，并且在恶劣环境下需每秒更新多次其他节点信息，而导弹飞行速度快，要求节点获取即时数据，因此弹间通信需具备大带宽、高更新率和低时延的特点。

多弹协同作战面临电子对抗和反导拦截场景，因此弹间组网通信应具备在通信部分链路和功能丢失时迅速恢复和重建能力，应具备在强干扰条件下继续维持网络、在干扰过后能迅速恢复全部功能的能力，并保证飞行任务的安全性和保密需求。

（2）协同任务规划

协同任务规划是多弹作战体系的决策中枢，需要根据战场态势在线规划作战任务，维持整个武器系统的运行，包含协同规划与任务分配两部分。任务分配是多弹协同作战的基础，是任务的动态执行和自主求解，并在求解过程中考虑各平台之间的信息交互协商，本质上是研究任务、目标以及武器之间的优化配置。协同规划是指在任务分配的基础上确定各武器系统所执行的任务及时序关系，能够将多枚导弹有限的资源进行分配和调度，本质上是针对某一类特定的任务进行的决策和优化。

（3）协同电子对抗

复杂电磁环境是战争形态由机械化模式向信息化模式演变的产物，建设具备强大电子对抗力量的导弹武器系统以适应复杂电磁环境下的体系作战是保证可靠实战能力的必要条件。协同电子对抗通过弹群内多个压制干扰设备和电磁信号感知决策单元，利用分布式集群优势，实现干扰与抗干扰、欺骗与反欺骗等电子对抗能力。

导弹武器系统受到电子干扰后，其捕获目标概率、跟踪目标概率和自导命中概率等均会降低，而敌方实施有源干扰都需要一定时间，为了有效突破敌方软杀伤武器的防御层，在一次进攻中，可以采用不同频率和不同类型的导弹在不同方向上进行齐射，使敌方不能及时地对所有频率和不同攻击方向的各类导弹进行有效的干扰，同时突防过程中的目标信息融合共享分析大大减少了攻击假目标的可能性，提升了抗干扰和反欺骗能力。另外，弹群可自主感知敌方电磁频谱，继而发射同频段假信号以战术隐身己方位置等信息，从而欺骗敌方感知。各枚导弹分别选取不同的捕捉策略，也可提高导弹集群整体的电子对抗能力。

- 名词解释

- 软杀伤武器 -

软杀伤武器是指那些采用非直接摧毁性破坏方式或非致命性杀伤方式使敌方枪械、车辆等武器装备失去作用或使罪犯暂时失去活动能力的一种非杀伤性武器。典型的软杀伤技术如箔条/红外干扰，这是一种使用广泛的无源干扰手段，其工作原理是依靠发射到空中的箔条、热源和烟幕火箭弹产生的假目标或者屏蔽云以迷惑削弱来袭反舰导弹的雷达、红外和激光复合导引头能力，使其不能锁定目标、获取目标的准确信息。

（4）协同突防

协同突防是导弹协同作战中一个重要的任务，由于导弹编队可能面临一次或多波次的拦截，编队成员在遭遇敌方防御系统拦截时，弹群可根据协同估计得到拦截导弹及毁伤目标的信息，在保证最少能量消耗的前提下，选择适宜的突防策略及机动指令，完成对目标的协同打击。

协同攻击与突防由不同时刻、不同区域发射的导弹同时或具有时间差异地到达作战阵地，利用数量、快速性和多枚导弹之间的信息共享等优势，根据探测结果自主构建当前战场态势，并结合作战态势及攻击任务，自主选择机动突防时机，并形成相应的作战指令，在减少编队协同作战过程中弹群集体能量消耗的同时，解决单枚导弹突防难度大的问题，增加突防成功的概率。

（5）协同感知探测

战场态势协同感知探测是实施多弹作战的前提，主要目的是根据弹群成员信息，通过信息交互与融合实现各装备平台对战场环境态势的采集，获得各探测目标的运动状态，为任务规划及协同制导等其他系统提供依据。

协同感知探测通过多弹异构导引头组网提升探测性能、实战能力和感知程度。弹间协同可以增加探测距离，扩大探测范围，提高目标定位精度，具备对多目标的跟踪辨识能力，并通过时域、频域、空域等多方面协同提高对复杂电磁环境适应能力，增强对干扰的识别和电子对抗能力。协同感知探测丰富了探测信息种类，多模多源多类信息融合可增强对作战环境态势的理解与感知。

（6）协同制导

导弹作为一种高速的精确打击武器，其航路规划和在线制导的目的是保证导弹按照指定飞行剖面或飞行策略顺利突破防线，避过障碍，从而顺利实现战术任务。多弹协同制导相对于单弹弹道会带来更多要求和约束，其作战任务需编队内所有成员通过弹道间协同配合共同完成。

协同制导是弹群飞行的基础，多弹作战体系的其他环节需通过弹群构型及弹道协同规划予以实现，例如协同探测构型、协同隐身编队形式、协同突防弹道形式。可以说，其他协同是协同制导的输入，协同制导是其他协同的实现途径。相对于单弹，多弹飞行为了保持弹群构型或实现相互弹道间约束，势必会带来能量或射程损失，因此协同制导需以集体代价最小为原则规划各弹轨迹。

12.3.4 无人机自组织网络

1. 无人作战系统概述

无人作战系统是由无人作战平台任务载荷指挥控制系统以及空天地信息网络组成的综合化作战系统，是信息化战争中夺取信息优势、实施精确打击以完成特殊作战任务的重要手段之一。无人作战平台是无人作战系统最主要的组成部分，是一种有动力但无人驾驶、能自主控制或远距离遥控、可回收或一次性消耗、可携带致命或非致命载荷的平台。

现代战争模式向着空天地一体化作战发展，将各个各自独立的子系统结合到一起能起到力量倍增的作用，因而美国率先提出了网络中心战概念，将战场上的各个子系统网络化，实现信息共享，使每个作战单位能够共同感知战场态势，实现行动协调化，从而把信息优势变成作战优势，发挥最大作战效能。无人机作为空天地一体化作战中的重要一层，能为网络中心战提供坚实基础，网络化的无人机群能够提供虚拟空中基地、智能指挥平台、信息融合、通信中继、电子战、空中优势、火力支援等一系列功能，充分发挥信息网络的优势。

· 名词解释

– 网络中心战 –

网络中心战，现多称为网络中心行动，是由美国国防部所创的一种新军事指导原则，以求化资讯优势为战争优势。

其做法是用极可靠的网络联络在地面上分隔开但资讯充足的部队，这样就可以发展新的组织及战斗方法。这种网络容许人们分享更多资讯、合作及情境意识，理论上可以令各部一致、指挥更快、行动更有效。这套理论假设用极可靠的网络联系的部队更能分享资讯、资讯分享会提升资讯质量及情境意识、分享情境意识容许合作和自发配合，这些假设大大增加了行动的效率。

2. 无人机协同作战

技术的发展导致未来的作战环境也日益复杂，同时无人机所具有的能源较少、负载有限的特性也决定了单机所能具有且能发挥的作战效能将很有限。因此，无人机作战的模式由单机作战逐步向更强力且灵活的多机集群作战、有人机－无人机协同作战、无人机－无人机协同作战方式转变。美军编制的《无人机系统路线图2005—2030》中明确提出今后无人机的发展步骤是：有人机与无人机协同作战（有人机主导）→有人机与无人机协同作战（无人机主导）→无人机自主作战。目前发展的技术致力于实现第一步，即由有人机主导的有人机-无人机协同作战。后来美国在《无人系统路线图2007—2032》中提到：美军无人机系统在2020年前可达到与有人机在攻击、兵种合同和SEAD/DEAD（对敌防空压制/破坏敌方防空）作战中相互协同的水平。有人机-无人机协同作战，将危险的、重复性的、枯燥的、无须太多智能化和决策的任务交给无人机完成，有人机则遂行决策、控制、指挥和关键任务，充分发挥两者的特点和优势，能够更加有效地完成作战任务，成为未来无人机作战应用模式的重要发展方向。

除有人机与无人机协同作战外，随着无人机装备的低成本普及和计算能力的提升，可用无人机组建战时空中网络，实现信息共享、功能扩展、任务分配、通信中继等单机难以达成的目标，提高生存率和保持网络的健壮性。

美军提出了无人机使用中的"复眼"和"蜂群"战术。由于无人机群多且小，敌方的定位摧毁难度很大，完全击毁无人机集群的概率低，反而付出的代价高昂，因而很难全面防御"蜂群"战术实施的饱和攻击。同时饱和攻击中敌方的防御体系更容易突破，通过伴攻掩护我方实质目标，实现对敌方关键部位的致命打击。"复眼"与"蜂群"战术策略中，被摧毁的单体无人机相对容易再补充，使用该战术的代价相对有人机攻击而言将要小得多，而敌方的防御难度却很大，因而其战场使用前景很广阔。

• 名词解释

"复眼"和"蜂群"

"复眼"是指给无人机配备雷达和光电侦测设备，各机相互之间通过数据链或卫星通信联系，实现数据交换融合，一次部署多架形成无人机集群。各无人机单机功能简单，控制较为容易，且单机小而分散，敌方难以全部侦察到并定位、摧毁，而且付出的攻击代价也将很高。"蜂群"是指携带导弹、制导炸弹等攻击武器的无人集群，借助数据链或者卫星实现情报交换，针对同一目标实施饱和攻击，形成可遮蔽局部空域的火力群。

无人机集群协同作战能实现下面几种典型的攻击场景：

协同侦察。单架无人机上的雷达只能探测到目标的方位角，若有三架或更多架无人机组成的无人机编队则可通过信息交换合作，对目标进行三角测量，同时编队可以使用配备的不同装备进行雷达、光学等多种形式的侦察，获得更多更全面的目标信息，同时可引导制导武器到达攻击目标，并进行毁伤效果评估。

协作电子干扰。一架电子战无人机只能干扰敌方雷达的一部分辐射面，而电子干扰无人机群则可通过调整飞行路线和干扰信号，干扰整个辐射面。需要解决的难题是为无人机群制定有效的干扰策略，当有新的威胁或者敌方针对干扰出现变化的时候，做出合适的策略调整以保持干扰效果。

准时攻击。在压制敌方火力时，攻击时间的选择和执行对攻击的突然性、攻击效果还有我方无人机的生存概率是非常重要的。准时攻击可能需要参与任务的几架无人机在预定时刻到达预定地点，并在指定时间点展开攻击。例如：我方诱饵机在规定的时间到达指定空域，以吸引敌方探测雷达开机，其他预定时间到达的几架攻击机对其展开攻击。

协同攻击。该任务的目的是侦察、搜寻、击毁目标。首先，由数架无人机组成的侦察小组在指定区域大范围搜寻，并评估其危险性。发现目标后，对其进行三角测量定位，确定坐标位置，并通知攻击无人机目标特征和攻击坐标，然后提供火力引导，一架或数架攻击无人机协同攻击目标，后续的毁伤效果评估则由侦察无人机完成。

要完成上面的几个场景任务，必须发展出无人集群的协同作战策略、技术，如组网、多机中继通信、任务规划和分配、航迹规划、测控、定位、数据融合等技术。无人机的组网技术是协同作战的基础和前提，其性能决定了协同作战目标能否实现，是目前研究的重点和热点。

3. 无人机对组网技术的需求

（1）自组织

无人机网络中节点移动迅速且不可预测，无线信道不稳定且可能随时关闭，战场情况的变化导致网络变化迅速且剧烈，拓扑变化迅速，战区内不同种类和性能的无人机分布难以预测，因此很难指定承担网络控制功能的中心节点，而且节点之间的通信可能需要多个中间节点进行转发，这些都是传统有线网络所没有面对过的难题。

对等自组织无线网络由网络节点同时承担路由控制和终端两种功能，不需要固定网络基础设施，没有也不需要严格的控制中心，所有节点通过分层或分布式的算法来协调自身行为，所具有的无中心节点、多条路由、适应拓扑动态变化的特点，可以保证在拓扑变化的作战环境下能够自主组建可用网络。

无人机网络可在不需要任何其他预置网络设施的情况下，在任何时刻、任何地方快速展开并自动组网，可动态改变网络结构，即使某个节点的无人机受到攻击，网络也能够及时感知到变化，自动配置或重构网络，保证数据链路的实时连通，具有高度的自治性和自适应能力。

（2）适应不同范围和密度的无人机分布

随着无人机成本的降低和性能的提升，未来无人机将实现多层次大批量的装备，从战略级到基层作战单位甚至是单兵使用的微型无人机将充满热点区域，如何将这些无人机结合到一个网络中，对网络路由协议的规模适应性是一个挑战。目前的无线自组网中每个节点都需要承担路由控制和发现功能，因而路由开销占据无线信道的比率严重影响了网络性能，当节点数量增加时，路由开销控制不佳的路由协议产生的路由控制包将消耗掉无线带宽而导致网络崩溃，因而路由协议控制路由开销的能力决定了无线自组网的性能，开发出低开销的路由协议已经成为当务之急。

（3）良好的通信性能

随着无人机网络规模的增大，其所具有的功能和承担的任务快速增加，同时数据交换和融合的需要对网络传输数据的能力提出了挑战，低数据延迟、大量数据链接、实时大数据量传输是路由协议应该具有的性能。

（4）健壮性

战时双方对抗激烈，无人机战损大，节点的退出和加入不能影响到整体网络的性能。无线自组网技术克服了无人机单机工作时易受攻击而影响作战成功率的弱点，分布式特征、节点的冗余性使得网络的健壮性和抗毁性突出，因而大多数的路由协议特别是平面式网络的健壮性都很不错。

（5）安全性

军用无人机网络采用的是无线信道，信道的开放性导致容易被窃听、干扰和注入虚假信息，而且战场环境下，节点有可能被敌方俘获而泄露密钥、报文信息等安全信息，敌方伪装的节点也需要进行有效甄别，因而防范内部和外部的攻击是无线网的重要任务，安全性是网络性能的重要一环。

（6）对无人机性能要求较低

军用无人机的载荷有限、能源有限、体积有限，这决定了其具有的计算能力将非常宝贵。如何节省能源消耗并尽量减小计算能力的需求，提高网络性能和持续性，是设计组网技术的一个主要方面。

12.4 空天地一体化信息网络

随着信息技术的不断发展，信息服务的空间范畴不断扩大，各种天基、空基、海基、地基网络服务不断涌现，对多维综合信息资源的需求也逐步提升。空天地一体化网络可以为陆海空天用户提供无缝信息服务，满足未来全时全域全空通信和网络互联互通的需求。

12.4.1 组成

空天地一体化网络是以地基网络为基础、天基网络和空基网络为补充和延伸，为广域空间范围内的各种网络应用提供泛在、智能、协同、高效的信息保障的基础设施，其架构如图 12-6 所示。空天地一体化信息网络由多颗位于不同轨道的卫星星座、地面移动基站或者 Wi-Fi 等地面通信设施、关口站、测控站、一体化核心网、网管系统、运营支撑系统组成，可以提供宽带接入、数据中继、移动通信、物联网、星基监视及导航增强等服务。

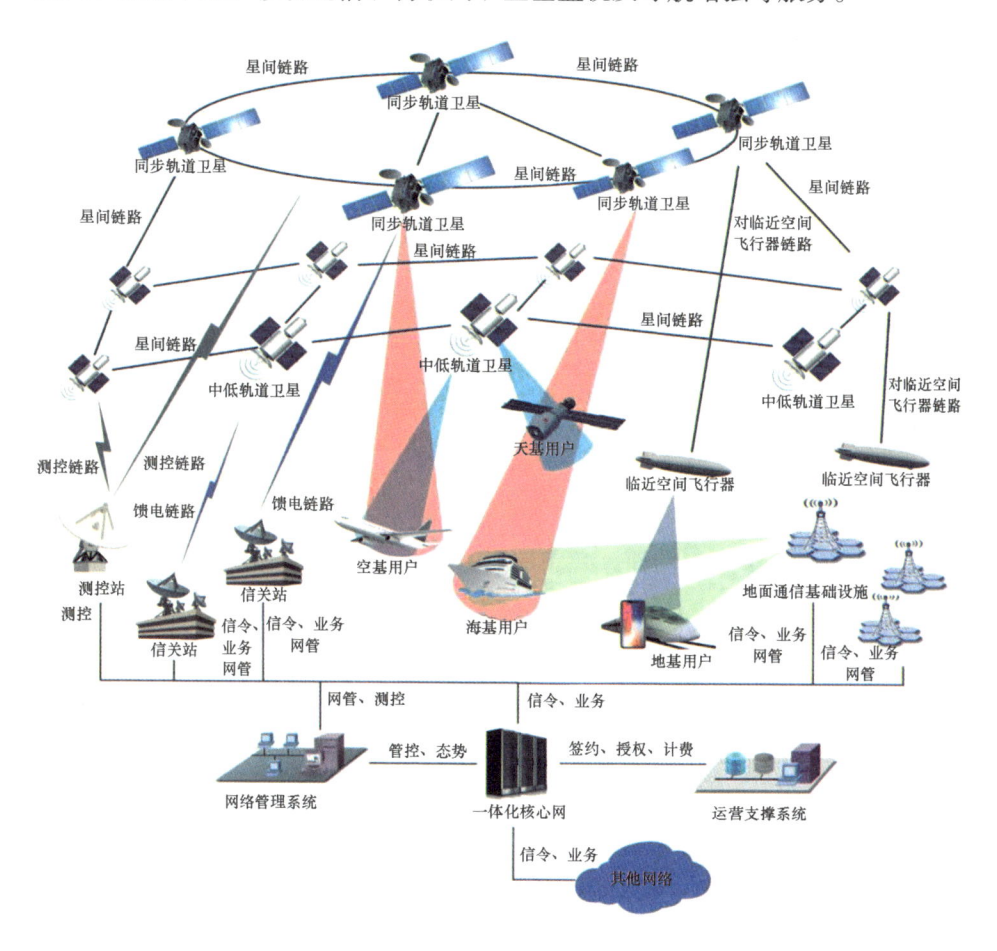

图 12-6 空天地一体化信息网络组成

● 通信卫星星座：由位于 GEO、MEO、LEO 的多颗通信卫星组成；卫星采用 L、Ku、Ka 乃至于 Q/V 频段频谱，通过多点波束天线对地进行覆盖，为用户提供移动或者宽带服务；同轨和异轨卫星之间通过微波、太赫兹或者激光链路相连构成天基网络，卫星搭载星上数字处理载荷实现信号处理和业务、信令的空间路由转发。

● 临近空间平台：由位于地球上空 20~100 千米的浮空平台或飞艇组成，主要用于卫星到地面的激光通信中继和热点区域的覆盖和容量增强。

● 地面通信基础设施：地面移动通信基站、Wi-Fi 热点等无线接入设施。与卫星形成协同的覆盖，地面设施主要解决地面基础设施条件较好、人口较为稠密区域的覆盖，卫星主要覆盖海洋、天空、太空以及地面覆盖边缘区域。

● 信关站：通过馈电链路实现与卫星星座中卫星互联，解决天基网络承载的用户信号、业务数据、网络信令、星上设备网管信息的落地问题。

● 测控站：依据航天器的工作状态和任务，控制卫星的姿态和运行轨道，配置卫星载荷工作参数。

● 一体化核心网：与卫星、信关站和地面通信基础设施互联，一体化处理借助天基或者地基不同途径接入用户的入网申请、认证和鉴权、业务寻呼、呼叫建立、无线承载建立、呼叫拆除等流程信令；实现话音编码转换等网内业务处理功能；实现与其他网络的互联，处理网络边界上的信令交互、业务路由、业务承载建立和管理、必要的业务格式转换；保存用户的签约信息；在用户呼叫层面实现天地资源的统筹调度；进行用户业务信息统计，用于评估 QoS 和计费；进行网络性能统计。

● 网络管理系统：统筹分配网络资源；管理、监控全网的拓扑、路由；监控网络所有设备的运行状态，包括星载和地面设备；收集全网运行指标，向网络操作者反馈；根据网络操作者的指令，配置网内设备运行参数；处理异常和告警事件。

● 运营支撑系统：受理用户业务申请、管理用户和订单、进行业务计费和账务结算、处理投诉和咨询、提供网上营业厅等。

● 用户终端：包括天基、空基、海基、陆基等多种类型用户终端，在系统的管理下，在不同卫星之间、星地之间的覆盖区间切换；系统采用星地融合的传输体制设计，终端根据业务需求、接入途径，配置多个频段的天线和射频，共用基带单元。

12.4.2 展望

● 天基网络作为未来信息网络基石已成为广泛共识，空间网络规模呈现快速增长态势：为了进一步弥合天、地网络的容量和能力差距，拟建设的空间网络规模持续扩大。SpaceX 公司 Starlink 计划包含高达 42 000 颗卫星、亚马逊公司的 Kuiper 计划也达 3 236 颗卫星。为了未来实现天地一体、立体覆盖、协同服务，迫切需要研究解决多层轨道卫星和地面基站构成的超大规模、立体网络的融合接入、协同覆盖、协同组网、协调用频、一体化传输和统一服务等问题。

● 透明转发和星上处理等工作模式长期共存，在轨重构、软件定义为按需服务赋能：透明转发模式需要解决高性能天线、射频和信号转发载荷设计问题，星上处理模式需要解决在超宽带信号处理需求下，由于资源严重受限带来的高性能、低功耗计算处理问题。对低轨星座还需解决星地相对运动带来的网元功能星地分割与动态重构、网元移动性、用户移动性管理等问题。软件定义载荷将是未来发展的一个重点，它允许用户在卫星入轨后根据业务需要和卫星健康状态进行覆盖区域、频段、带宽和功率再调配，从而显著缩短研制周期、降低成本、最大限度地利用卫星能力。

● 高低频、高低轨系统协同发展，持续提升容量和效益成为重要发展目标：除常用的 L/S、C、Ku 频段以外，新一代卫星通信系统已经大量采用 Ka 频段，甚至 Q/V 频段来提升容量，未来还有可能使用太赫兹频段。不论是为目前 5G 基站拉远提供大容量回程通道，还是为未来星地提供一致的服务质量，以及实现广域海量物联服务，都需要优化频谱的利用，引入先进编码调制、新型多址、多波束多链路协同、高速星间链路等先进传输技术，有效提升空中接口容量，促进多频段、高低轨卫星服务的有效协同。

● 确定性的服务质量保障成为未来天地融合网络的重要特征：基于低轨道卫星星座的接入能够有效提升容量和减小时延，但其本身面临着链路延时抖动大、用户和馈电链路切换频繁、承载网络不断动态重构等一系列不利于服务质量保障的因素。而未来星地多维多链路协同覆盖场景中，干扰协调的复杂性、传播模型的不同、平台处理能力的离差都将进一步加大服务质量保障的难度。

● 人工智能为网络的有效管理和特色服务提供新动力：未来天地一体融合多维网络将包含海量的网络节点、复杂的业务需求、多种异质的接入媒介，是一个复杂巨系统，其管理难度远超常规的单星组网系统，必须引入人工智能、区块链、大数据分析等先进技术手段，促进管理从自动化向智能化转型，使网络能够感知、预测到服务需求，并能够提前优化部署适配的服务能力。据报道，NASA 已经开始了基于智能合约与机器学习的星座优化技术研究。

● 天基计算、信息服务将重构卫星通信价值链：Kuiper 星座系统计划基于亚马逊云计算（Amazon web services，AWS）为用户提供遥感、星基监视等信息处理的托管服务。为强化在轨数据处理能力，欧洲航天局设立了"先锋计划"，并在 2019 年发射的卫星上搭载了可扩展轻量并行超算载荷。2013 年，美军提出了"空间作战云"的架构和设想，拟实现一个全球泛在的数据分发和信息共享综合网络体系。俄罗斯航天系统公司则宣称正在研发天基信息流量自动处理技术。软件定义卫星、天基计算技术的发展为移动信息服务更贴近用户提供了途径。

● 行业和技术的垂直与横向整合将带来巨大的成本优势及商业机遇：根据中金公司的研究报告，Starlink 单颗卫星的发射+制造成本只有 153 万美元，是 OneWeb 的 46%，未来随着二级火箭再回收、卫星的轻量化生产，预计还能下降 30% 以上。SpaceX 公司利用火箭、卫星制造到发射服务的垂直整合模式显著降低了成本，提高了组网速度与灵活性，从而在商业市场上体现很强的竞争力。未来，SpaceX、我国的时空道宇科技有限公司还要将新能源汽车制造、智慧出行和卫星通信行业进行横向整合以创造新的流量入口和商业机遇。

第 13 章
量子通信

　　量子通信是量子理论和信息论相结合的新型交叉学科，由于其具有高效率、无条件安全等特点，成为通信领域新的研究热点。近年来，量子通信已经逐步从理论走向实验，并向实用化发展。

　　信息时代，信息日益成为社会各领域最活跃、最具有决定性意义的因素，但在信息化的进程中人类也面临越来越严重的问题。例如当今信息系统的处理能力已接近极限，现有计算机的运算速度不能无限制地增长下去，摩尔定律即将失效；现有公钥密码体制的安全性基于一些未被证明的数学假设，一旦量子计算机研制成功，其超强的并行计算能力将使得公钥密码体制无密可保。诸如此类的问题对现有信息技术提出了严峻的挑战，信息科学的进一步发展势必要借助于新的原理和方法，将量子力学应用于信息科学的新兴学科——量子信息学由此应运而生。

　　量子信息学是采用微观粒子的状态编码信息，并以量子物理学规律为基础研究信息的存储、传输和处理的学科。量子通信是量子信息学的一个重要分支，是量子信息学中研究较早的领域。量子通信是面向未来的全新通信技术，它利用量子力学的基本原理实现量子信息或经典信息的传输与处理。量子通信在确保通信信息安全、增大通信信息容量、提高信息处理速度等方面，均可能突破现有经典信息系统的极限。由于量子通信具有经典通信无法比拟的优势，量子通信得到了世界各国政府、研究机构和军队的高度重视，它们将量子通信作为重要的发展方向，将其推向实用化。

13.1 基本原理

13.1.1 量子的基本概念

在微观领域中，某些物理量的变化是以最小的单位跳跃式进行的，而不是连续的，这个最小的单位就叫作量子。如：原子是有能级的，能级的变化不是连续的，而是跳跃式进行的。原子吸收一个或几个光量子就从低能级跃迁到高能级，辐射出一个或几个光量子就从高能级变到低能级，这个最小的单位光量子，就称为量子。因此，量子并不是指原子、分子这些微观粒子本身，而是一种单位，只不过微观粒子具有量子属性。微观粒子不同于宏观粒子，它具有波粒二象性，因此其表现出分立性、随机不确定性、相干性等量子属性。

13.1.2 量子态叠加原理

量子态即微观粒子所处的状态。对于经典粒子而言，它在某个时刻只能处于确定的物理状态，要么是0要么是1。而对于量子粒子，它可以同时处于各种可能的物理状态上，可以是0，可以是1，也可以是0和1的叠加态。假设 $\psi_1, \psi_2, \cdots, \psi_n$ 都是量子系统可能的态，那么它的任意线性叠加态 $|\psi\rangle = \sum_i c_i |\psi_i\rangle (i = 1, 2, \cdots, n)$ 也是系统的一个可能的态。这就是量子态叠加原理。

例如：单个光子通过由分束器构成的光路。这个分束器有可能对该光子进行透射也有可能进行反射。光子在这个区域就处于上光路和下光路一个叠加态，如图13-1所示。

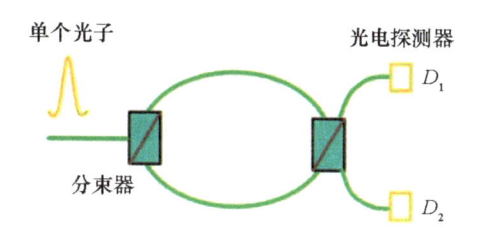

图 13-1　单个光子通过由分束器构成的光路

13.1.3　测不准原理

经典粒子的坐标和动量可以同时取得确定值，而微观粒子的坐标和动量不能同时取得确定值。例如：观测一个电子的坐标，通常用光子去测量电子。光子的频率越高，观测电子的精度就越高。但是频率越高，能量就越大。能量越大，对电子的扰动就越大。这意味着，如果想更精确地测量它的坐标就会导致动量的极大不确定性，这就是测不准原理。坐标和动量只是量子力学中不确定关系的一种，还有时间和能量的不确定性关系。量子力学中两个不对易的力学量算子都存在类似的不确定性关系。

13.1.4　量子纠缠

量子纠缠是多子系量子系统之间存在的非定域、非经典的强关联。一个子系统的测量结果无法独立于对其他子系统的测量结果。例如，两个 1/2 自旋的电子 A 和电子 B 处于一个纠缠态，如果对电子 A 进行测量，发现电子 A 是自旋向上的，那么电子 B 必然处于自旋向上。同样如果发现电子 A 是自旋向下的，那么电子 B 必定是处于自旋向下的。这说明电子 A 和电子 B 之间存在一种强关联。这种关联似乎和经典的情况类似：例如一个盒子里面放着一个白球和一个黑球，取出白球之后，盒子里必定是黑球。但是这种经典的关联是事先制备好的，是确定性的。而对于一个纠缠态，可以表达为沿任意方向自旋的关联。可以把它表示为自旋向下自旋向上的关联、向左向右的关联、负 45 度和 135 度的关联。具体表示哪一种关联，依赖于对电子进行什么样的测量。量子纠缠的本质就是用一个态可以描述不同方向自旋关联。量子纠缠与经典关联的这种基本差异正是量子通信的物理基础。量子纠缠在量子信息当中起着非常重要的作用，可以说没有量子纠缠就没有量子信息。

13.1.5 量子不可克隆定理

在量子理论当中，量子不可克隆定理占有非常重要的地位。对于经典的情况，要复制二进制比特串，是一件非常简单的事情。但是对于量子来讲，要复制出一个未知的量子态是不可能的。量子不可克隆定理即不存在一个量子克隆机，可以精确地复制任意量子态。也就是说，如果对一个量子态一无所知，就不可能利用某种机器产出和这个量子态一模一样的态并且保持原来的态没有任何变化。量子不可克隆定理是量子保密通信安全性的基础。

13.1.6 测量塌缩原理

测量塌缩原理即对量子态测量后将导致量子态塌缩为量子叠加态中的一个态，可以借助如图 13-2 所示的直角坐标系来形象地理解该原理。

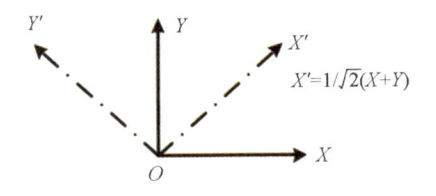

图 13-2 XOY 和 $X'OY'$ 两个坐标系

如图 13-2 所示，一个量子态可以用坐标系中的一个向量来表示，且一个量子态可以表示成其他几个量子态的叠加。量子态具有这样一个性质，如果在坐标系 XOY 中来测量 X'，只会有两个结果，不是 X 就是 Y，二者出现的概率各是一半，但是不会得到 X'，在这个测量过程中 X' 被破坏掉了，即 X' 塌缩到了 X 或者 Y。但是如果换一个坐标系 $X'OY'$ 来测量，就能百分之百地确定

它是 X'。同样，要想准确地测量 Y，也只能在 XOY 坐标系中来测量，而不能使用 $X'OY'$ 坐标系。这就是测量塌缩。所选的坐标系称为测量基，构成测量基的两个量子态称为互相正交的量子态。简单来说，测量塌缩是指要正确测量一个量子态，就必须选择正确的测量基，如果选错了测量基，就可能得到一个错误的结果，并且原来的态也将被破坏掉。

13.2 量子保密通信

量子保密通信是量子通信中研究最早、技术最为成熟以及最接近实用的领域。量子保密通信是以量子力学和经典密码学为基础，利用微观粒子的量子属性保证信息安全的一种新型保密通信体制。不同于经典保密通信由计算复杂度来保证安全性，量子保密通信的安全性由量子不可克隆定理和测不准原理所保证，因此量子保密通信理论上具有无条件安全性。其无条件安全的实质是无论攻击者采取何种攻击策略，量子保密通信的参与方都可以检测到传输信道上攻击者的存在。目前，量子保密通信主要包含量子密钥分发（quantum key distribution，QKD）、量子安全直接通信、量子秘密共享、量子身份认证以及量子签名等。

13.2.1 通信协议

量子保密通信协议中最为实用的是量子密钥分发协议。1984年，IBM 的科学家班内特（Bennett）和加拿大蒙特利尔大学的布拉萨德（Brassard）提出了第一个量子密钥分发协议，称之为 BB84 协议。BB84 协议是最著名且应用最广的 QKD 协议，其利用量子力学的基本原理实现在两方之间安全地分配密钥。BB84 协议的提出标志着量子保密通信研究的开始。

BB84 协议使用了四个量子态，分别是 $|0\rangle$、$|1\rangle$、$|+\rangle$ 和 $|-\rangle$。这四个量子态构成 2 组正交基。可以用 0 度偏振态 $|\rightarrow\rangle$ 表示 $|0\rangle$，90 度偏振态

$|\uparrow\rangle$ 表示$|1\rangle$，这两个态是正交的，因此构成了一组正交基 $\{|\rightarrow\rangle,|\uparrow\rangle\}$，称之为水平垂直偏振基，简称"+基"。可以用负45度偏振态 $|\searrow\rangle$ 表示$|-\rangle$，用45度偏振态 $|\nearrow\rangle$ 表示$|+\rangle$。实际上$|+\rangle$和$|-\rangle$是0态和1态的叠加态（$|+\rangle=\sqrt{2}/2$（$|0\rangle+|1\rangle$）），这两个态也是正交的，构成了一组正交基 $\{|\searrow\rangle,|\nearrow\rangle\}$，称之为负45度偏振基，简称"×基"。根据测量知识，$|0\rangle$和$|1\rangle$是正交的，采用"+基"测量能准确地区分这两个态；$|+\rangle$和$|-\rangle$也是正交的，采用"×基"测量也能准确地区分它们。但是这四个量子态放在一起，就无法可靠区分它们了。因为这四种量子态分别处于两种不同的基，如果不清楚量子态到底是采用何种基制备的，并贸然测量的话将会破坏量子态。比如说对$|+\rangle$或$|-\rangle$，采用"×基"测量能准确得到到底是$|+\rangle$还是$|-\rangle$，但是如果采用"+基"测量，只能以1/2的概率得到$|0\rangle$或$|1\rangle$。

BB84协议的具体过程如图13-3所示：

第一步，假设Alice和Bob要建立一组密钥，Alice首先制备一组光子，每一个光子随机地处于上文提到的四种量子态中的一种态，然后将这组光子发送给Bob。同时假设Alice和Bob已经协商好用90度偏振态$|\uparrow\rangle$和负45度偏振态$|\searrow\rangle$来编码比特1，用0度偏振态$|\rightarrow\rangle$和45度偏振态$|\nearrow\rangle$来编码比特0。

第二步，Bob随机选择"+基"或者"×基"对收到的每个光子进行测量。由测量塌缩原理可知，如果Bob的测量基选对了，就能得到正确的结果。假设对于第一个光子，Alice是用"×基"来制备的，是一个负45度偏振态。Bob如果采用"+基"去测量，基选错了，他将得到一个错误的结论。假设对于第二个光子Alice还是用"×基"来制备的，Bob选择了"×基"来测量，基选对了，Bob就能得到一个正确的测量结果。

第三步，Bob得到测量结果，并将其测量每个光子用的偏振基通过公开信道告诉Alice。

第四步，Alice清楚地知道自己发送了哪些态，因此她也知道Bob在每一次测量的时候是选错了还是选对了测量基。Alice 告诉 Bob 哪些测量基是正确的，Bob 则把正确的测量结果保留下来，删除那些选错了测量基的结果。

第五步，双方按照约定把测量结果转化为经典的二进制比特——0 或者是 1，这样就可以得到一串随机数字，也就是密钥。

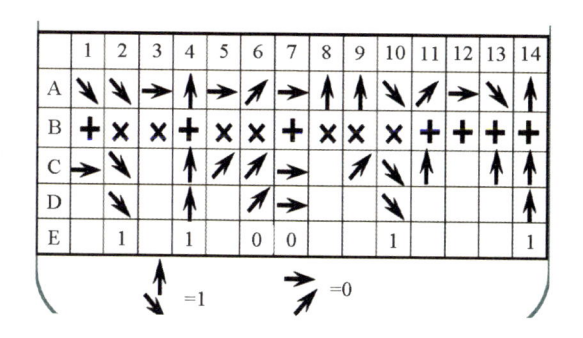

	1	2	3	4	5	6	7	8	9	10	11	12	13	14
A	↙	↙	→	↑	→	↗	→	↑	↑	↗	↑	→	↘	↘
B	+	×	×	+	×	×	+	×	×	×	+	+	+	+
C		↙	↗			↗		↗		↑				
D	↙			↑	→		→		↑		↑			↑
E		1		1	0	0			1					1

↑↓ =1   ↗↙ =0

图 13-3　BB84 协议

QKD 协议之所以能够保证通信过程的安全性，是因为通信方能够发现传输信道上是否存在窃听。在经典通信中，Alice 发出的是确定的信息，能够被准确测量，窃听者就可以在传输线路中截取发送的信号，然后重新产生编码信号传给 Bob。这样，窃听者既得到了信息，又能保证不被发现。但是对于 QKD 而言，Alice 是随机地发送量子态，如果攻击者想要测量它以获取信息，就必须选取正确的测量基，但是除 Alice 以外，任何人都不知道正确的测量基是什么，因此攻击者只能以猜测的方式选定一个测量基，但是如果攻击者猜错了，就会得到错误的结果，并且他并不知道自己已经错了，只能制造出一个错误的量子态发送出去，这就有可能在 Bob 的测量结果中产生错误，即 Bob 的测量结果和 Alice 发送的态不一致，称为误码。Alice 和 Bob 只要把自己的最终结果拿出来互相核对一下，看看其中有没有误码，就能知道是不是有人窃听了。

因此，双方从测量结果中随机选取一些比特来进行窃听检测，如果误码率高出门限值，说明有窃听，协议终止。如果没有窃听，就对剩下的比特进行纠错，使得双方的密钥比特一致，再进行保密放大，将可能泄露给窃听者的信息剔除掉，最终双方得到一致的安全密钥。

13.2.2 通信系统

量子保密通信系统主要包括偏振编码系统和相位编码系统。

1. 偏振编码系统

偏振编码系统即利用光子的偏振来编码信息，进而实现量子密钥分配。图 13-4 是一个典型的利用偏振编码实现 BB84 协议的系统示意图。

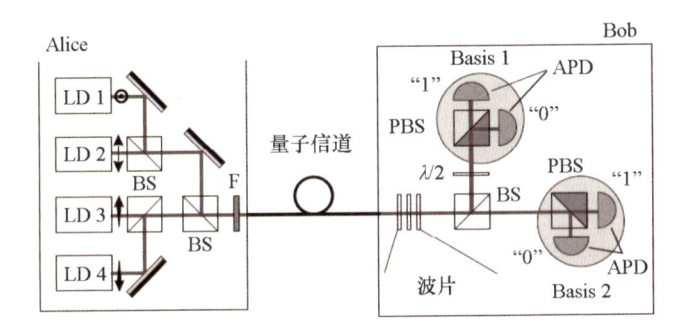

图 13-4 偏振编码系统示意图

  Alice 端四台激光器的输出光脉冲分别被起偏至固定的偏振方向上，分别是 0 度、90 度、45 度和 -45 度。在每一个时间戳里，Alice 随机点亮一台激光器，通过量子信道，发送某一个偏振态给 Bob。因为光纤中的传输和设备的干扰，Bob 必须先利用波片组将光脉冲进行纠偏，使其恢复到 Alice 端输出的方向。Bob 端的选基测量是通过普通分束器和偏振分束器来实现的。系统中的半波片用于将一路信号的偏振态旋转至测量基方向。

  偏振编码量子密钥分配发展最早，首个量子密钥分配系统是在 1989 年，由班内特等实现的，如图 13-5 所示。虽然当时实验是在光学平台上进行的，自由空间信道仅长 32 厘米，系统重复频率仅 200 赫，但是其意义却很深远，它打开了量子密钥分配实验研究的大门。科学家们一直在努力提高偏振编码系统的性能和稳定性，然而偏振态在光纤中的传输受限于光纤中双折射的影响，使其退相干严重，从而限制了偏振编码方案的安全传输距离。但在自由空间中，大气完全没有类似于非均匀晶体的双折射影响，因此，空间量子保密通信系统多采用偏振编码方案。

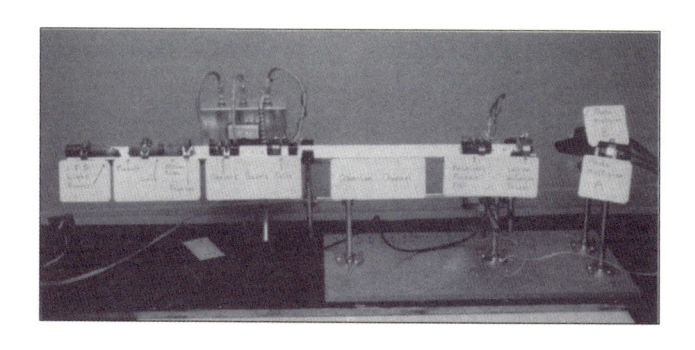

图 13-5　首个量子密钥分发系统

2. 相位编码系统

相位信息也是光子内禀属性中容易进行操作的一种，使用干涉环结构就能够实现在脉冲和基准之间加上相对相位。相位编码系统即利用光子的相位来编码信息，产生出需要的量子态，进而完成密钥分配过程。

图 13-6 是具有最简单结构的马赫-曾德尔（Mach-Zehnder）干涉仪。激光器的输出光脉冲经过平衡的分束器劈裂成两个强度相同的光脉冲，分别

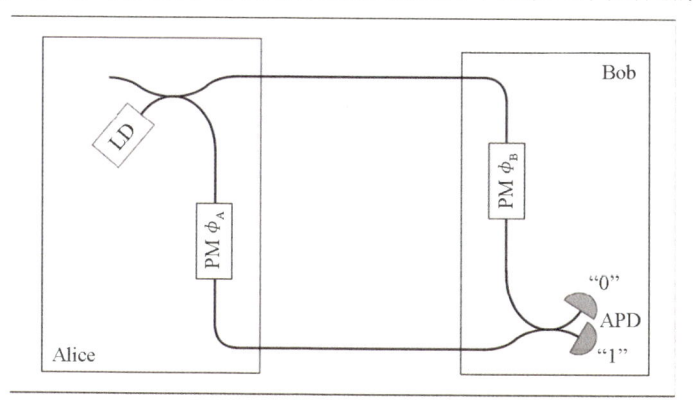

图 13-6　相位编码量子密钥分发示意图

进入干涉环的两条臂中。每条路径上各有一个相位调制器，用来实现在光脉冲上叠加一个可调的相位。

若干涉环是平衡的，两条臂对应的光程差相同，则两个小的光脉冲将会在同一时刻到达出口处的分束器上，形成干涉（总光程刚好相等，可以发生干涉，干涉结果取决于 Alice 和 Bob 的相位调制）。干涉结果的输出取决于两臂上各自的相位 ϕ_A 和 ϕ_B。其中 $\Delta\phi = \phi_A - \phi_B$，当 $\Delta\phi = 0$ 时，光子会从端口"0"出射，而当 $\Delta\phi = \pi$ 射，光子则会从端口"1"出射。干涉环中的相位调制器 $PM\phi_A$ 是在 Alice 端的控制部分，她随机地在"+基"$\{\phi_A = 0, \phi_A = \pi\}$ 和"×基"$\{\phi_A = \pi/2, \phi_A = 3\pi/2\}$ 中挑选一个相位进行调相，定义比特的值。类似地，Bob 可以控制 $PM\phi_B$ 来进行选基："+基"$\{\phi_B = 0\}$ 和"×基"$\{\phi_B = \pi/2\}$。当且仅当 Alice 和 Bob 选择相同的基时，$\Delta\phi = 0$ 或 $\Delta\phi = \pi$，Bob 可以测量到固定的结果；而当他们选择了不同的基时，$\Delta\phi = \pi/2$ 或 $\Delta\phi = 3\pi/2$，测量结果完全随机，无法分辨。

相位信息很适合于在光纤中保持和传输。相对于偏振编码，相位编码有着自己独特的优势。光纤中相位和偏振一样也会飘走和偏移，所以在进行量子密钥分配之前，Alice 和 Bob 双方仍然需要同步纠正相位。但由于相位属于 $[0, 2\pi]$，这种一维的信息使用线性的扫描即可迅速地实现纠正相位，而不像纠正偏振那种三维体系那样困难。

13.2.3 通信网络

量子保密通信要走向实用，网络化是其必经之路，世界各国很早就开展了量子保密通信的网络化研究。

最早出现的量子保密通信网络是利用光学节点依靠如分束器、光开关、波分复用器等光学器件实现的。2004 年，美国 DARPA 构建了世界上第一个量子密钥分配网络，如图 13-7 所示。该网络利用光开关路由技术将各个节点互联起来，实现了量子密钥分配技术与互联网技术的融合。

基于光学节点的量子保密通信网络可以实现多用户之间的密钥分配，安

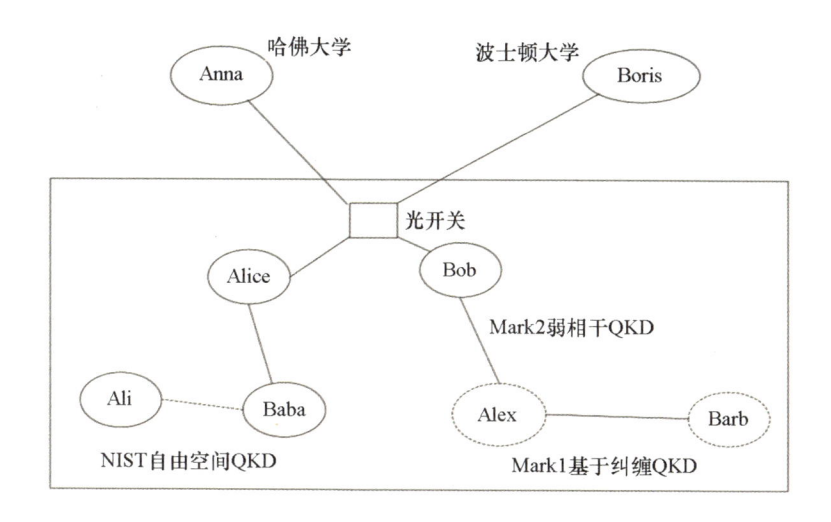

图 13-7　DARPA 量子通信网络结构

全性较好且易于实现。然而，光学节点引入的损耗使得安全传输距离缩短，因此光学节点量子保密通信网络只适合于城域网。

欧盟于 2004 年启动了基于量子的加密通信（secure communication based on quantum cryptography，SECOQC）计划，该计划采用信任中继的方法构建了 6 个节点、8 条链路的量子通信网络。该网络实现了相位编码、相干单程时间编码、纠缠、连续变量、自由空间等多个 QKD 系统的互联。SECOQC 网络是典型的信任节点量子保密通信网络。信任中继的基本思想是将整条长距离的量子通信链路分成若干个小段，每一段之间采用可信中继相连，采用量子密钥分配生成各自的子密钥，并通过逐级加密和解密，实现秘密消息的传输。

基于信任节点的量子保密通信网络可以同时满足多用户和长距离传输的要求。但是，这种网络要求节点必须是完全可信赖的，若有一个中间节点被攻破，则整个链路都变得不安全。随着网络规模的扩大，节点数目的增多，安全及可靠的保障系数将减小。

为克服量子信息在量子信道传输过程中的衰落，利用量子节点代替光学节点对量子信息进行交换能有效增加传输距离，具有这种功能的量子节点称为量子中继器。量子中继的基本思想是利用纠缠交换将相邻两个节点之间发送的光子连成一个较长的传输通道，如图13-8所示。量子节点间利用纠缠光子源进行密钥分发。为了使得在这些链路之间传输的纠缠光子具有非常好的纠缠性能，需要利用量子存储器、量子非破坏测量以及纠缠纯化技术来获得高纯度的纠缠光子对。

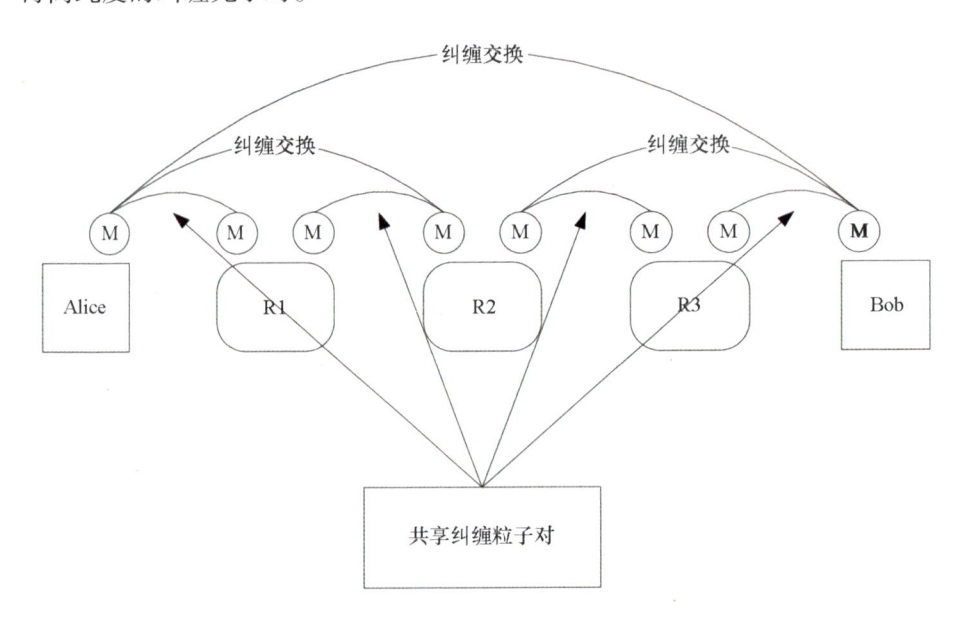

图 13-8 量子中继示意图

基于量子节点的量子保密通信网络是真正意义上的全量子网络，而且其安全性比信任中继方式高。目前，基于量子节点的量子保密通信网络还处于研究阶段，需要突破量子存储、纠缠纯化等关键技术。

综上所述，量子保密通信网络的形态多种多样，发展也非常迅速。如瑞士日内瓦的量子网络、南非德班的量子网络、剑桥的量子网络以及日本东京的量子密钥分配网络。这些网络已经进行了长时间的场外应用测试，网络的稳定性逐步加强。同时，量子保密通信网络加强了与经典网络的融合，并与应用需求紧密结合起来，如：日本利用其构建的量子保密通信网络，实现安全距离达到45千米的电视会议；我国也构建了量子保密电话网、量子政务网、量子金融网等多种类型的量子保密通信网络。

13.3 关键技术

13.3.1 单光子源和纠缠源

量子保密通信要求用单光子作载体。真正理想的单光子源要求当外界给出一个触发信号的时候，光源就发射一个单光子，原则上不会一次发射两个及以上的光子。遗憾的是，到目前为止，还没有真正的单光子光源，几乎所有的量子保密通信实验均采用替代的弱相干光源（平均光子数0.1）。所谓相干光源就是激光，把激光减弱到一定强度，就近似认为它是单光子。因为光子是光能量的最小单位，当光强减弱到非常小甚至低于一个光子能量的水平时，可以近似认为辐射出来的就是单光子，但事实上它还是有可能一次产生多个光子，成为安全隐患。不过由于它易于实现，且人们提出了一些应对之策以弥补它的不足（如诱骗态方案），弱相干光源已经成为量子保密通信系统中使用最为普遍的一种光源。

量子通信中所用的单光子源需要具有尽量窄的脉宽，以提升通信速率和探测效率；尽量窄的线宽，使得光脉冲的单色性好、色散效应弱；具有较小的时间抖动，使得光子到达的时间相对稳定；若采用多光源，则光源之间的光脉冲幅度应该基本一致，使攻击者无法通过鉴别光脉冲的强度来区分不同的偏振态。

量子通信中纠缠源的制备非常关键。实验上已经能够在许多物理系统中制备出量子纠缠态，如离子阱、腔量子电动力学、核磁共振、光子、玻色－爱因斯坦凝聚和固体体系等。用线性光学方法制备光子纠缠态是目前较为常用的方法之一。因为通过非线性晶体的自发发射参量下转换所产生的极化纠缠光子对是纠缠纯度最高的体系，同时具有一定的强度，而且容易在实验上实现。自发参量下转换是晶体的非线性作用过程。

• 名词解释

– 参量下转换 –

参量下转换是一束频率为 w 的泵浦激光与非线性晶体相互作用,泵浦光束具有很高的强度以至于晶体中的电子振荡进入非线性范畴。二阶相互作用使得一个泵浦光子消灭,频率分别为 w_1、w_2 的一对孪生光子即下转换光子产生,习惯上将其中一个光子称为信号光,而另一个称为休闲光。

如图 13-9 所示,参量光在非共线匹配时的分布为两个圆锥,图中上半圆为 e 光,下半圆为 o 光,而其交叉的两点则可能是 e 光也可能是 o 光,但若其中一个为 e 光,则另一个为 o 光,这样在两方向上的一对光子就形成偏振纠缠的双光子态。

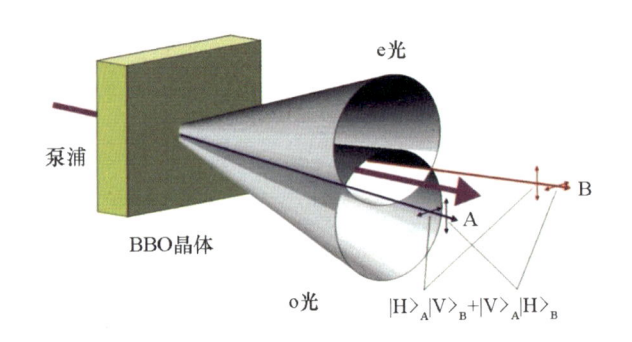

图 13-9 参量下转换产生纠缠光子对

13.3.2 单光子探测器

单光子探测器是检测单个光子的器件,其检测信号强度极为微弱。以通信波段 1 550 纳米波长的单光子为例,其能量的量级为 10^{-19} 瓦,而室温下的热噪声能量为 10^{-14} 瓦,如果用常规的光电转换器探测,光信号将完全被湮没在噪声当中。因而单光子探测一般会采用光电倍增或雪崩的技术。

按照发展的历史和所用材料的不同，单光子探测器可以分成三大类：光电倍增管单光子探测器、半导体单光子探测器和超导单光子探测器。

光电倍增管的工作原理如图 13-10 所示，光阴极由一类对紫外线、可见光波段敏感并能产生光电转换效应的材料按照一定的外形尺寸和形状制成，当光子打到光阴极时，光阴极会向真空中激发出光电子。光阴极发射的电子在电场的作用下以高速射向第一极打拿极，产生更多的二次发射电子，这些电子又在接下来的各打拿极电场的作用下向下一级打拿极飞去，如此继续下去，每个光电子将激发成倍增加的二次发射电子，最后被阳极收集。一般经 10 次以上的倍增，放大倍数可达到 $10^8 \sim 10^{10}$。图 13-10 的右侧为光电倍增管的一种实物例子。

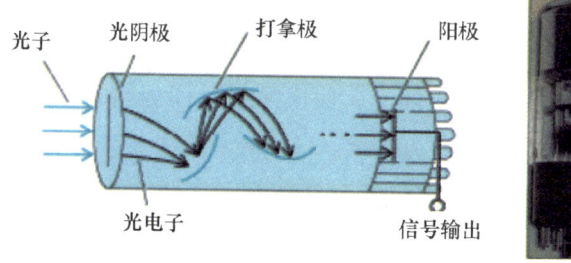

图 13-10　光电倍增管工作原理及实物图

光电倍增管具有高灵敏度、高增益、低干扰以及响应快速、成本低、阴极面积大等优点，但是光电倍增管需要 1 000～3 000 伏的高压驱动，并且感光波段截止于 1 050 纳米，排除了它在长波近红外波段的应用。

超导单光子探测器是近年发展起来的一种基于超薄膜层结构和超导技术的新型单光子探测器。超导单光子探测器具有许多优良的特性，如：极低的工作温度使它暗计数概率极低（<0.1 个/秒，几乎没有暗计数）；基于超薄超导薄膜的非平衡态热电子效应，其特殊的感光原理也决定了它几乎没有死时间。这些特性使超导单光子探测器的计数率可达到 10 吉赫量级，时间抖动小于 35 皮秒，因此超导单光子探测器可以不必在门模式下工作，而完全可以

在自由模式下工作。

但是，超导单光子探测器超薄膜结构涉及薄膜生长与微刻蚀技术，工艺复杂，生产成本高昂；运行环境需要极低的温度保持超导态，需要液氦冷却与抽真空技术（液氦冷却后抽真空降温），运营成本高昂，并造成超导单光子探测器整体庞大笨重。这些特点限制了超导单光子探测器的应用范围，目前来说还只能工作在实验室条件下，而无法推广到实用领域。

半导体单光子探测器是目前应用最为广泛的单光子探测器之一，也是实用化量子保密通信设备最理想的单光子探测器之一。半导体单光子探测器具有体型小巧、性能适中、封装方便、功耗低、操控简便等优势，特别适用于产品开发。

半导体单光子探测器的核心是一个半导体雪崩二极管，一般工作在盖革模式下。半导体单光子探测器有几个关键的指标衡量其工作性能，包括探测效率、暗计数、后脉冲、死时间、雪崩电压、时间分辨率、工作温度等。这些指标对量子保密通信系统的成码率、通信距离、安全性有直接的影响。

• 名词解释

- 盖革模式 -

所谓盖革模式，是指在雪崩二极管上加反偏压，且偏压高于其雪崩阈，当有光子入射进光敏面时，由光子激发出光电荷，电荷注入损耗层时就会引起二极管持续的雪崩效应，从而产生雪崩电流，以此探测光子。

13.3.3 量子中继技术

利用量子中继实现远程量子通信是非常有前景的课题，对其研究方兴未艾。量子中继的实现需要很多复杂的技术，比如量子存储、纠缠纯化、纠缠同步技术等。虽然到目前为止，这些方面都有一些演示性的实验成果，但是距离实用化的目标依然非常遥远。量子中继的目标是：解决量子存储问题，将接收到的量子态存储起来，利用纠缠提纯产生出可以利用的最大纠缠态，基于纠缠交换实现远距离的纠缠。

量子存储器是量子中继器的关键部件，主要用于储存单个量子态，是量子通信、量子计算中的关键器件，类似于电脑的硬盘和内存条，核心性能指标为存储寿命和读出效率。由于退相干机制的存在，已实现的量子存储器的寿命都非常短，只有10微秒左右，这极大地限制了量子中继器在远距离量子通信中的实际应用。目前，量子存储器已在冷原子系综、热原子系综、单个中性原子等体系中实现，冷原子系综的发展水平远优于其他实验体系。2012年，潘建伟小组在国际上首次将长存储寿命和高读出效率在单个存储器内相结合，实现了3.2毫秒的存储寿命及73%的读出效率的高性能量子存储器。2016年，潘建伟小组将量子存储器的存储寿命提高到0.22秒，读出效率达到76%。2022年，美国科学家研制出能纠错且寿命超2秒的量子存储器。高效率长寿命量子存储器的问世，意味着远距离量子通信和量子计算机的研究迈出至关重要的一步。

纠缠纯化的目的就是从混合纠缠态的系综，制备出高忠实度的纠缠亚系综。在量子信息中最大纠缠态作为一种物理资源，在隐形传态、密集编码、密钥分配、量子计算等方面都起着重要的作用。然而，一个处于纯纠缠态的系统不可避免地要与环境发生相互作用并导致消相干，使纯纠缠态变成混合纠缠态。使用这种混合纠缠态进行量子通信和量子计算将导致编码在态中的量子信息失真。为了避免信息的失真，一个办法就是把混合纠缠态尽可能地恢复成纯纠缠态或接近纯纠缠态，这就是纠缠的纯化和提取。怎么样提高纠缠纯化的效率、使其最接近最大纠缠态，也是量子中继技术中的一个研究重点。

纠缠交换能使从未发生任何直接相互作用的两个量子系统纠缠起来，纠缠交换技术也是量子中继的关键技术之一。要实现纠缠交换，关键要解决纠缠同步、联合测量等问题。

13.3.4 量子路由交换技术

量子路由交换技术是构建量子通信网络的关键技术之一。为实现在多个用户之间建立量子通信链路，需要采用量子路由交换技术。目前主要采用光开关、波分复用的方式来实现量子路由交换。

量子交换机主要由交换控制部分、交换网络部分以及输入输出接口组成。交换控制模块主要完成呼叫连接的建立、链路资源的管理、路由的建立和维护等功能。交换网络和输入输出接口主要为用户间的量子通信建立量子信道，可以用多个光开关来实现交换网络。

目前研究实现的量子路由器一般采用光开关和波分复用技术，还不算是真正的量子路由。真正的量子路由交换是基于量子存储、量子纠缠交换技术，利用纠缠交换来建立多用户之间的量子信道。

13.3.5 安全性

量子保密通信可提供一种基于量子力学基本原理的无条件安全的保密通信手段，其无条件安全的实质在于任何窃听都将改变量子的状态，通信双方能够发现信道上攻击者的存在。但是量子保密通信只具有理论上的无条件安全性，其无条件安全有一些假设条件，比如说要有理想的单光子源和单光子探测器、通信双方的身份事先是经过认证的、可信的辅助信道等。由于量子保密通信系统在具体实现的时候器件并不完美，如目前绝大多数实际系统使用弱相干光源，而这种光源有一定的概率在一个脉冲中含有多个光子；单光子探测器存在暗计数、后脉冲效应等。器件的不完美对量子保密通信系统的安全性造成了很大的影响，攻击者可以利用器件存在的漏洞获取通信双方交互的秘密信息。目前针对实际量子保密通信系统的攻击方法，主要包括分束攻击、"特洛伊木马"攻击、盲化攻击、时移攻击、相位重构攻击、边信道攻击等。

分束攻击又称光子束分裂攻击。由于弱相干光源无法避免地存在多光子脉冲，攻击者可以通过分束攻击截取到全部的信息。分束攻击的方法是攻击者截留信道中的单光子脉冲，对多光子脉冲分出其中的一个光子并保留下来，其余的光子继续发送给接收方，相当于接收方收到的每一个量子态，攻击者都有一个备份，因此攻击者可以得到和接收方完全一致的密钥。当然，针对分束攻击可以采用诱骗态的方法来抵御。

"特洛伊木马"可视为预先植入通信方 Alice 或 Bob 设备中的小型装置。因为"特洛伊木马"可以隐藏到系统中，所以不会被系统轻易发现。例如，攻击者可以通过光纤将光脉冲发送到 Alice 和 Bob 的设备，然后分析反射光。通过这种方法，攻击者可以探测到通信方的哪个信号源和探测器在工作，或探测到相位与偏振模块的设置情况。这类攻击采用的方法类似于开辟后门的方式，因此被称作"特洛伊木马"攻击。

盲化攻击是一种使用强光照射探测器使其无法对单光子信号进行响应，从而在强光照明时间内失去探测能力的攻击方法。在量子保密通信系统中作为单光子探测器核心器件的雪崩二极管存在性能缺陷：当强光功率大于某一门限值时，其将一直处于盲状态，探测不到任何光子。攻击者可以利用这个缺陷使通信双方不能发现攻击者的攻击行为。攻击者首先测量通信发起者发送的信号，根据自己的测量结果选定需要致盲的探测器，发送强光使其探测不到任何信号，而其他探测器则正常工作。这样，攻击者就可以控制接收者收到的信息，使接收者收到的信息与攻击者的测量结果一致，且其检测不到攻击者的存在。

对量子保密通信协议的安全性进行证明是量子通信领域中的难点问题，目前仅有 BB84、B92 等少数量子保密通信协议的安全性得到了理论证明。对于实际的量子保密通信系统而言，还需要考虑由于器件的不完美带来的安全问题，而且量子保密通信系统组网后将面临更多、更复杂的安全问题。因此，量子保密通信要走向实用化，解决其协议、系统及网络的安全性是关键。

13.4 应用

13.4.1 研究进展

经过几十年的发展，量子通信无论是在理论上还是在实验上都取得了巨大的进展。2012年8月，中国科学家潘建伟等在国际上首次成功实现百公里级的自由空间量子隐形传态和纠缠分发，为发射全球首颗"量子通信卫星"奠定了技术基础。2012年9月，维也纳大学和奥地利科学院的物理学家实现了量子态隐形传态最远距离——143千米，创造了新的世界纪录。在量子保密通信方面，世界各国的研究小组不断刷新通信距离和通信速率。目前基于光纤的量子保密通信系统的通信距离达到了千公里级，通信速率达到了百兆比特每秒。

我国在量子通信研究方面已经走在了世界前列。我国已经构建了量子金融网、量子政务网等具有多个节点并和具体应用相结合的量子通信城域网实验网络。2016年8月16日，我国发射世界首颗量子科学实验卫星"墨子号"。2017年9月29日，世界首条量子保密通信干线——长达200多千米的"京沪干线"正式开通。当日，结合"京沪干线"与"墨子号"的天地链路，我国科学家成功实现了洲际量子保密通信。2018年底，我国广域量子保密通信骨干网络建设一期工程开始实施，在"京沪干线"的基础上，增加武汉和广州两个骨干节点，新建北京—武汉—广州线路和武汉—合肥—上海线路，并接入若干已有和新建城域网络。2020年6月15日，中国科学院宣布，"墨子号"量子科学实验卫星在国际上首次实现千公里级基于纠缠的量子密钥分发。光子从在距离地球500千米的轨道上运行的"墨子号"卫星发出，抵达相距1 120千米的新疆乌鲁木齐南山站和青海德令哈站，成功实现了密钥分发。这是不依赖中继实现长距离纠缠量子密钥分发协议的里程碑。该实验成果不仅将以往地面无中继量子保密通信的空间距离提高了一个数量级,并且通过物理原理确保了即使在卫星被他方控制的极端情况下依然能实现安全的量子通信,取得了量子通信现实应用的重要突破。2022年7月27日,世界首颗量子微纳卫星"济南一号"发射成功。"济南一号"的上天,有望让我国实现基于微纳卫星和小型化地面站之间的实时星地密钥分发,向构建低成本、实用化的天地一体化量子保密通信网络迈出重要一步。

量子保密通信已经从基础研究阶段走向工程化应用研究阶段,并且朝着更高的通信速率、更远的安全距离、小型化、网络化的方向发展。量子通信总的发展趋势是解决量子信道容量、量子信道编码、量子通信复杂度等理论问题,突破量子存储、量子纠错、纠缠分发、纠缠纯化等关键技术,建立大容量、高安全性的全球量子通信网络。

13.4.2 军事应用前景

军事通信网络一方面需要大容量、高速率传输处理及按需共享能力,另一方面要求传输的信息高度保密,而量子通信具有大容量信息传输、无条件安全的信息交互等先天优势,可用于构建军用量子通信网络,实现高速、安全的信息传输。

军用量子通信网络的主要特点在于提供军事信息的高速传输和处理能力,同时保证军事信息传输的安全性。量子保密通信技术能保证军事信息传输的安全性,量子密集编码和量子隐形传态则能提供高速的军事信息传输。要构建全球的军用量子通信网络,首先要利用量子交换路由技术实现军用量子通信城域网;然后利用量子中继技术实现军用量子通信城际网;最后利用量子通信卫星实现军用量子通信广域网。由于量子信号的携带者光子在外层空间传播时几乎没有损耗,因此可以在卫星的帮助下实现全球化的量子通信,而且还可以利用量子通信实现卫星与卫星之间高速、安全的通信。

将量子通信和蓝绿激光对潜通信相结合,还可以开辟一条对潜通信的崭新途径。岸基指挥所与深海潜艇间通信一直是世界性难题,通常只能利用甚长波通信系统，方可勉强实现与水下百米左右的潜艇通信。但甚长波通信系统非常庞大，仅天线就长达 50 乃至上百千米，抗毁性极差，造价极高；甚长波通信效率极低，数分钟才能传输 1 个字符，因此这种通信方式远远不能适应信息化战争对大量情报、侦察和监视数据的需要，而且采用传统加密方法，安全性也不高。为了收发大量信息，或是快速收发信息，潜艇就必须浮出水面，这很容易使自身暴露，也很容易受到攻击。由于海水对蓝光的传播损耗较低，蓝光在水下可以传送更远的距离。利用量子卫星上的纠缠光源产生一对纠缠光子（蓝光波段），用激光分别传送到岸基指挥所和潜艇并加以存储，利用量子隐形传态就可以实现岸基指挥所和潜艇之间的高速通信。

第 14 章
军事智能通信

军事智能通信是一种融合了先进通信技术和人工智能技术的新型通信系统。与传统通信系统相比，军事智能通信在智能化、自适应性、容错性以及通信保障等方面表现明显的优势，具有非常重要的国防意义。

14.1 研究背景及概念内涵

14.1.1 研究背景

1. 军事无线通信的基础性难题

对于通信系统而言，所解决的核心问题是如何在接收端正确恢复出发送端所传递的信息。1948年香农在其划时代的著作《通信的数学原理》中，抽象出了信息传输的经典系统模型，系统分析了信道对信号造成的损伤，提出了著名的信道容量公式，对如何有效进行传输做出了详细的论述，并重点关注了如何使用编码来提升系统性能。从此，人们就致力于消除信号损伤对信息传输的影响，不断追求达到最大信道容量的通信系统设计。无线通信系统的设计也是先建立通信系统的典型信道模型，再根据模型和典型应用场景，设计通信体制，并经过反复迭代，形成国际或业界的通信标准。

信道模型来源于对通信环境的测量，为了完成对通信环境的认知，人们进行了大量的典型通信环境测量以提供无线信道的参考模型。目前的通信系统也都是基于已知的典型通信环境进行设计和评估的。如果将某一典型场景中所有通信信道看作是一个样本库，信道测量实际上仅仅获得了有限的样本，信道模型只反映了这些有限样本的统计特性。因而在实际通信中面对特定的信道样本，以这样的模型设计的通信系统不能够时刻保证预期的良好性能。在民用蜂窝无线通信中，这一问题并不突出，因为基站位置固定不变，其应用场景相对固定或者可以预见，针对这些场景人们也积累了大量的无线信道数据来不断完善信道模型，进一步还可以通过增设大量的基站来缓解这一问题。

然而，该问题却是制约军事通信性能的基础性问题。由于军事通信不能依赖固定的基站等基础设施，应用场景往往是机动通信场景，不可能是可以预期的典型环境（其信道环境无法预先测量），因此，依据典型/测试环境设计的通信装备在实际应用中通信性能无法达到理想预期，甚至根本无法通信。使问题进一步恶化的是，军事通信往往面临对抗环境，此时的信道环境更是难以预知并且是动态变化的。

如何使通信系统具备环境自适应能力一直是人们迫切要解决的难点问题。目前其主要研究思路是进行自适应的规则设计，即"当某种情况发生时，执行某种改变"。这种对于环境的适应只能达到有限规则下的有限适应。而强对抗环境和未知环境是不可能被设计出来的，其通信系统的设计是不可知规则下的优化设计。特别是针对机动作战中临机通信和无人系统自主通信的应用需求等，军事无线通信网络还面临一些新的挑战。

2. 军事无线通信网络面临的新挑战

未来战场通信装备将面临复杂而不确定的作战环境，其以危机爆发时机的突然性、爆发地域的不确定性和多维对抗的复杂性为典型特征。一方面网络节点、组织形式和业务需求都在发生变化，另一方面通信网络所面临的对抗环境也日益复杂，这些变化对军事智能通信网络节点的设计提出了新的挑战，具体表现在以下四个方面：

通信节点的无人化对其信息处理/理解能力提出新要求。 随着更多的以无人系统为代表的新型节点加入网络，通信节点由单纯的信息传递设备变成了信息的产生、传递和融合的一体化设备，需要通信节点具备更强的自主信息处理和理解能力。

组织应用样式的临机性要求网络节点具备更强适应性。 为了应对反恐、城市巷战和边境/海上方向的局部战争，由相对固定的通信网络部署变成在陌生区域的临机、灵活的通信和快速组网。网络节点需要迅速理解和适应通信环境，自主完成通信部署和调整，达到理想的通信性能。

无线资源竞争的日趋激烈要求通信节点更高效合理地利用资源。 网络中通信节点数目、用户多媒体业务需求的急剧增加，特别是在热点区域用户和业务都会高度密集，造成无线资源的激烈竞争。需要通信节点能完成资源与业务的适配，最高效地利用无线通信资源。

通信节点所面临的综合对抗环境需要有更智能的应对措施。 由单纯网络对抗，变为需要应对电磁干扰、网络攻击和物理攻击相结合的攻击手段。通信节点需要理解对抗环境对通信性能带来的影响，有针对性地进行通信波形重构，从而更高效地实现抗干扰通信。

3. 人工智能为无线通信遇到的问题和挑战提供解决思路

首先，人工智能可望通过对战场感知数据的挖掘、分析、融合和推理，为准确感知无线通信环境提供支撑。基于人工智能，可实现通信资源、物理环境、干扰信息等多维数据的挖掘、分析、关联，从而自动将当前通信环境与典型场景信道知识库进行类比，并进一步选择最合适的参考典型信道知识；对于未知通信环境，可利用人工智能快速提取其信道特征、分析各信道特征与通信性能的映射关系，为最佳波形匹配提供直接支撑。

其次，人工智能可以快速应对无线通信环境的变化，匹配最佳通信波形。军事无线通信面临资源激烈竞争的无线环境，在动态变化的无线环境中达到理想通信性能（高可靠、高速率或者高效率）需要联合考虑的方面很多，包括通信带宽、编码方式、调制方式、发送功率等。每种方案组合的遍历非常复杂，还涉及波形组件设计和粒度划分等，借由人工智能的推理和学习机制，可望快速求解针对信道特征的通信波形优化问题。

然后，人工智能可以为网络节点安装"大脑"，使其具备自我学习和知识积累的能力，可适应更多未知的通信环境。人工智能可以不断收集信息和数据，在每次适变的过程中积累知识，使得网络节点智能化程度越来越高、后续的通信决策更快更优；另外，可通过元学习和迁移学习等方法使得网络节点能自动地快速适应未知的通信环境。

可见，人工智能为通信环境理解、通信波形适配和智能学习都提供了很好的理论和技术支持，为解决军事无线通信面临的基础性问题和应对未来发展所面临的新挑战提供了光明的解决思路。

14.1.2 内涵及研究思路

军事智能通信是一种基于人工智能并融合利用通信资源和物理环境信息的军事通信技术。它能实现对网络所处战场环境的自主感知和反演，通过主动通信波形适配达到典型通信场景下的最佳传输性能，通过智能学习迅速适应未知的通信环境，可在强对抗环境下保证通信系统的健壮性。

1. 军事智能通信的基础性问题分析

通信节点的"智能"很大程度上取决于其利用资源的能力。信息域、物理域的内外部信息和资源都是最优通信与组网决策需要考虑的因素，如图14-1所示。在以往面向"智能"通信的研究中，主要针对某一方面预定义的场景进行适变。所能适变的环境也主要是无线频谱环境，并没有将信息域和物理域的内外部资源进行融合考虑。融合这些信息，才能准确地对通信环境进行理解。因此，智能通信节点研究中第一个基础性问题就是如何能利用节点的计算能力，充分融合多域信息进行通信环境的准确理解。此处的理解包括感知和反演两个方面：前者是节点对通信环境的主动感知，后者是节点根据通信过程中发生的情况（如通信性能的变化）来反演通信环境的变化。

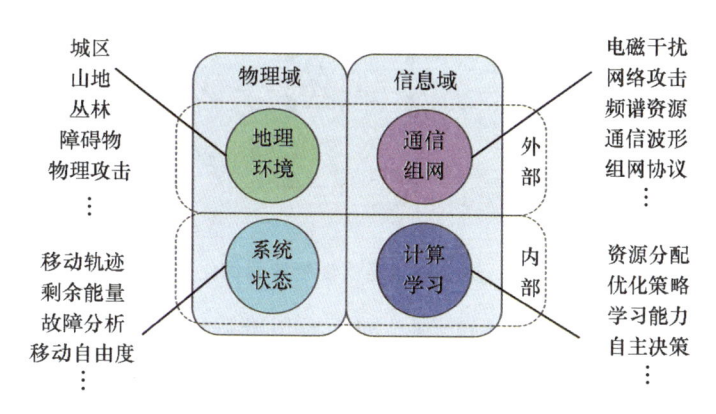

图 14-1　物理域和信息域紧密耦合影响通信环境

要进行全方位信息融合需要强大计算能力的支持，以往只考虑频谱资源也主要是受到网络节点算法复杂度的限制。近年来芯片的微小型化和计算能力都得到迅速增强，同时人工智能应用的大发展和算法增强也为网络智能节点的实现提供了强有力支撑。

理解通信环境只是第一步，更重要的是智能节点需要能根据环境重构最佳的通信波形从而达到理想的通信性能，如图 14-2 所示。这其中涉及三方面的问题：一是特定环境跟最佳波形要建立适配关系，二是通信波形能够进行细粒度和可重构的组件化设计，三是通信波形组件与通信性能之间的映射关系。在不可预知的无线环境中达到理想通信性能（高可靠、高速率或者高效率）需要联合考虑通信带宽、编码方式、调制方式、发送功率等很多方面，每种方案组合的遍历非常复杂，手动调整或适应是无法完成的。为此，亟须研究节点基于人工智能自主实现波形与环境的匹配机理，以及新的波形设计方式和协议构成方式。这其中需要回答的第二个基础性问题是"如何利用人工智能技术来实现节点对通信环境的智能适配"。

此外，智能通信引擎架构设计还几乎是空白。目前还没有形成一个完整的体系架构，没有建立一个普适性的平台实现完整智能环路，来验证从环境

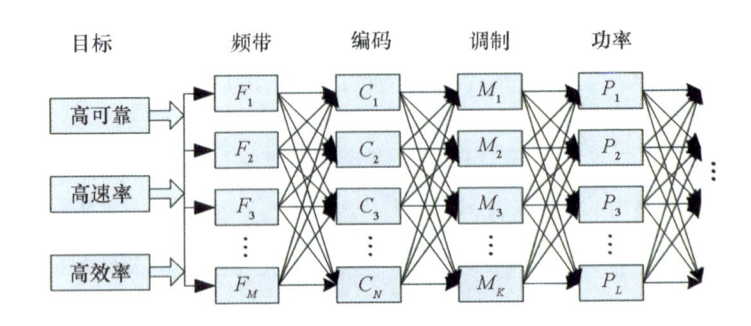

图 14-2 达到理想通信性能需要优化的方面

感知到通信适变,再到学习的机制。因而难以准确回答"无线通信节点学习需要什么样的知识库""需要什么样的体系架构来支撑它""如何通过迁移学习等手段去适应未知的环境"等关键问题,也无法使人信服地回答"人工智能到底能否用于军事通信""到底能带来什么样的影响"等迫切问题。其根本原因是还面临第三个基础性问题"节点如何进行学习",即如何让智能节点形成"理解—适变—学习"的环路,不断自主学习,并可迁移适应未知的通信环境?

最后,"人工智能"在通信领域的应用目前还处于萌芽状态,是一个长期发展的过程,人们对其的认识也在不断变化。特别是智能军事无线通信还缺乏充足的数据支持,正因为此,"智能通信"更需要一个基础平台来进行数据的收集和积累、智能通信方案和算法的评估,从而支持军事通信智能化的迭代、持续发展。

2. 智能节点与自适应节点的区别

自适应是有限规则下的适应,而智能则可应对未知环境。自适应通信的核心思路是根据输入的数据或者特征参数作出相应的调整,即"当某种情况时,执行某种改变",其本质上只能达到有限规则下的有限适应。而强对抗环境和未知环境是不可能设计出来的,其通信系统的设计是不可知规则下的优化设计。智能节点可通过智能学习来应对这些未知环境。

自适应本质是后处理,而智能可进行预处理。自适应的过程就是遇到了特定的情况，根据预先设计的规则进行调整，从而适应已经发生的情况。而智能节点可以通过对历史数据的积累和学习，一定程度上预测即将发生的情况，进而提前进行通信波形的重构，进行预处理。

自适应是逐渐完成的过程，而智能可直接输出最优决策。自适应的关键在于根据输入条件和预定义的规则进行跟随式调整，它是一个逐渐调整的过程。而智能节点内部包含了智能决策的过程，包含了分析、推理、规划、学习和执行的全过程，可直接输出最优决策。

14.2 军事需求分析

14.2.1 可靠机动通信

在未知环境下，军事通信可能会受到多种因素的影响，例如地形、天气、电磁干扰等。这些因素可能会影响通信的可靠性和稳定性，从而影响通信的质量。调研发现，针对军事演习的通信部署要提前一个月开始，包括通信装备最佳位置的部署、通信参数的调整等都需要人工进行，复杂而耗时。而且由于通信系统设计与实际应用场景不一致和设备参数的固化，往往需要设备生产商的跟随保障。一旦通信场景发生变化，通信网络将会出现很大问题，再次进行调整和部署又将是复杂耗时的过程，这将严重影响实战能力。

军事智能通信能直接解决无线通信系统设计与实际应用场景不一致的问题，可以在不确定性、随机性和突发性的军事无线通信中自主完成最优通信系统的重构和配置，达到最好的传输性能。通过使用军事智能通信技术，例如自适应调制解调、信道编码、多址接入等，通信系统在各种环境下都能够保持较高的可靠性和稳定性。此外，在战场上，军队往往需要快速地移动和作战，因此亟须一种能够快速部署和组网的通信系统。军事智能通信系统可以通过使用自组织网络、认知无线电等技术，实现快速部署和组网，既可减少人工调整的复杂性，节省宝贵的时间，更能适应变化的通信网络环境，满足机动实时通信的要求。

14.2.2 抗干扰通信

实际造成传输性能下降的因素有很多，在战场上，敌方可能会使用各种干扰技术，例如有意辐射、转发干扰、欺骗干扰等，以破坏军队的通信。传统通信网络面对未知敌意干扰影响，通常采用跳频、扩频等抗干扰手段。而这些抗干扰手段在实施时，并不能确定"干扰"通信的实际原因，因而在对抗干扰的同时大幅降低了系统容量。军事智能通信基于对通信环境的感知和理解，能够根据通信过程中发生的具体情况反演通信环境的变化（包括当前敌方的干扰方式），从而可实现"对症下药"的抗干扰，在对抗干扰的同时避免系统容量的损失。更进一步，智能通信节点可精细化利用多维资源，在多个维度上进行资源调度，能提供新型抗干扰解决方案。

军事智能通信是解决抗干扰问题的重要手段。首先，军事智能通信技术可用于识别和抵抗有意辐射。有意辐射是指敌方故意发送虚假信号，以欺骗军队的通信系统。军事智能通信系统可以通过使用信号处理技术，例如数字信号处理、自适应信号处理、智能信号处理等，识别和抵抗有意辐射，确保通信系统能够接收到真实的信号并进行有效的通信。其次，军事智能通信也可用于抵抗转发干扰。转发干扰是指敌方通过复制或转发虚假的信号来干扰军队的通信系统。军事智能通信系统通过使用无线电管制技术，例如动态频率选择、跳频与直扩、抗转发干扰等，能够避免受到转发干扰的影响，确保通信系统的可靠性和稳定性。此外，军事智能通信还可用于抵抗欺骗干扰。欺骗干扰是指敌方通过发送虚假的信号来欺骗军队的通信系统。军事智能通信系统通过使用智能识别技术，例如模式识别、图像识别、语音识别等，能够识别和抵抗欺骗干扰，确保通信系统能够接收到真实的信号并进行有效的通信。

14.2.3 无人作战自主通信

当今时代,战争形态和作战样式深刻演变,武器装备加速向精确化、智能化、隐身化、无人化方向发展。无人系统可以快速建立传感信息网络,既可快速感知战场,也可提供通信支撑网络,成为遂行上述战备任务的重要保障。2017年11月联合国特定常规武器公约会议上,伯克利大学视频展示了杀人无人机集群的作战概念与现实威胁。2018年1月,俄罗斯在叙利亚的军事基地受到13架固定翼无人机群攻击,标志着无人机群开始走进战场。智能无人集群之间的对抗将是未来颠覆性的作战样式。无人系统具有高度自主能力,其通信和组网也要求自主完成。而且无人系统往往工作在最前线,也是电子对抗最激烈的区域,其通信环境难以预知。因此,无人系统的通信载荷需要具备从多个维度对通信环境快速认知并可自主进行通信决策的能力,以满足无人系统通信和组网的需求。

无人作战系统对智能通信技术的需求主要包括高保密性和安全性、高可靠性和实时性、大范围覆盖能力和高速传输能力、高抗干扰能力、可扩展性和灵活性等。首先,由于无人作战系统通常涉及敏感信息和任务,例如侦察、打击、渗透等,因此需要智能通信技术提供高度保密和安全的通信链路,以保证信息和任务的安全性和保密性。其次,由于无人作战系统通常在实时战斗环境中操作,需要进行实时的情报传输、指令传达和作战反馈等操作,因此需要智能通信技术提供高可靠性和实时性的通信服务,以保证系统的战斗效率和生存能力。再次,由于无人作战系统通常需要在广泛的区域内进行作战任务,例如在敌方领空、海域或者危险区域中进行操作,因此需要智能通信技术提供大范围覆盖能力和高速传输能力,以保证系统可以在广泛的区域内自由移动和作战。此外,由于无人作战系统通常在复杂的电磁环境中操作,信号容易受到干扰和破坏,因此需要智能通信技术提供高抗干扰能力和高保密性,以保证信号的可靠性和安全性。最后,由于无人作战系统的应用场景和任务会不断变化和扩展,因此需要智能通信技术提供可扩展性和灵活性,以适应不同场景和任务的需求。

14.2.4 新型应用模式

传统网络架构体制固化，不同业务网络间难以相互融合。在传统的军事通信网络中，网络架构通常是固定的，即节点之间的连接是预先设定的。这种网络架构的限制使得军队在作战中难以快速适应变化的战场环境。因此，为了提高作战效率和生存能力，需要一种能够突破网络架构固化限制的通信方式。军事智能通信突破网络架构固化限制，融合利用节点所具备的感知能力、通信能力和计算能力，根据用户需求和业务类型，通过合理调配网络资源，可以演变为传感网、计算网、数据网等多种类型，从而催生一些新型的应用模式，引领军事通信的变革。

军事智能通信可以通过使用自组织网络、云计算、物联网、大数据分析等技术，实现动态组网和网络连接、信息共享和协同作战、智能决策和预测等功能。首先，军事智能通信可以通过使用自组织网络技术来实现动态组网和网络连接。自组织网络是一种能够自动配置和管理的网络，它可以通过节点之间的协商和协作，实现网络的自愈、自适应和自组织。这种网络技术可以使军事通信网络在战场上快速形成和重构，从而适应变化的战场环境。其次，军事智能通信可以通过使用云计算、物联网等技术实现信息共享和协同作战。云计算和物联网可以使不同的军事单元之间实现信息互通和协同行动。这种应用模式可以使军队在作战中更好地共享情报、协同作战，从而提高作战效率和生存能力。此外，军事智能通信可以通过使用大数据分析技术实现智能决策和预测。大数据分析可以使军队在作战中更好地处理和分析大量的数据，例如敌方情报、战场态势等。这种应用模式可以使军队在作战中做出更加智能的决策和预测，从而更好地适应变化的战场环境。

14.3 研究现状及挑战

14.3.1 研究现状

首先对美军的相关研究项目进行分析，然后分别对各支持技术的研究进行简要总结。

1. 美军相关项目研究现状

在军事智能通信研究方面，美军研发的联合无线电系统可以覆盖机载、地面移动、固定站、海上通信和个人通信五个应用领域，对多样化的作战环境具有很强的适应能力。其中，贡献了最高传输速率的宽带网络波形 WNW 目前采用四种空间信号/模式来适应不同作战环境的使用需求，但是只能根据战术环境的运行条件人工进行模式转换，而无法自我感知通信环境从而自适应切换波形。美军的认知电子战系统具有强大的适应复杂电磁环境能力、实时精确的态势感知能力、动态学习和经验累积能力、智能决策和效能评估能力，是一个智能且动态的大闭环、全自适应系统，对智能通信节点的研究具有很大的启发。例如美国 DARPA 在"自适应电子战行为学习"（BLADE）项目中，开发了能够快速检测和描述新无线电威胁的新型机器学习算法和技术；"极端射频频谱条件下的通信"（CommEx）项目旨在表征干扰环境、主动压制敌方频谱干扰，并使得己方飞行器可以在高对抗性射频环境中通信，确保通信系统具备通过干扰抑制成功进行通信所需的灵活性和适应能力，已在 Link-16 电台进行了集成测试，并在飞行中测试了其抗干扰特性。针对人工智能在军事领域的应用，DARPA 开展了"可解释的人工智能"（XAI）项目和"终身学习机器"（L2M）项目，目的是从根本上开发一种全新的机器学习机制，使系统能够从"经验"中不断学习。另外，DARPA 于 2017 年至 2019 年组织开展了"频谱协作挑战赛"（SC2），目标是将软件定义的无线电和人工智能两个技术结合起来，从根本上重新思考 100 年的频谱实践，并解决"所有无线通信高效共存"这一原始且长期的巨大挑战。DARPA 开展的上述项目反映出准确理解射频环境是进行通信和对抗的关键，人工智能算法可用于对复杂通信环境的感知和理解。

2. 通信环境感知研究现状

军事智能通信首先需要解决的问题是实现通信系统对频谱环境以及无线信道的感知。对无线信道的感知主要有两种研究思路：第一种是利用神经网络结构表示发射机与接收机结构，德国斯图加特大学的相关研究团队已通过硬件验证了该方案的可行性与性能，但是这种方法具有明显的局限性，即在实际军事通信场景中，建立通信链路以支撑收发端进行预训练是不合理的。因此，第二种研究思路为解决这种矛盾提供了转机，即收发端首先对信道环境进行感知，根据信道初步选定并配置好通信参数后，接收端根据接收到的信号进一步提取信道的统计参数，调整接收机的结构，适应无线信道环境，实现通信性能的最优，目前国外在该方向的研究已取得了一定进展。

在信道分类和识别的研究中，美国弗吉尼亚理工大学的学者利用遗传算法（genetic algorithm，GA）和隐马尔可夫模型（hidden Markov model，HMM）将信道分类为高斯信道、瑞利信道和莱斯信道。美国科罗拉多大学鲁棒语音处理实验室利用推广的一维隐马尔可夫模型实现了语音分类，而这种新的尝试对于信道分类的研究有着相通的借鉴意义。在 2000 年前后美国休斯网络系统公司就将最大似然估计引入信道分类的研究中，通过设计可变门限的方法对瑞利衰落信道进行了分类。2011 年新加坡著名的 A*STAR 研究机构提出了一种稀疏共同空间模式（sparse common spatial pattern，SCSP）算法以解决信道分类问题。

3. 通信系统参数适变研究现状

在基于信道感知的通信系统参数适变调整方面，世界各国的研究学者都在并行开展研究，这些研究针对的场景、目标和调整的参数各有不同。代表性的工作有：德国慕尼黑大学的团队提出了一种学习型的最小均方差（minimum mean square error，MMSE）信道估计器，该估计器在通信过程中可以不断地学习无线信道的协方差矩阵，然后利用该矩阵提供的信息提升MMSE估计器的性能；美国佐治亚理工学院的团队提出了一种学习型信号检测器，以优化误码性能为目标调整信道估计器的结构；德国萨兰信息学院的团队提出了一种认知框架下针对双选择性信道的信道估计方案，该方案设置判决门限与反馈的机制，实现信道估计方法的适变切换；美国得克萨斯大学奥斯汀分校的团队提出了一种MIMO-OFDM系统中基于强化学习的链路自适应方案，该方案基于强化学习实现了通信系统与信道环境的交互，以此来实现通信系统的吞吐量最大化。这些研究成果在不同的限定条件下侧重于通信波形的不同方面，目前为止也还缺乏系统性的研究成果。

最近几年人工智能的快速发展为认知无线通信和智能无线通信开辟了新的研究方向。针对OFDM认知系统，各种人工智能技术被引入认知无线电决策引擎的设计方案中。模糊逻辑因其可以模拟人脑方式进行模糊综合判断，所以可以被智能认知引擎采用。GA因其固有的并行计算能力和良好的可扩展性，也较多地被引入认知无线电中。基于粒子群优化和多目标优化的智能认知引擎也被广泛研究。美国Isopan Wireless公司曾提出了一种基于信噪比高阶统计量的认知引擎的设想，但目前还没有基于该设想的认知引擎具体设计的相关资料。2018年美国伍斯特理工学院开始将强化学习的方法应用到认知卫星通信中。

4. 智能通信节点体系架构相关研究现状

智能通信节点的构建与发展离不开软件无线电技术的支撑，在软件无线电系统架构中，软件架构屏蔽了平台的差异性，对应用提供了统一的API接口，极大地降低了应用开发的门槛，增强了应用的可移植性，加快了应用部署和验证的速度。目前，经过实际系统验证可应用于各种通信节点并且支持应用与平台解耦的软件架构主要有SCA、STRS、ROS和Android，如图14-3所示。

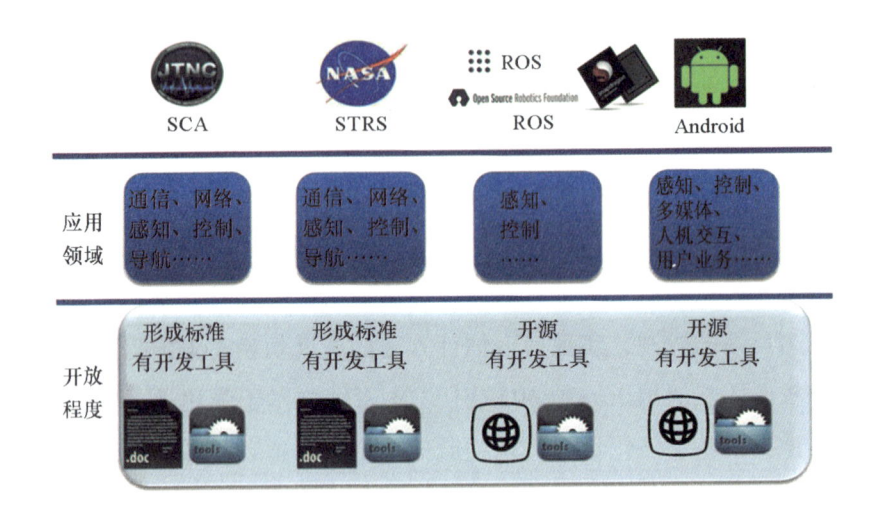

图 14-3　主流软件体系架构

在这四种软件体系架构下,应用都具备很强的可移植性,其中 SCA 和 STRS 应用于软件无线电系统,支持跨平台移植,并且已形成标准和开发工具。SCA 在陆海空各军兵种各型电台中得到了大量应用,截至 2017 年 12 月底,全球采用 SCA 软件无线电体系架构标准的军用和安全电台数量已经超过 50 万部。STRS 适用于卫星等资源受限的系统,已在国际空间站上成功部署。目前,支持软件无线电开发和应用的集成环境典型产品主要有 Harris 公司的 dmTK 核心框架与开发工具、PrismTech 公司的 Spectra OE&CX、Telelogic 公司的 SCA 模型驱动开发工具、CRC 的 SCARI + + 核心框架与开发工具、Green Hills 公司的 MULTI IDE、ANSYS 公司的 RedHawk。

军事智能通信涉及的科学问题很多,各学科专业也有很多成果(如频谱感知算法、调制编码理论、网络优化理论、自适应理论和人工智能算法等),但由于缺乏基础性标准化的验证平台和环境,各方面的研究并不是在一个体系下进行,也没有形成一个闭环的整体,相关研究成果难以在实际场景下评估和积累。当前,亟须从系统层面上打通"感知→推理→决策→执行"的闭合环路,为环境感知、波形体制、智能算法、优化理论等提供一个测试验证和评估平台,从而为这些领域的理论和技术创新在军事通信网络中的应用提供科学决策依据。相比于终端，云平台具备更强大的计算能力和更充足的数据。考虑到智能对计算和数据的依赖很高，智能引擎更容易率先在云端得以实现。依托强大的服务器集群技术和云计算基础设施，IBM、Google、Microsoft、Amazon 和阿里巴巴等公司正在积极构建 AI 云，为终端提供各种 AI 服务，包括文本分析、语义识别、语言翻译和图像识别等，称为 AI 即服务（AI as a service，AIaaS）。但是，截至目前，还没有支持软件无线电网络快速重构、数据采集、智能协作的商用或开源的云平台和服务，对网络智能节点的在线开发、训练和能力评估仍存在一定的挑战。

5. 人工智能在 5G 系统中的应用

人工智能为 5G 系统的设计与优化提供了一种超越传统理念与性能的可能，已成为移动通信业界重点关注的研究方向，3GPP 和 ITU 等组织均提出了 5G 与 AI 相结合的研究项目，用以解决组合优化问题、检测问题及估计问题。其典型应用范例包括网络自组织与自由化、时频资源最优分配、5G 通用加速器和 5G 物理层端到端优化等。

14.3.2　研究挑战

应用场景与典型场景并不完全一致，导致实际通信性能与理想结果有较大差距是一直存在的基础性问题：每个信道都有其独特性，但已有的信道模型都是在典型场景下基于类的统计建模，不能反映具体应用场景下信道的独特性。当前的无线通信系统都是针对典型无线信道进行设计和优化。因此，在具体应用场景下，通信系统无法达到基于典型场景设计的最优性能。另外，物理环境的变化也会引起信道的变化（如临时的伪装材料、新建的工事等），导致与系统设计时采用的参考信道模型不一致。更糟糕的是，在军事通信中往往会面对无法预知的应用场景，没有典型信道模型可参考，此时如何快速准确地理解新的信道环境，仍然是一个具有挑战性的基础问题。

没有建立准确理解通信环境的架构。以前关于无线通信网络的研究仍然是基于传统的基础架构，如基于无线传输的广播特性、以通信资源为核心等。相关支撑技术的快速发展，使得通信网络的研究不再局限于仅利用通信资源，还可利用计算能力和物理环境。这些资源的综合利用也是节点智能化程度的主要体现，但目前相关研究还比较欠缺，缺乏对信息域和物理域中哪一个元素对系统具体影响的系统分析。

没有建立与通信环境适配的快速波形匹配机理。针对典型的信道环境，人们对与之对应的最佳通信波形已有很好的认识。但对未知的环境，或者在没有完备的信道参数情况下，如何实现最优波形参数与信道环境的匹配仍是未解决的问题。特别是，在实际操作中，波形不是任意可调的，波形如何划分成组件以及以怎样的粒度进行划分才可实现快速、高效、可靠的波形重构，以及如何对波形和波形组件进行高效管理等问题都还没有得到回答。而这些问题是军事网络智能节点在实际应用中无法回避的基础性问题。

没有一个完整合适的体系架构来支持网络节点的智能学习。面向智能通信的网络节点研究已经引起了人们广泛的关注，但由于缺乏基础性标准化的评估方法和环境，各学科专业的研究相对独立，没有形成一个闭环的整体。另外，在支持网络智能节点不断进行学习方面的研究还非常欠缺，无法回答"节点学习需要什么样的知识库""需要什么样的体系架构来支撑它""通过怎样的学习可以适应未知的通信环境"等关键问题。

还没有建立一个普适性的平台实现完整智能环路，来验证从环境感知到通信适变，再到学习的机制。目前的研究，侧重不同角度的理论方面研究较多，系统平台方面研究较少。现有的研究往往具有很宏大的理论框架而缺少实际硬件实现的考虑，导致相关研究成果难以在实际场景下评估和积累，成为制约智能通信持续发展的基础性问题。另外，智能军事无线通信还缺乏充足的数据支持，正因为此，更需要一个基础平台来进行数据的收集和积累，进行智能通信的评估，从而支持军事通信智能化的迭代、持续发展。

参考文献

[1] 蔡勇,李远星,杨霞,等. 通信原理与应用[M]. 北京:国防工业出版社,2005.

[2] 曹志刚,钱亚生. 现代通信原理[M]. 北京:清华大学出版社,2001.

[3] 陈天榜,王厚辉. 军事通信概论[M]. 北京:解放军出版社,2008.

[4] 樊昌信,曹丽娜. 通信原理[M]. 6版. 北京:国防工业出版社,2007.

[5] 冯小平,李鹏,杨绍全. 通信对抗原理[M]. 西安:西安电子科技大学出版社,2009.

[6] 苟彦新. 无线电抗干扰通信原理及应用[M]. 西安:西安电子科技大学出版社,2005.

[7] HAYKIN S,MOHER M. 现代无线通信[M]. 郑宝玉,等译. 北京:电子工业出版社,2006.

[8] HAYKIN S. 自适应滤波器理论[M]. 4版. 郑宝玉,等译. 北京:电子工业出版社,2003.

[9] 何广平. 通俗量子信息学[M]. 北京:科学出版社,2012.

[10] 胡冰新. 浅谈流星余迹通信[J]. 电信科学,2003,19(3):56-58.

[11] 胡鑫鑫,刘彩霞,刘树新,等. 移动通信网鉴权认证综述[J]. 网络与信息安全学报,2018,4(12):1-15.

[12] 胡豫中. 现代短波通信技术[M]. 北京：国防工业出版社，2003.

[13] 季卜枚. 野战综合通信系统[M]. 北京：解放军出版社，1992.

[14] 姜宇柏，游思晴，等. 软件无线电原理与工程应用[M]. 北京：机械工业出版社，2007.

[15] 景晓军，覃伯平，薛楠，等. 移动 IP 与安全[M]. 北京：国防工业出版社，2005.

[16] 李承祖，黄明球，陈平形，等. 量子通信与量子计算[M]. 长沙：国防科技大学出版社，2000.

[17] 凌聪，孙松庚. 用于跳频码分多址通信的混沌跳频序列[J]. 电子学报，1999，27(1)：67-69.

[18] 刘焕淋，向劲松，代少升. 扩展频谱通信[M]. 北京：北京邮电大学出版社，2008.

[19] 刘辉，李国庆. 基于 OFDM 的无线宽带网络设计与优化[M]. 任品毅，译. 西安：西安交通大学出版社，2008.

[20] 刘志斌，陈家松. 流星余迹猝发通信分析[J]. 舰船电子工程，2006(4)：125-128.

[21] 骆光明，杨斌，邱致和，等. 数据链：信息系统连接武器系统的捷径[M]. 北京：国防工业出版社，2008.

[22] 梅文华，王淑波，邱永红. 跳频通信[M]. 北京：国防工业出版社，2005.

[23] 强磊. 基于软交换的下一代网络组网技术[M]. 北京：人民邮电出版社，2005.

[24] 邱天爽，魏东兴，唐洪，等. 通信中的自适应信号处理[M]. 北京：电子工业出版社，2005.

[25] 沈树章. 军事通信基础[M]. 北京：解放军出版社，2004.

[26] STALLINGS W. 密码编码学与网络安全——原理与实践[M]. 8 版. 陈晶，杜瑞颖，唐明，译. 北京：电子工业出版社，2021.

[27] 粟欣, 许希斌. 软件无线电原理与技术[M]. 北京: 人民邮电出版社, 2010.

[28] 陶晋宜. 甚低频电磁波穿透地层无线电通信系统若干问题的探讨[J]. 太原理工大学学报, 2000, 31(6): 690-693.

[29] VAN TREES H L. 最优阵列处理技术[M]. 汤俊, 等译. 北京: 清华大学出版社, 2008.

[30] 汪裕民. OFDM 关键技术与应用[M]. 北京: 机械工业出版社, 2007.

[31] 王继祥, 韩慧. 通信对抗干扰效果客观评估[M]. 北京: 国防工业出版社, 2012.

[32] 王剑. 量子密码协议理论研究[M]. 长沙: 国防科技大学出版社, 2011.

[33] 王双. 光纤量子密钥分配关键技术研究[D]. 合肥: 中国科学技术大学, 2011.

[34] 王永良, 陈辉, 彭应宁, 等. 空间谱估计理论与算法[M]. 北京: 清华大学出版社, 2004.

[35] 翁木云, 张其星, 谢绍斌. 频谱管理与监测[M]. 北京: 电子工业出版社, 2009.

[36] 向新, 罗奕, 易克初, 等. 穿透岩层地下电流场通信信道分析[J]. 煤田地质与勘探, 2005, 33(4): 77-79.

[37] 肖建, 冉丹, 吴群. 集群移动通信技术[M]. 北京: 国防工业出版社, 2003.

[38] 徐全盛, 邹勤宜, 葛林强. 基于5G的天空地一体化战术通信研究[J]. 通信技术, 2016, 49(2): 205-210.

[39] 许方星. 安全量子密钥分配的实用化研究[D]. 合肥: 中国科学技术大学, 2010.

[40] 许金裕, 刘建国, 柯珏, 等. 军事通信网络基础教程[M]. 北京: 北京航空航天大学出版社, 2001.

[41] 薛凤凤. 短波最低限度通信技术研究[D]. 西安: 西安电子科技大

学,2012.

[42] 杨宝林. 战术互联网及其体系结构研究[C]. 军事电子信息学术会议论文集,2006.

[43] 杨伯君,马海强. 量子通信基础[M]. 2版. 北京:北京邮电大学出版社,2020.

[44] 杨卿,黄琳. 无线电安全攻防大揭秘[M]. 北京:电子工业出版社,2016.

[45] 杨小牛,楼才义,徐建良. 软件无线电技术与应用[M]. 北京:北京理工大学出版社,2010.

[46] 姚富强. 通信抗干扰工程与实践[M]. 北京:电子工业出版社,2012.

[47] 叶酉荪,南庚. 军事通信网分析与系统集成[M]. 北京:国防工业出版社,2005.

[48] 易平,吴越,邹福泰,等. 无线自组织网络和对等网络:原理与安全[M]. 北京:清华大学出版社,2009.

[49] 尤增录. 军用移动通信系统[M]. 北京:解放军出版社,2010.

[50] 尤增录. 战术互联网[M]. 北京:解放军出版社,2010.

[51] 曾贵华. 量子密码学[M]. 北京:科学出版社,2006.

[52] 张邦宁,魏安全,郭道省,等. 通信抗干扰技术[M]. 北京:机械工业出版社,2007.

[53] 张冬辰,周吉,吴巍,等. 军事通信:信息化战争的神经系统[M]. 2版. 北京:国防工业出版社,2008.

[54] 张尔扬,王莹,路军. 短波通信技术[M]. 北京:国防工业出版社,2002.

[55] 张更新,王运峰,丁晓进,等. 卫星互联网若干关键技术研究[J]. 通信学报,2021,42(8):1-14.

[56] 张更新. 流星余迹突发通信[J]. 军事通信技术,2004,25(3):23-28.

[57] 张静. TD-LTE宽带数字集群通信系统研究[J]. 中国无线电,2017(6):

36-38.

[58] 张涛. 量子密钥分配网络研究[D]. 合肥：中国科学技术大学, 2008.

[59] 张炜, 王世练, 高凯, 等. 无线通信基础[M]. 北京：科学出版社, 2014.

[60] 张炜, 丁宏, 王世练, 等. 无线通信系统[M]. 北京：科学出版社, 2021.

[61] 张永德. 量子信息物理原理[M]. 北京：科学出版社, 2006.

[62] 赵义博. 量子密钥分配的安全性研究[D]. 合肥：中国科学技术大学, 2009.

[63] 镇海楼. 西方国家对5G技术在军事领域应用的探索[J]. 军事文摘, 2022(3)：6.

[64] 周春源. 量子保密通信系统及其关键技术的研究[D]. 上海：华东师范大学, 2004.

[65] 朱立东, 吴廷勇, 卓永宁. 卫星通信导论[M]. 北京：电子工业出版社, 2009.

[66] AKYILDI F, LEE W, CHOWDHURY K R. CRAHNs：cognitive radio ad hoc networks[J]. Ad Hoc Networks, 2009, 7(5)：810-836.

[67] AKYILDI F, LEE W, VURAN M C, et al. Next generation/dynamic spectrum access/cognitive radio wireless networks：a survey[J]. Computer Networks, 2006, 50(13)：2127-2159.

[68] BENNETT C H. Quantum cryptography using any two nonorthogonal states[J]. Physical Review Letters, 1992, 68(21)：3121-3124.

[69] COX D C. Delay Doppler characteristics of multipath delay spread and average excess delay for 910 MHz urban mobile radio paths[J]. IEEE Transactions on Antennas and Propagation, 1972, AP-20(5)：625-635.

[70] EKERT A K. Quantum cryptography based on Bell's theorem[J]. Physical Review Letters, 1991, 67(5)：661-663.

[71] FCC. ET docket No 03 – 222 notice of proposed rule making and order[R]. Washington, D. C.：FCC, 2003.

[72] HAYKIN S. Communication systems[M]. 4th ed. 北京：电子工业出版社, 2003.

[73] JI X S, HUANG K Z, JIN L, et al. Overview of 5G security technology[J]. Science China Information Sciences, 2018, 61：081301.

[74] JTRS – 5000 SP V3. 0. Specialized hardware supplement to the software communication architecture (SCA) specification[S]. USA：JTRS JPO, 2004.

[75] LIN S, COSTELLO D J. Error control coding：fundamentals and applications[M]. UK：Pearson Education, 2004.

[76] MITOLA J, Ⅲ., MAGUIRE G O, Jr. Cognitive radio：making software radios more personal[J]. IEEE Personal Communications Magazine, 1999, 6(4)：13 – 18.

[77] MOULY M, PAUTET M B. The GSM system for mobile communications[M]. France：Michel Mouly and Marie-Bernadette Pautet, 1992.

[78] NIELSEN M A, CHUANG I L. Quantum computation and quantum information[M]. UK：Cambridge University Press, 2000.

[79] POLLET T, PEETERS M. Synchronization with DMT modulation[J]. IEEE Communications Magazine, 1999, 37 (4)：80 – 86.

[80] PROAKIS J G. Digital communications[M]. 3nd ed. USA：McGraw-Hill, 1995.

[81] RAPPAPORT T S. Wireless communications：principles and practice[M]. 2nd ed. USA：Prentice Hall, 2001.

[82] STÜBER G L. Principles of mobile communications[M]. 2nd ed. USA：Kluwer Academic Publishers, 2002.

[83] THIRUVASAGAM P, GEORGE K J, ARUMUGAM S, et al. IPSec：

performance analysis in IPv4 and IPv6[J]. Journal of ICT Standardization, 2019, 7(1): 61–80.

[84] TSUI J B Y. Fundamentals of global positioning system receivers: a software approach[M]. USA: John Wiley & Sons, 2000.

[85] WANG J Y, YANG B, LIAO S K, et al. Direct and full-scale experimental verifications towards ground-satellite quantum key distribution[J]. Nature Photonics, 2013, 7: 387–393.

[86] WANG S, CHEN W, GUO J F, et al. 2 GHz clock quantum key distribution over 260 km of stand telecom fiber[J]. Optics Letters, 2012, 37(6): 1008–1010.

[87] XION F. Digital modulation technology[M]. USA: Artech House, 2000.

[88] YU X J, CHEN H F, XIE L. A secure communication protocol between sensor nodes and sink node in underwater acoustic sensor networks[C]// Proceedings of 2021 IEEE International Conference on Artificial Intelligence and Computer Applications (ICAICA), 2021: 279–283.

[89] ZHAO H, GARCIA-PALACIOS E, WANG S, et al. Evaluating the impact of network density, hidden nodes and capture effect for throughput guarantee in multi-hop wireless networks[J]. Ad Hoc Networks, 2012, 11(1): 54–69.

[90] ZHAO H, GARCIA-PALACIOS E, WEI J, et al. Accurate available bandwidth estimation in IEEE 802.11-based ad hoc networks[J]. Computer Communications, 2009, 32(6): 1050–1057.